Zusammenarbeit von Klinik
und Klinischer Chemie

W.G. Guder · H. Lang (Hrsg.)

Pathobiochemie und Funktionsdiagnostik der Niere

Mit 79 zum Teil farbigen Abbildungen
und 41 Tabellen

Deutsche Gesellschaft für Klinische Chemie
Merck-Symposium 1989

Springer-Verlag Berlin Heidelberg GmbH

Professor Dr. Walter G. Guder
Institut für Klinische Chemie, Städtisches Krankenhaus
München-Bogenhausen

Dr. Hermann Lang
Senior Chief Biochemist, E. Merck
Darmstadt

Merck-Symposium
der Deutschen Gesellschaft für Klinische Chemie
Würzburg, 19.–21. Oktober 1989
Leitung: W. G. Guder und H. Lang

Die Deutsche Bibliothek – CIP-Einheitsaufnahme

Pathobiochemie und Funktionsdiagnostik der Niere:
[Würzburg, 19.–21. Oktober 1989] /
Deutsche Gesellschaft für Klinische Chemie. W. G. Guder; H. Lang (Hrsg.). –
Berlin, Heidelberg, New York, London, Paris, Tokyo, Hong Kong, Barcelona, Budapest:
Springer, 1991, (Merck-Symposium; 1989) (Zusammenarbeit von Klinik und klinischer Chemie)
ISBN 978-3-540-53525-6   ISBN 978-3-642-84384-6 (eBook)
DOI 10.1007/978-3-642-84384-6
NE: Guder, Walter G. [Hrsg.]; Deutsche Gesellschaft für Klinische Chemie;
E. Merck <Darmstadt>: Merck-Symposium

Satz: Masson-Scheurer, Kirkel

27/3145-543210

Begrüßung

Sehr verehrte, liebe Kollegen:

im Namen des Vorstandes unserer Gesellschaft möchte ich Sie zum *10. Merck-Symposium* der Deutschen Gesellschaft für Klinische Chemie sehr herzlich begrüßen.

Diese zweijährig stattfindende Tagung steht unter dem Leitmotiv "Zusammenarbeit von Klinik und Klinischer Chemie". Wie Sie den bereits vorliegenden Symposienbänden entnehmen können, werden jeweils aktuelle Themen aus unserer Arbeit, der klinisch-chemischen Diagnostik und der pathobiochemischen Forschung, ausgewählt, um in einem kleinen Kreis von Kennern des Fachgebietes die aktuellen Tendenzen darzustellen und für unsere tägliche Arbeit am Krankenbett und im Labor wirksam zu machen.

In diesem Zusammenhang legt unsere Gesellschaft ganz besonderen Wert auf die Chance, aus den Diskussionen dieser Symposien heraus aktive Kooperation zwischen Klinikern und Klinischen Chemikern anzubahnen.

Wie schon gesagt, ist dies die 10. Veranstaltung dieser Art. Anfang Oktober hat die Deutsche Gesellschaft für Klinische Chemie ihr 25jähriges Jubiläum gefeiert. Die Tradition der Merck-Symposien ist also fast so alt wie unsere Gesellschaft. Ich darf der Firma Merck an dieser Stelle dafür danken, daß sie vor 20 Jahren die vorausschauende Entscheidung gefällt hat, langfristig Mittel für eine solche Symposienreihe zur Verfügung zu stellen. Das gesamte Unternehmen trägt die Handschrift von Herrn Lang, der es verstanden hat, das Mitwirken an der wissenschaftlichen Entwicklung einer jungen Gesellschaft und die Position als Forschungsleiter in der Diagnostica-Industrie in einen sinnvollen Einklang zu bringen.

In diesem Jahr ist die *Niere* in den Mittelpunkt der Diskussion gestellt worden. Wie bei den vergangenen Symposien, die pathobiochemischen Fragen gewidmet waren, basiert auch bei diesem Thema der Fortschritt auf interdisziplinärer Zusammenarbeit mit den benachbarten Fachgebieten. Im Falle der Niere kommen ohne Zweifel der Anatomie und der Physiologie das Verdienst zu, unsere Kenntnisse über die Funktion dieses komplexen Organs begründet und wesentlich erweitert zu haben. In jüngerer Zeit haben darüber hinaus die Immunologie und die Pathobiochemie zu einem besseren Verständnis der Mechanismen von Nierenkrankheiten beigetragen.

Ich freue mich, Vertreter aller dieser Fachdisziplinen als Referenten und Diskussionsteilnehmer an dieser Veranstaltung begrüßen zu können!

Herrn Kollegen Büttner bin ich besonders dankbar, daß er in seiner Einleitung die historische Entwicklung der Nieren-Diagnostik von der Harnschau bis zur exakten biochemischen Analyse darstellen wird. Daß dabei dem Ort unserer Tagung, Würzburg, eine besondere Rolle zufällt, war nicht beabsichtigt, erscheint mir jedoch als ein gutes Omen für das Gelingen unseres Unternehmens. An dieser Stelle möchte ich auch besonders die Vertreter der hiesigen Fakultät begrüßen, die uns mit wertvollen Ratschlägen und eigenen Beiträgen wesentlich bei der Gestaltung des Programms geholfen haben.

Ich hoffe, daß die besondere Atmosphäre des herbstlichen Würzburg mit ihrer vom Wein geprägten Gastlichkeit das ihre dazu beiträgt, daß das von den Herren Guder und Lang mit großem Einsatz vorbereitete Merck-Symposium 1989 wiederum zur Quelle neuer Impulse für eine fruchtbare Zusammenarbeit in Lehre, Forschung und Krankenversorgung wird. Herr Lang hat einmal auf einem der Symposien gesagt: "Den Erfolg erkennt man daran, daß man später auf Tagungen Dias sieht, die aus dem Symposienbericht stammen". Ich hoffe also, daß wir aus der Publikation des hiesigen Symposiums viele Dias bei späteren Veranstaltungen sehen werden.

H. Wisser

Inhaltsverzeichnis

Moderator: F. Bidlingmaier

Moderator: H. Lang

Diagnostische Strategien

Teilnehmerverzeichnis

Bidlingmaier F. Prof. Dr. Dr.
Institut für Klinische Biochemie der Universität, Bonn

Boesken W. Prof. Dr.
II: Med. Abt., Zentrum für Nephrologie, Krankenhaus Barmherzige Brüder, Trier

Brandis M. Prof. Dr.
Kinderklinik der Universität, Freiburg

Breuer J. Prof. Dr.
Zentrallaboratorium, Marienhospital, Gelsenkirchen

Burchardt U. Prof. Dr.
Klinik für Innere Medizin, Bezirkskrankenhaus, Frankfurt/Oder

Büttner J. Prof. Dr. Dr.
Zentrum Laboratoriumsmedizin, Abt. Klin. Chemie I
Medizinische Hochschule, Hannover

Edel H.H. Prof. Dr.
II. Med. Abteilung, Städt. Krankenhaus Harlaching, München

Eggstein M. Prof. Dr.
Abt. Innere Medizin IV, Medizinische Universitätsklinik, Tübingen

Gabl F. Prof. Dr.
Institut für Klinische Chemie und Laboratoriumsdiagnostik,
Med. Fakultät der Universität, Wien

Gerbitz K.-D. Prof. Dr.
Institut für Klinische Chemie, Städt. Krankenhaus Schwabing, München

Götz R. Dr.
Nephrologische Abteilung, Med. Universitätsklinik, Luitpoldkrankenhaus, Würzburg

Greiling H. Prof. Dr. Dr.
Klinisch-chemisches Zentrallabor, Medizinische Fakultät der RWTH, Aachen

Gressner A.M. Prof. Dr.
Abt. für Klinische Chemie – Zentrallaboratorium, Klinikum der Philipps-Universität
Marburg

Guder W.G. Prof Dr.
Institut für Klinische Chemie, Städt. Krankenhaus Bogenhausen, München

Gunzer G. Dr.
Forschung Diagnostica, E. Merck, Darmstadt

Gurr E. Priv.-Doz. Dr.
Zentrallabor, Zentralkrankenhaus Links der Weser, Bremen

Hasslacher Ch. Prof. Dr.
Medizinische Klinik, Ruprecht-Karls-Universität, Heidelberg

Heidbreder E. Prof. Dr.
Abteilung Nephrologie, Med. Universitätsklinik, Luitpoldkrankenhaus, Würzburg

Heidland A. Prof. Dr.
Nephrologische Abteilung, Med. Universitätsklinik, Luitpoldkrankenhaus, Würzburg

Hesse A. Priv.-Doz. Dr.
Harnsteinforschungsstelle, Urologische Universitätsklinik, Bonn

Heubner A. Dr.
Forschung Diagnostica, E. Merck, Darmstadt

Hierholzer K. Prof. Dr.
Institut für Klinische Physiologie, Freie Universität, Klinikum Steglitz, Berlin

Hofmann W. Dipl. Chem. Dr.
Institut für Klinische Chemie, Städt. Krankenhaus Bogenhausen, München

Jung K. Prof. Dr.
Abt. für Experimentelle Organstranplantation,
Medizinische Fakultät (Charité) der Humboldt-Universität, Berlin

Kattermann R. Prof. Dr.
Klinisch-chemisches Institut, Klinikum Mannheim der Universität Heidelberg,
Mannheim

Katz N. Prof. Dr. Dr.
Institut für Klin. Chemie und Pathobiochemie
Klinikum der Justus-Liebig Universität, Giessen

Keil G. Prof. Dr.
Institut für Geschichte der Medizin der Universität, Würzburg

Knedel M. Prof. Dr.
Grünwald bei München

Köhler H. Prof. Dr.
I. Med. Klinik und Poliklinik, Klinikum der Johannes-Gutenberg-Universität, Mainz

Körber F. Prof. Dr.
Institut für Biochemie und Molekularbiologie, Freie Universität, Berlin

Kopp K.F. Prof. Dr.
II. Med. Klinik und Poliklinik, Krankenhaus rechts der Isar, München

Kotanko P. Dr.
Interne Abteilung, Krankenhaus der Barmherzigen Brüder, Graz

Kramer H.J. Prof. Dr.
Medizinische Universitätspoliklinik, Bonn

Kruse-Jarres J.D. Prof. Dr.
Institut für Klinische Chemie, Katharinenhospital, Stuttgart

Lang H. Dr.
E. Merck, Darmstadt

Laue D. Dr.
Institut für Klinische Chemie und Nuklearmedizin, Köln

Maruhn D. Prof. Dr.
Institut für Klinische Forschung II, Bayer AG, Pharmaforschungszentrum, Wuppertal

Metz-Kurschel U. Dr.
Abt. für Nieren- und Hochdruckkrankheiten, Med. Klinik und Poliklinik
der Universität, Essen

Pfaller W. Univ.-Dozent Dr.
Institut für Physiologie der Universität, Innsbruck

Philipp Th. Prof. Dr.
Abt. für Nieren- und Hochdruckkrankheiten, Med. Klinik und Poliklinik
der Universität, Essen

Scherberich J. Prof. Dr.
Zentrum für Innere Medizin, Klinikum der Johann Wolfgang Goethe-Universität
Frankfurt

Schleicher E. Priv. Doz. Dr.
Klinisch-chemisches Institut, Städt. Krankenhaus Schwabing, München

Schütterle G. Prof. Dr.
Zentrum Innere Medizin, Justus-Liebig-Universität, Giessen

Silbernagl S. Prof. Dr.
I. Physiologisches Institut, Universität Würzburg, Würzburg

Simane Dr.
Abt. Klinische Pharmakologie, E. Merck, Darmstadt

Stolte H. Prof. Dr.
Abteilung für Nephrologie, Medizinische Hochschule, Hannover

Thurau K. Prof. Dr. Dr.
Physiologisches Institut, Ludwig-Maximilians Universität, München

Weber M. Prof. Dr.
4. Med. Klinik, Universität Erlangen-Nürnberg, Nürnberg

Weber M.H. Priv. Doz. Dr.
Zentrum für Innere Medizin, Universität, Göttingen

Weidemann G. Dr.
Institut für Klinische Chemie, Klinikum der Stadt, Nürnberg

Wisser H. Prof. Dr. Dr.
Abteilung für Klinische Chemie, Robert-Bosch-Krankenhaus, Stuttgart

Urina ut signum:
Zur historischen Entwicklung
der Urin-Untersuchung

J. Büttner

1. Einleitung

Die Urinuntersuchung ist so alt wie die Medizin. Ihre Entwicklung in zweieinhalb
Jahrtausenden Medizingeschichte läßt sich in einem kurzen Vortrag nicht systematisch darstellen [1]. Wir wollen deshalb einen Teilaspekt herausgreifen. Unter dem in
der Geschichte der Medizin häufig verwendeten Begriff "Urina ut signum", der Urin
als Zeichen, soll die Entwicklung dargestellt werden, die vom beobachteten Zeichen,
welches Hinweise gibt, zum Zeichen führt, welches man durch experimentelle Untersuchungen gewonnen hat und das als Symptom einer Krankheit verstanden wird.
Diese Betrachtungsweise macht am Beispiel der Urinuntersuchung zugleich den
Wandel der ärztlichen Erkenntnisformen deutlich, welcher dann im 19. Jahrhundert
zu unserer heutigen Medizin geführt hat.

2. Uroskopie: Beobachtung von Zeichen

In der Medizin versteht man unter einem Zeichen (griech. *semeion*) ein beobachtetes
Phänomen, welches einen Hinweis gibt auf einen verborgenen Zustand oder Vorgang
im Körper. In der französischen Encyclopédie heißt es, man bedient sich des Zeichens
"wie einer Fackel, um in das dunkle Innere des gesunden oder kranken Menschen
einzudringen" [2].

Aus den Hippokratischen Schriften wissen wir, daß der griechische Arzt eine Fülle
von Zeichen sorgfältig beobachtete, um daraus vor allem Hinweise auf den Zustand
des Kranken, die Dauer der Krankheit, den guten oder schlechten Ausgang abzuleiten. Die durch Beobachtung gewonnenen empirischen Zeichen lieferten also in erster
Linie Hinweise zur Prognose. Eine Diagnose in unserem Sinne gab es nicht, da der
moderne Begriff des Krankheitsbildes dem antiken Arzt fremd war [3]. Man sah den
ganzen Menschen und seine Erkrankung, nicht aber eine abstrakte Krankheit vor sich.
Im Vordergrund stand die Beobachtung des Pulses. Die Prüfung des Urins, die Uroskopie, spielte zunächst eine eher untergeordnete Rolle. In den frühen Hippokratischen Schriften wurde vor allem auf die Farbe des Urins und die sog. Contenta ge-
achtet, die als Wolke (*nephele*), Suspension (*enaiorema*) und Niederschlag (*hyposta-
sis*) unterschieden wurden. Ein typisches Beispiel eines Lehrsatzes aus dem Progno-
stikon [4] des Hippokrates (460–375 v. Chr.) lautet etwa:

"Wolken, die im Urin schwimmen,
sind ein gutes Zeichen, wenn sie weiß,
ein schlechtes, wenn sie schwarz sind".

Waren die Zeichen zunächst allein das Ergebnis genauer Beobachtung, so versuchte man im Laufe der Zeit, ihnen eine Deutung zu geben. Hierfür waren theoretische Vorstellungen über Aufbau und Funktion des Körpers erforderlich. Das zentrale pathophysiologische Konzept der Antike war die Säftelehre, die im Laufe der Zeit zur Vier-Säfte-Lehre (Blut, Schleim, schwarze Galle und gelbe Galle) entwickelt wurde und durch Galen (Claudios Galenos, 131–201 n. Chr.) ihre autoritative Form erhielt. Den Säften, aus denen man sich den Körper aufgebaut dachte, wurden Qualitäten (warm, feucht, kalt, trocken) zugeordnet [5]. Gesundheit resultierte aus der richtigen Mischung der Säfte, viele Krankheiten hingegen wurden auf eine "Dyskrasie" der Säfte zurückgeführt.

Galen entwickelte auch erstmals, gestützt auf eigene Experimente [6], physiologische Vorstellungen über die Funktion der Niere. Er nahm an, daß das Blut, nachdem es in der Leber durch einen Kochungsprozeß aus dem Chymus gebildet worden ist, in seinem flüssigen Anteil, dem Serum, unverwertbare Abfallstoffe aus der Nahrung und überflüssige Feuchtigkeit, aber auch Krankheitsstoffe enthält [7]. Auf Grund einer spezifischen Anziehungskraft (griech. *dynamis*) entfernen die Nieren das Serum aus dem Blut und scheiden es als Urin aus [8]. Die Untersuchung des Urins mußte also Aufschluß geben über den jeweiligen Anteil der Säfte im Blut. Die humoralpathologischen Lehren Galens blieben bis zum Beginn der Neuzeit das theoretische Fundament der Urinuntersuchung. Ihr weiterer Ausbau erfolgte vor allem durch Ärzte in Byzanz (z.B. Magnos von Emesa (fl. 6. Jhdt.) [9] und Theophilus Protospatharius (610–641) [10] sowie arabische Ärzte (z.B. Isaak Judaeus (Ishaq ibn Sulaiman al-Isra'ili)) [11] (880–ca. 955). Dabei wurden die am Urin beobachteten Zeichen – Farbe, Konsistenz und Contenta – konsequent aus den angenommenen Eigenschaften der vier Säfte abgeleitet [12]. Charakteristisch für diese spekulative Form der Uroskopie ist auch die Vorstellung einer Analogie zwischen dem Uringefäß, der Matula, und dem Körper des Patienten. So wurden Veränderungen der Contenta im oberen Teil des Harnglases mit Erkrankungen des Kopfes in Zusammenhang gebracht. Ihre vollständigste Darstellung und spekulativ-theoretische Deutung erhielt die Uroskopie durch den byzantinischen Hofarzt Joannes Aktuarios (fl. 1. Hälfte 14. Jhdt.) im 14. Jahrhundert [13].

In die abendländische Medizin des Mittelalters fand die Uroskopie Eingang vor allem durch die Schule von Salerno [14, 15, 16], die mit dazu beitrug, die Uroskopie in einer praktisch ausführbaren Form als verbindliche Lehrmeinung zu formulieren, z.B. in Form sog. Carmina, d.h. in Lehrgedichten. Ein Beispiel sind die *Carmina de urinarum iudiciis* von Gilles de Corbeil (1140–1224). Über die schon erwähnte "Wolke" im Urin heißt es z.B.:

"Wölkchen von luftiger Art, ein Zeichen keuchenden Atems,
Läßt erkennen zugleich der hitzigen Leber Gebrechen" [17].

In der geschilderten Form wurde die Uroskopie noch bis weit in das 18. Jahrhundert gelehrt und praktisch angewandt, wobei sie zunehmend auch in die Hände von Laien überging [18, 19].

3. Wachsen der Kenntnisse über Chemie, Physiologie und Pathologie des Urins

Die Uroskopie der Antike und des Mittelalters beruhte, wie wir gesehen haben, auf der Beobachtung des Urins und der Deutung der so gewonnenen Zeichen. Der Naturforscher der Renaissance begnügte sich nicht mehr mit der Beobachtung allein, er begann, Experimente auszuführen. Schon bald entstand der Gedanke, durch das Experiment Zeichen von größerer Sicherheit auch für die Urindiagnostik zu erhalten. Ein frühes Beispiel ist die Bestimmung des spezifisches Gewichtes, die Nicolaus von Cues (1401–1464) um 1450 vorschlug [20, 21, 22].

Doch die Kenntnisse über die stoffliche Zusammensetzung des Urins und chemische Methoden für seine Untersuchung entwickelten sich nur langsam [23]. Es dauerte nahezu 4 Jahrhunderte, bis eine ärztlich brauchbare Technik für die Urinanalyse zur Verfügung stand.

In einem kurzen Exkurs soll die Entwicklung der Kenntnisse über Chemie und Physiologie des Urins an wenigen Beispielen erläutert werde. Abschließend wollen wir uns der Frage zuwenden, wie die experimentell gewonnenen Zeichen in der Urinanalyse des 19. Jahrhunderts ärztlich nutzbar gemacht wurden.

Die chemische Untersuchung des Urins wurde nachdrücklich von Paracelsus (Theophrastus Bombastus von Hohenheim) (1493–1541) gefordert. "Darnach lehrn scheiden und precipitieren/wiltu recht im Urin seyn" heißt es in einer seiner Urinschriften [24]. Paracelsus sah die Möglichkeit, durch eine stoffliche Untersuchung des Urins dem Auge verborgene Zeichen aufzudecken, die zur Erkennung von Krankheiten geeignet sind [25].

Dieser Gedanke wurde von den Paracelsisten und Iatrochemikern des 16. und 17. Jahrhunderts zu realisieren versucht, allerdings ohne nachhaltigen Erfolg in der praktischen Medizin. Gebräuchliche alchemistische Verfahren zur Zerlegung der "corpora mista" waren Fäulnis (putrefactio) und die dosierte Anwendung des Feuers, die Destillation [26]. Paracelsus selbst hatte die Scheidung des Urins in die "Elemente" durch ein Destillationsverfahren beschrieben [27]. Der brandenburgische Leibarzt Leonhard Thurneysser zum Thurn (1531–1596) entwickelte aus Destillation und Wägung ein Verfahren zur Harndiagnostik [28], in das auch Analogievorstellungen Eingang fanden, wie wir sie bei Joannes Aktuarios kennengelernt haben.

Eine systematische Untersuchung des Urins mit dem Ziel, Erkenntnisse über seine Zusammensetzung zu erlangen, findet sich zuerst bei Joan Baptista van Helmont (1579–1644). Auch er benutzte die Destillationsmethode und fand verschiedene Salze, von denen er eines als "Meersalz" identifizierte [29, 30]. Als wissenschaftliche Sensation galt am Ende des 17. Jahrhunderts die Entdeckung des Phosphors im Urin durch den Alchemisten Hennig Brand (fl. 2. Hälfte 17. Jhdt.) [31, 32]. Die frühe Phase der Urinuntersuchung fand ihren Abschluß mit den Arbeiten von Herman Boerhaave (1669–1738). Seine Analyse des Urins [33] war "für seine Zeit ein Meisterstück", wie Jöns Jacob Berzelius (1779–1848) bemerkte [34].

Um die Mitte des 18. Jahrhunderts waren die Kenntnisse über den Urin noch nicht viel umfangreicher als bei van Helmont 200 Jahre zuvor. Man kannte sicher nur einige Salze als Bestandteil des Urins [35]. Die grobe Methode der trockenen Destillation zur Untersuchung des Urins hatte sich, ebenso wie bei anderen organischen Materialien, als nicht angemessen erwiesen.

Erst gegen Ende des 18. Jahrhunderts standen neue Methoden zur Verfügung, um aus pflanzlichen oder tierischen Materialien auch solche "Näheren Bestandteile" [36] zu isolieren, die bei dem Destillationsverfahren zerstört wurden. Zwei Beispiele für den Urin mögen dies erläutern. 1773 gelang es Hilaire Martin Rouelle (1718–1779) durch Extraktion mit Weingeist eine "matière savonneuse" zu gewinnen [37], die später von Antoine François Fourcroy (1755–1809) als "urée" (Harnstoff) bezeichnet wurde. 1776 isolierte Carl Wilhelm Scheele (1742–1786) durch Fällung und Kristallisation die "Blasensteinsäure" (Harnsäure) aus Blasensteinen und aus Urin [38].

Von den pathologischen Bestandteilen des Urins war nur das Eiweiß schon länger bekannt. Seine Entdeckung wird dem holländischen Arzt Frederik Dekkers (1648–1720) zugeschrieben, der 1695 über die Ausfällung einer käse- oder serumartigen Substanz beim Erhitzen von angesäuertem Urin berichtete [39, 40]. Über den süßen Geschmack des Urins beim Diabetes hat Thomas Willis (1621–1675) 1674 in seiner klassischen Beschreibung dieser Krankheit berichtet [41]. Aber erst 100 Jahre später isolierte Matthew Dobson (1731?–1784) [42] aus dem diabetischen Urin eine zuckerähnliche Materie, die Michel Eugène Chevreul (1786–1889) [43] später als Traubenzucker identifizierte.

Um das Jahr 1800 kannte man die Hauptbestandteile des Urins [44] und hatte zugleich eine Reihe von chemischen Reagentien zu ihrem Nachweis zur Verfügung [45]. Um diese Zeit finden sich auch die ersten Versuche einer quantitativen Analyse des Urins [46]. 1808 führte Berzelius eine sehr sorgfältige und genaue quantitative Untersuchung eines Urins aus [47], die noch 30 Jahre später als in ihrer Genauigkeit unübertroffen angesehen wurde.

Die verstärkte Beschäftigung mit tierischen Materialien führte auch dazu, sich mit der Morphologie des Urinsedimentes zu beschäftigen. Wir hatten bereits davon gehört, daß die Betrachtung des Sedimentes in der alten Uroskopie eine wichtige Rolle spielte. Später hatten Robert Hooke (1635–1703) [48] und Antoni van Leeuwenhoek (1632–1723) [49] die neuen Möglichkeiten des Mikroskops zur Untersuchung des Urinsediments eingesetzt. Aber erst am Ende des 18. Jahrhunderts war die Kenntnis der Kristallformen soweit fortgeschritten, daß eine mikroskopische Untersuchung des Sediments klinischen Nutzen versprach. Der spätere Wiener Anatom Georg Prochaska (1749–1820) hat 1776 in seiner Dissertation [50] die verschiedenen Kristalle im Sediment, u. a. "sedimentum lateritium" (Ziegelmehlsediment) genauer untersucht. Man kannte ferner Blut- und Eiterkügelchen [51] als pathologische Bestandteile des Sediments. Aber erst um 1840, nach der Aufstellung der Zellentheorie, wurden Zellen genauer untersucht. 1842 beschreibt Johann Franz Simon (1807–1843) an der Schönleinschen Klinik in Berlin die Harnzylinder [52].

Bevor wir zu unserem zentralen Thema, dem Urin als Zeichen, zurückkehren, soll noch kurz ein Blick auf die Entwicklung der Kenntnisse über die Physiologie der Urinsekretion geworfen werden. Wir hatten eingangs von Galens Auffassung gehört. Bereits im Mittelalter hatte sich die Anschauung durchgesetzt, daß der Urin aus dem Blut in der Niere durch Filtration gebildet wird [53]. Auch Lorenzo Bellini (1643–1704) der 1662 die Harnkanälchen ("Bellinische Röhren") entdeckt hatte [54], sah in der Urinsekretion einen Filtrationsprozess. Vier Jahre nach Bellinis Entdeckung erschien Marcello Malpighis (1628–1694) berühmte Arbeit über die Niere [55], in der er die Glomerula, die "Malpighischen Körperchen", erstmalig beschreibt. Erst 1842 gelang es William Bowman (1816–1892) die Struktur des Nephron, d. h. den Zusammenhang zwischen Glomerulum und Tubulus, eindeutig zu klären [56]. Im gleichen Jahr publiziert der Physiologe Carl Ludwig (1816–1895) seine Filtrationstheorie [57], welche die Urinbildung als Filtration des Blutes im Glomerulum (durch den Blutdruck) mit anschließender Rückresorption des Wassers im Tubulus (durch "Endosmose") physikalisch erklärt. Rudolf Heidenhain (1834–1897) stellte, auf Grund von Versuchen über die Ausscheidung von Farbstoffen, der Theorie Ludwigs eine Sekretionstheorie entgegen [58]. 1917 trug R. Cushny (1866–1926) seine "Modern Theory" der Urinbildung vor, die neben dem physikalischen Prozess der Filtration einen aktiven Reabsorptionsprozess der Tubuli unterschied [59]. Eine Sekretion durch die Zellen der Tubuli hat schließlich Eli K. Marshall (1889–1966) experimentell einwandfrei nachgewiesen [60].

4. Urinanalyse: Experimentelle Suche nach Symptomen

Die neugewonnenen Erkenntnisse über Chemie und Physiologie des Urins fanden zunächst keine Verwendung in der praktischen Medizin [61]. Die klassische Uroskopie war, als Teil der medizinischen Zeichenlehre (Semiotik) [62], weitgehend unverändert auch am Ende des 18. Jahrhunderts gängiges Lehrbuchwissen.

Mit dem Beginn des 19. Jahrhunderts beobachten wir eine tiefgreifende Veränderung der Medizin. Es ändert sich die Art, wie ärztliche Erkenntnis gewonnen wird. Der französische Philosoph Michel Foucault [63] hat diesen Vorgang, der schließlich zu der uns geläufigen Form der "Klinischen Medizin" geführt hat, die "Geburt der Klinik" genannt. Die Veränderung geht einher mit der Begründung großer Kliniken, in denen eine größere Zahl von Patienten gleichzeitig beobachtet werden kann. Charakteristisch ist ferner, daß man die am Patienten gemachten Beobachtungen mit den Befunden bei der Obduktion zu verbinden sucht, also die Verknüpfung der Klinik mit der pathologischen Anatomie. Schließlich werden die Phänomene, d. h. die "Zeichen", zunehmend mit objektiven Methoden, wie man sie aus den Naturwissenschaften kennt, bestimmt. Neben die Beobachtung durch die Sinne allein tritt die Verwendung von Instrumenten und die Quantifizierung durch Messung. Auch die Auffassung der Krankheit ändert sich. Die Krankheit wird, losgelöst vom einzelnen Patienten, "objektiv" beschrieben [64]. Die beobachteten Zeichen werden zu Symptomen, deren innerer Zusammenhang durch den Arzt ermittelt werden muß. Die Symptome sind entscheidender Bestandteil des "Krankheitsbildes", das der Arzt zu erkennen sucht: "Krankheit" als abstrakte Einheit statt "Erkrankung" eines bestimmten Patienten.

Im Gefolge dieser Veränderung erhält auch die Untersuchung des Urins eine völlig neue Bewertung. Das soll am Beispiel des "Morbus Brightii" gezeigt werden. 1801 finden wir in einem verbreiteten Handbuch der Semiotik [65] die Anwesenheit von Eiweiß [66] als Zeichen für Wechselfieber, Gicht, Bleichsucht und Wassersucht angegeben. Der Engländer John Blackall (1771–1860) beobachtete 1813 an einer großen Zahl von Fällen mit Wassersucht die Koagulierbarkeit des Urins durch Hitze und benutzte dieses Phänomen zur Differentialdiagnose der Wassersucht [67]. Richard Bright (1789–1858) schließlich beschrieb 1827, unter Hinzunahme des Obduktionsbefunds, in klassischer Weise das Krankheitsbild der Nierenerkrankung mit den drei Kardinalsymptomen Wassersucht, eiweißhaltiger Urin und Granular-Degeneration beider Nieren [68].

Die Methodik der chemischen Urinuntersuchung war um die Mitte des 19. Jahrhunderts soweit entwickelt, daß eine klinisch orientierte Urinuntersuchung möglich war. Neben den klassischen Methoden der Analytischen Chemie, wie Gravimetrie und Titrimetrie, benutzte man physikalische Verfahren, wie die Polarimetrie und, nach Kirchhoff und Bunsens Entdeckung 1860, die Spektralanalyse. Von besonderer Bedeutung war die Entwicklung einfacher Nachweismethoden für pathologische Urinbestandteile. Hier hat sich vor allem Johann Florian Heller (1813–1871) in Wien, einer der Väter der Klinischen Chemie, besondere Verdienste erworben. Er bemühte sich, "dem Kliniker und practischen Arzt ... solche Ausmittelungsmethoden" an die Hand zu geben, "welche möglichst einfach und leicht ausführbar, doch sicher erscheinen" [69].

Wir haben davon gesprochen, daß die Methode der "Neuen Klinik" versuchte, den inneren, d.h. den kausalen Zusammenhang der Symptome in einem Krankheitsbild festzustellen. Das ist nur möglich auf der Grundlage einer pathophysiologischen Theorie. Die 2. Hälfte des 19. Jahrhunderts ist gekennzeichnet durch das Bemühen, pathophysiologische Zusammenhänge zu erarbeiten. Dies sei an einigen Beispielen für solche Symptome verdeutlicht, die durch Untersuchung des Urins gewonnen werden.

Um die Mitte des 19. Jahrhunderts war, vor allem durch Justus Liebig (1803–1873) [70] die Idee des Stoffwechsels im tierischen und menschlichen Organismus zu einem wichtigen heuristischen Gedanken geworden, der zahlreiche Forscher zu eigenen Untersuchungen anregte. In diesem Zusammenhang steht die Entdeckung des Auftretens von Tyrosin und Leucin im Urin bei akuter gelber Leberatrophie durch Friedrich Theodor Frerichs (1819–1885) und Georg Städeler (1821–1871) [71]. Sie sahen in diesen Stoffen unmittelbare Produkte des abnormen Stoffwechsels, eine Vermutung, die sich in dieser Weise später nicht bestätigte.

Wesentlich tragfähiger war die pathophysiologische Basis, welche durch die Arbeiten von Claude Bernard (1813–1878) [72] für die Erklärung des schon lange bekannten Symptoms der "Glycosurie" gegeben wurde [73]. Bernard hatte ab 1848 in einer berühmten Serie von Experimenten festgestellt [74], daß die Leber in der Lage ist, Zucker zu bilden, eine Entdeckung, die die bisherigen Anschauungen über die Natur der Diabetes verändern mußte. Einige Jahre später folgte die Entdeckung des Glykogen (matière glycogène) [75], einer Substanz, die durch einen fermentativen Vorgang langsam in Zucker verwandelt werden kann. Das Symptom "Glycosurie" beim Diabetes mellitus deutete Bernard als Folge einer pathologischen Zucker-Konzentration im Blut, als deren Ursache er einen verminderten Abbau des Zuckers vermutete [76]. Das Symptom "Glycosurie" war damit durch einen pathophysiologischen Mechanismus kausal erklärt. Bernards Konzept wurde allerdings erst gegen Ende des Jahrhunderts von der Klinik allgemein akzeptiert.

Ein letztes Beispiel soll noch einen anderen Aspekt deutlich machen. Bei der chemischen Beschäftigung mit dem Urin wurden im Laufe der Zeit verschiedene selten vorkommende Stoffe gefunden, sie sich nicht recht einordnen ließen. Hierzu gehört das "Alkapton", das Carl B. Detlev Boedeker (1815–1895) 1859 in einem Urin beschrieb [77], der eine auffällige Dunkelfärbung beim Stehen an der Luft zeigte. Der pathologische Urinbestandteil wurde später als Homogentisinsäure identifiziert [78]. Der Londoner Kliniker Archibald E. Garrod (1858–1936), der um die Jahrhundertwende einige Fälle von Alkaptonurie genauer untersuchte, stellte fest, daß die Störung angeboren bei Personen auftrat, deren Eltern nahe Blutsverwandte waren [79]. Diese Beobachtung erfolgte gerade zu der Zeit, als Mendels Vererbungsgesetze wiederentdeckt worden waren. Garrod deutete die Alkaptonurie ebenso wie die Cystinurie und einige weitere Störungen als Mißbildungen des Stoffwechsels, die recessiv vererbt werden [80]. Er prägte für diese Art von Störungen, von denen viele durch Urinuntersuchungen erkannt werden können, den Begriff "inborn error of metabolism" [81].

Wir wollen unsere historische Betrachtung hier abbrechen. Die Weiterentwicklung der Urinuntersuchung im 20. Jahrhundert, die auf den Erfolgen der Nierenphysiologie aufbaut und durch Begriffe wie "Clearance" und "Funktionsanalyse des Nephron" gekennzeichnet ist, bedürfte einer eigenen Besprechung [82].

5. Schluß

Wir haben in unserem gedrängten Überblick gesehen, daß sich die Urinuntersuchung durch zweitausend Jahre Medizingeschichte verfolgen läßt. Wir konnten deshalb die Urinuntersuchung zugleich beispielhaft benutzen, um eine wichtige medizintheoretische Frage zu beleuchten, die Frage nach der Stellung des "Befundes" im ärztlichen Erkenntnisvorgang. Am Anfang stand das empirisch beobachtete "Zeichen" der Hippokratiker. Mit Galen begann die Deutung des Zeichens. Aber erst im 19. Jahrhunderts wird das "Zeichen" zum "Symptom", nachdem durch einen gedanklichen Abstraktionsvorgang das "Krankheitsbild" geschaffen wurde. Dieser Wandel hatte die kausale Verknüpfung der Symptome durch eine pathophysiologische Theorie zur Voraussetzung. Zugleich wurden die Symptome durch Messung und Experiment "objektiviert".

Die antiken Ärzte waren der Meinung, daß in der Medizin *peira* und *logos*, Empirie und Theorie, vereinigt werden müssen. Unsere historische Betrachtung hat uns für die Urinuntersuchung zu einem ähnlichen Ergebnis geführt: Die Verbindung von experimenteller Untersuchung des Urins und pathophysiologischer Theorie hat schließlich zur heutigen, erfolgreichen Urinuntersuchung geführt.

Anhang:
Tabellen zur Geschichte der Urinuntersuchung
bis zum Beginn des 20. Jahrhunderts

Tabelle 1. Meilensteine in der Geschichte der Urinuntersuchung

Jahr	Autor	Ereignis
5. Jhdt. v. Chr.	Hippokrates	"Prognostikon" [83]
2. Jhdt.	Galen	Nierenfunktion [84]
6. Jhdt.	Magnos	(Pseudogalenische) Urinschrift [85]
7. Jhdt.	Theophilos	"De urinis libellus" [86]
9. Jhdt.	Isaak Judaeus	"De urinis" [87]
12. Jhdt.	Gilles de Corbeil	"Carmina de urinarum iudiciis" [88]
14. Jhdt.	Aktuarios	"De urinis" [89]
16. Jhdt.	Paracelsus	Tartaruslehre, Urinschriften [90]
1571	Thurneysser	erste chemische Urinuntersuchung [91]
1644	van Helmont	"de lithiasi" (ausführliche chemische Unters.) [92]
1662	Bellini	Entdeckung der Tubuli [93]
1666	Malpighi	Entdeckung der Glomerula [94]
1669	Brand, Kunckel	Phosphor im Urin entdeckt [95]
1674	Willis	süsser Urin bei Diabetes [96]
1695	Dekkers	Proteinnachweis im Urin [97]
1732	Boerhaave	chemische Urinuntersuchung [98]
1773	Rouelle	"matière savonneuse" (Harnstoff) [99]
1776	Dobson	Zucker aus diabetischem Urin [100]
1776	Scheele	Entdeckung der Harnsäure [101]
1799	Fourcroy, Vauquelin	ausführliche chemische Analyse des Urins [102]
1808	Berzelius	quantitative chemische Analyse des Urins [103]
1827	Bright	Beschreibung des "Morbus Brightii" [104]
1842	Simon	Entdeckung der Harnzylinder [105]
1842	Bowman	Struktur d. Nephrons, "Bowmansche Kapsel" [106]
1842	Ludwig	Filtrationstheorie der Urinbildung [107]
1862	Pasteur	Ammoniakalische Harngärung durch Bakterien [108]
1874	Heidenhain	Sekretionstheorie der Urinbildung [109]
1905	Folin	vollständige quantitative Analyse von "Normalurinen", "Laws governing chemical composition of urine" [110]
1917	Cushny	"Modern Theory" der Urinbildung [111]
1923	Marshall, Vickers	Sekretion durch die Tubuli [112]

Tabelle 2. Entdeckung von Bestandteilen des normalen Urins

Jahr	Substanz	Bezeichnung	im Urin entdeckt von
1644	NaCl	Meersalz	van Helmont [113]
1644	Ammoniumsalze	flüchtiges Salz	van Helmont [114]
1746	KCl	Digestivsalz	Marggraf [115], Rouelle
1746	Phosphate		Marggraf [116]
1776	$Ca_3(PO_4)_2$	animalische Erde	Scheele [117]
1773	Harnstoff	matière savonneuse	Rouelle [118], s. a. Boerhaave (1732) [119]
1776	Harnsäure	Blasensteinsäure	Scheele [120]
1790	NH_4MgPO_4	Tripelphosphat	Analyse: Fourcroy u. Vauquelin [121]
1790	$(NH_4)NaHPO_4 \cdot 4\,H_2O$	Mikrokosmisches Salz	Analyse: Fourcroy u. Vauquelin [122]
1790	Na_2SO_4	Glaubersches Wundersalz	Analyse: Fourcroy u. Vauquelin [123]
1797	Harnstoff	(Isolierung als Nitrat)	Cruickshank [124]
1797	Oxalsäure	"Zuckersäure"	Wollaston [125]
1799	Harnstoff	urée	Fourcroy u. Vauquelin [126]
1829	Hippursäure		Liebig (von Fourcroy als Benzoesäure aufgefaßt) [127]
1844	(Kreatin)		Pettenkofer [128]
1847	Kreatin		Liebig[129], Heintz [130]
1847	Kreatinin		Liebig [131]

Tabelle 3. Entdeckung von Bestandteilen des pathologischen Urins

Jahr	Substanz	Bezeichnung	im Urin entdeckt von
1673	Protein	Albumin u. a.	Dekkers [132]
1776	Glucose	Zucker	Dobson [133], als Traubenzucker: Chevreul [134]
1810	Cystin	cystic oxide	Wollaston [135]
1823	Melanin	acide mélanique	Prout [136]
1826	Bilirubin	Gallenfarbstoff	Tiedemann u. Gmelin [137]
1855	Tyrosin		Frerichs, Staedeler [138]
1855	Leucin		Frerichs, Staedeler [139]
1857	Aceton		Petters [140]
1859	Homogentisinsäure	Alkapton	Boedeker [141]
1868	Urobilin		Jaffe [142]
1846	"Bence-Jones-Protein"	"eigenthüml. Eiweiss"	Heller [143]
1848	"Bence-Jones-Protein"		H. Bence Jones [144]
1848	Hydroxybutyrat	Oxybuttersäure	Minkowski [145], Külz [146]
1894	Homogentisinsäure		Wolkow u. Baumann [147]
1895	Pentose		Salkowski [148]

Tabelle 4. Wichtige chemische Untersuchungsmethoden für Urin

Jahr	Autor	Bestimmung von
Qualitative Proben		
1780	Home	Gärprobe mit Hefezusatz auf Zucker [149]
1812	Wells	Protein mit Salpetersäure [150]
1826	Gmelin	Gallenfarbstoff mit HNO_3 [151]
1841	Trommer	Glucose [152]
1844	Pettenkofer	Galle(nsäuren) [153]
1844	Moore, Heller	Glucose mit konz. KOH [154, 155]
1852	Heller	Ringprobe auf Protein [156]
1853	Teichmann	Hämoglobin als salzsaures Hämatin [157]
1858	Heller	Hämoglobin an Erdphosphaten adsorbiert [158]
1865	Gerhardt	Acetessigsäure[159]
1868	Jaffe	Urobilin [160]
1870	Jaffe	Indikan [161]
1874	Almén	Guajak-Probe [162]
1882	Ehrlich	Diazo-Reaktion, Bilirubin [163]
1882	Legal	Aceton [164]
1885	Einhorn	Gärungssaccharometer [165]
1886	Jaffe	Kreatinin mit Pikrinsäure-Fällung [166]
1887	Thormählen	Melanogen [167]
1892	Stenbeck	Urin-Sediment mittels Zentrifuge [168]
1901	Ehrlich	"Aldehyd-Reaktion" [169]
1902	Bial	Pentosurie [170]
1903	Neubauer	Urobilinogen mit Ehrlichs Aldehydreagenz [171]
1903	Schlesinger	Urobilin [172]
1904	R. u. O. Adler	Benzidinprobe [173]
Quantitative Bestimmungen		
1841	Bouchardat (Paris)	Glucose durch Polarimetrie (Gerät Biot-Soleil) [174]
ca. 1844	Schönlein (Berlin)	Glucose durch Polarimetrie (Gerät Mitscherlich) [175]
1848	Fehling	Glucose [176]
1848	Bunsen	Harnstoff gravimetrisch als $BaCO_3$ [177]
1853	Liebig	Harnstoff, Chlorid [178]
1854	Davy	Harnstoff mit Hypochlorit [179]
1871	Hüfner	Harnstoff mit Hypobromit [180] (Prinzip von Knop) [181]
1872	Salkowski	Harnsäure gravimetrisch als Silbersalz [182]
1874	Esbach	Protein, Fällung mit Pikrinsäure [183]
1877	Volhard	Chlorid titrimetrisch [184]
1893	Hopkins	Harnsäure[185]
1902	Folin	NH_3-Bestimmung durch "Aeration" [186]
1904	Folin	Kreatinin, Jaffe-Reaktion, colorimetrisch [187]
1912	Folin, Macallum	Harnsäure mit Phosphorwolframat [188]
1915	Folin, Denis	Phenol [189]

Anmerkungen und Literatur

1. Zur Geschichte der Urinuntersuchung siehe z.B.:
   (a) Ebstein, E (1915) Zur Entwicklung der klinischen Harndiagnostik in chemischer und mikroskopischer Beziehung. Zeitschrift für Urologie *1915*, 201–253 und 281–290 (auch als Monographie (1915) Thieme Verlag, Leipzig)
   (b) Lieben F (1935) Geschichte der Physiologischen Chemie (Reprint 1970). G Olms Verlag, Hildesheim, New York
   (c) Bleker J (1972) Die Geschichte der Nierenkrankheiten, Boehringer Mannheim GmbH, Mannheim
   (d) Gottschalk CW, Berliner RW, Giebisch GH (Editors) (1987) Renal Physiology. People and Ideas. American Physiological Society, Bethesda, Maryland
   (e) Büttner J, Habrich C (1987) Roots of Clinical Chemistry. GIT-Verlag, Darmstadt

2. Artikel "Signe". In: Encyclopédie ou Dictionnaire raisonné des Sciences, des Arts et des Métiers, par une Société de Gens de Lettres. 1751–1780. Paris, Neuchâtel, Amsterdam. Tome *XV*, pag. 188 (1765)

3. Hartmann F (1977) Wandlungen im Stellenwert von Diagnose und Prognose im ärztlichen Denken. Metamed [Tecklenburg] *1*, 139–160

4. (a) Hippokrates (1894–1902) Opera. Edidit H. Kuehlwein. 2 Bände. B.G. Teubner, Leipzig. Deutsche Übersetzung z.B.:
   (b) Hippokrates (1955) Fünf auserlesene Schriften (eingeleitet und übertragen von W Capelle). Artemis-Verlag, Zürich, pag. 121–145

5. Das sog. Viererschema der Säftelehre enthält bei Galen die folgenden Zuordnungen:

Blut	warm und feucht
Schleim	feucht und kalt
schwarze Galle	kalt und trocken
gelbe Galle	trocken und warm

   Siehe: Schöner E (1964) Das Viererschema in der antiken Humoralpathologie (Sudhoffs Archiv, Beihefte Nr. 4). Franz Steiner Verlag, Wiesbaden

6. (a) Galen. De usu partium corporis humani. In: Opera omnia, vol. III [herausgegeben von EC Kuehn]. Reprint G Olms, Hildesheim (1964), lib. I, cap. 13, pag. 36 f
   Siehe auch:
   (b) Triolo VA (1966) An interpretative analysis of Galenic renal physiology. Clio Medica *1*, 113–128
   (c) Siegel RE (1968) Galen's System of Physiology and Medicine. S Karger, Basel, New York

7. Das so entstehende Blut wurde nicht als Blut im Sinne des Säfteschemas, sondern als Mischung aller vier Säfte aufgefaßt. Siehe: Siegel, o. c. (6c), pag. 232

8. Galen sah die Bildung von Urin aus dem Blut in Analogie zur Bildung von Molke aus Milch. (Siehe: Siegel, o. c. (6c), pag. 126)

9. Ein auf Magnos zurückgehender Urintraktat wurde fälschlicherweise der Autorität Galen zugeschrieben. Dieser Pseudogalenische Urin-Traktat hat eine große Wirkung entfaltet und ist über lange Zeit in immer neuen Varianten überliefert worden.
   Siehe dazu:
   Baader G, Keil G (1978) Mittelalterliche Diagnostik.
   In: Medizinische Diagnostik in Geschichte und Gegenwart. Festschrift für Heinz Goerke zum sechzigsten Geburtstag. Herausgegeben von C Habrich, F Marguth, JH Wolf. Werner Fritsch, München pag. 121–144

10. Theophilos Protosphatharius (1703) De urinis libellus. Ed. T Guidott. H Teering, Amsterdam

11. Peine J (1919) Die Harnschrift des Isaac Judaeus. Med. Dissertation Leipzig. Noske, Borna-Leipzig

12. Urinbefund und Befund der Blutschau wurden im 8. Jahrhundert erstmals miteinander verbunden durch einen anonymen westfränkischen Arzt. Siehe:
Blanke D (1974) Die pseudohippokratische "Epistula de sanguine cognoscendo". Med. Dissertation Bonn
13. (a) Actuarios J (1529) De urinis libri VII. A Cratander, Basel
(b) Kudlien F (1973) Empirie und Theorie in der Harnlehre des Johannes Aktuarios. Clio Medica 8, 19–30
14. Zur Rezeption arabischer Texte der Schriften des Galen sowie byzantinischer und arabischer Ärzte, u. a. durch Übersetzungen des Constantinus Africanus, siehe:
Schipperges H (1964) Die Assimilation der arabischen Medizin durch das lateinische Mittelalter (Sudhoffs Archiv, Beihefte Heft 3). Franz Steiner Verlag GmbH, Wiesbaden
15. Wesentlichen Anteil an der Herausbildung der mittelalterlichen Diagnostik und besonders der Uroskopie hat Maurus von Salerno (gest. 1214). Siehe:
Keil G (1970) Die urognostische Praxis in vor- und frühsalernitanischer Zeit. Med. Habilitationsschrift Freiburg i. Br.
16. Der wirkungsgeschichtliche Einfluß von Maurus reicht bis in die byzantinische Uroskopie etwa des Aktuarios. Siehe die zusammenfassende Darstellung bei:
Dimitriades K (1971) Byzantinische Uroskopie. Med. Dissertation Bonn
17. "Corporis aer(e)i nubecula spiritualis, indicat offensae vitium iecorisq(ue) calorem."
(a) Egidius (Gilles de Corbeil) (1529) Carmina de Vrinarum ivdiciis. Thomas Wolff, Basel, Fol. 68 r
(b) Kliegel P (1972) Die Harnverse des Gilles de Corbeil. Med. Dissertation Bonn. Bonn
Deutsche Übersetzung des Zitates:
(c) Held W (1931) Die Urinschau des Mittelalters und die Harnuntersuchung der Gegenwart. Krüger, Leipzig, pag. 4
18. Zur weiteren Entwicklung der Uroskopie siehe:
Neumann J (1894) Geschichte der Uroskopie. Zeitschrift f. Heilkunde 15, 53–74
19. Schon frühzeitig wurde auf den Mißbrauch der Uroskopie durch Laien wie auch durch Ärzte hingewiesen. Siehe z.B. die Schrift des Bremer Stadtarztes Euricius Cordus (1486–1535):
Cordus Euricius (1543) De urinis, das ist von rechter besichtigunge des harns und ihrem missbrauch. Herausgegeben von J Dryander, genannt Eychman. Zum Bart, Cyriakus Jacob, Frankfurt
20. Nicolaus de Cusa (1937) Opera omnia. V. Idiota de sapientia, de mente, de staticis experimentis. Ed. L Bauer, F Meiner, Leipzig
Zur Vorgeschichte siehe auch o. c.(1e), pag. 14, 16
21. Joan Baptista van Helmont (s. unten) beschrieb Experimente über das spezifische Gewicht des Urins als einen "sicheren Weg ... den Urin zu untersuchen".
Helmont (JB) van. Vom Irrthum und Unwissenheit der Schulen. Cap. 4, 31. In: C. Knorr von Rosenroth (Herausgeber) (1971) Aufgang der Artzney-Kunst. Faksimile-Reprint. Kösel-Verlag, München, Band 1, pag. 397–398
22. Als einziges experimentelles Verfahren fand das "Auswägen" des Urins im 18. Jahrhundert, unter Bezug auf van Helmont, auch Eingang in die klassische Uroskopie.
Siehe z.B.
NN (1703) Relationes curiose-medicae von dem bishero sehr verachteten Signo Physico dem Urin ... mit beygefügter Examination oder Ausforschung natürlicher Dinge Eigenschaften/ als der Wasser/Brunnen/Weins u. Bergarten/ zumal aber des Urins/ durchs künstliche accurate Abwiegen ... Gotha, C Reyher
23. Vereinzelt wurde auch in der alten Literatur über "Proben" oder Experimente mit dem Urin berichtet. Beispiele:
(1) Erhitzen des Urins
(a) Theophilos, o. c. (10), pag. 95
(b) Willichius I (1582) Urinarum probationes: Illvstratae scholis medicis Hieronymi Revsneri ... Sebastian Henricpetri, Basel

    (2) "Kohlenprobe" (Urin wird auf heiße Kohlen gegossen)
       (c) Aktuarios, o. c. (13a), pag. 115–116
24. Paracelsus, Schedula de Urinis. In: Scholia in Libros de Urinis.
    In: Paracelsus (1603) Opera. Bücher und Schriften, soviel deren zur Hand gebracht. Herausgegeben von J Huser. Folioausgabe, Zetzner, Straßburg, Band 1, pag. 764
25. "Aber das ander ist zu subtil den Augen in diesem zu finden/ vnd seind die Tartarischen Kranckheiten. So aber dieselbigen sollen gesehen werden vnd erkennt im Harn/ so entschlahe dich der ersten Regeln/ und besich diß/ das ist/ daß du den Urin coagulierest/ und ihn separiest in sein species, als dann zeigen sie dir die Kranckheit an."
    Paracelsus, De Urinis. In: Paracelsus (1603) Opera. Bücher und Schriften, soviel deren zur Hand gebracht. Herausgegeben von J Huser. Folioausgabe, Zetzner, Straßburg, Band 1, pag. 745
26. In der alchemistische Literatur des 16. und 17. Jahrhunderts finden sich zahlreiche Hinweise auf die Destillation des Urins zum Zwecke der Gewinnung von Arzneimitteln. Siehe zum Beispiel
    Ulstadt P (1544) Coelum philosophicum, seu secreta naturae ... V Gaultherot, Paris, cap. 21
27. Paracelsus, Archidoxis, Liber III, De separationibus elementorum.
    In: Paracelsus (1603) Opera. Bücher und Schriften, soviel deren zur Hand gebracht. Herausgegeben von J Huser. Folioausgabe, Zetzner, Straßburg, Band 1, pag. 794
28. (a) Thurneysser zum Thurn L (1571) Prokatalepsis (griech.) Oder Praeoccupatio, Durch zwölff verscheidenlicher Tractaten, gemachter Harn Proben ... Johann Eichorn, Frankfurt/Oder
    (b) Thurneysser zum Thurn L (1576) Bebaiosis agonismou (griech.). Das ist Confirmatio Concertationis oder eine Bestettigung daß Jenigen so steittig ... die Neuwe kunst des Harnprobierens ein zeitlang gewest ist. L Thurneysser im Grauen Kloster, Berlin
    Zu Thurneysser siehe:
    (c) Bleker J (1976) Chemiatrische Vorstellungen und Analogiedenken in der Harndiagnostik Leonhard Thurneyssers (1571 und 1576). Sudhoffs Archiv *60*, 66–75
29. Van Helmont gewann aus dem Urin durch Destillation neben einem "Spiritus" (wässrige Lösung von Ammoniumsalzen) ein flüchtiges Salz (wahrscheinlich $(NH_4)_2CO_3$ und NH_4HCO_3) sowie zwei nichtflüchtige, "fixe" Salze, von denen er eines als "Meersalz" (NaCl) identifizierte, das andere bezeichnete er als das "eigentliche" Urin-Salz.
    Van Helmont, De lithiasi, cap. 3. In: Opuscula medica inaudita (1644). Apud J Kalcoven, Köln
    Deutsch in: o. c. (21), Band 1, pag. 429–442
30. Bei Johann Conrad Barchusen (1666–1723) findet sich bereits 1703 ein Urin-Destillationsexperiment mit genauen quantitativen Angaben für die einzelnen Fraktionen.
    Barchusen JC (1703) Arcroamata, in quibus complura ad iatro-chemian atque physicem spectantia ... explicantur. J Vischer, Utrecht
31. Zur Geschichte der Entdeckung des Phosphors im Urin durch Hennig Brand (gest. nach 1692) und Johann Kunckel (1630–1702) siehe:
    Krafft F (1969) Phosphor. Von der Lichtmaterie zum chemischen Element. Angewandte Chemie *81*, 634–645
32. Der Nachweis, daß Phosphor im Urin in Form von Phosphorsalzen enthalten ist, gelang Andrea Sigismund Marggraf (1708–1782)
    Marggraf AS (1746–1748) Examen chymique d'un sel d'Urine fort remarquable, qui contient l'acide du phosphore. Traduit du Latin. Histoire de l'Académie des sciences [Berlin] *II*, 84–107
33. Boerhaave H (1732) Elementa chemiae. C. Fritsch, Leipzig, Processus XCII–XCVIII

34. Berzelius JJ (1840) Lehrbuch der Chemie.
    Übers. v. F Wöhler. 4. Auflage. Arnoldische Buchhandlung, Dresden/Leipzig, Band 9, pag.
    405 (1840)
35. Carl Wilhelm Scheele führt 1776 als Bestandteile des Urins an: "Salmiak" (= NH_4Cl),
    Kochsalz (= $NaCl$), "Digestivsalz" (= KCl), "Glaubersches Wundersalz" (= $NaSO_4$),
    "Mikrokosmisches Salz" (= $(NH_4)NaHPO_4$), "Perlsalz" (= NaH_2PO_4) und einen "ölichten
    Extrakt".
    Scheele CW (1776) Undersökning om blåse-stenen. Stockholm kgl. Vetenskaps Acade-
    miens Handlingar *37*, 327–332
36. Fourcroy unterschied die Analyse der "principes immédiates" (organisch-chemische Ver-
    bindungen im heutigen Sinne) von der Analyse der "principes prochaine" (Elemente).
    Fourcroy AF de (1801–1802) Système des connaissances chimiques, et leur application aux
    phénomènes de la nature et de l'art. Baudoin, Paris, tome 1, pag. 57
37. (a) Rouelle (HM) (1773) Observations sur l'urine humaine, & sur celles des vaches & de
    cheval, comparées ensemble. Journal de Médecine, Chirurgie et Pharmacie [Paris] *11*,
    451–468.
    Boerhaave hatte bei seiner Untersuchung des Urins wahrscheinlich schon Harnstoff in der
    Hand ("sal nativus urinae"):
    (b) Boerhaave, o. c. (33), processus XCVIII
    (c) Backer HJ (1943) Boerhaave's ontdekking van het ureum. Nederl. Tijdschr. v. Geneesk.
    87, 1274–1278
38. Scheele, l. c. (35)
39. Dekkers F (1695) Exercitationes practicae circa medendi methodum. Chapter V. Boute-
    steyn, Leyden, pag. 338 (nicht in der Erstausgabe von 1673)
40. Der Nachweis von Protein mittels Salpetersäure wurde zuerst von William Charles Wells
    (1757 –1817) 1812 angegeben.
    Wells WC (1812) On the presence of the red matter and serum of blood in the urine of dro-
    psy, which has not originated from scarlet.
    Trans. Soc. Improv. Medical a. Chirurg. Knowl. [London] *3*, 194–240
41. Willis T (1674–1675) Pharmaceutic rationalis sive diatriba de medicamentorum operationi-
    bus in humano corpore. E Theatro Sheldoniano, (London), Vol. 1, Sectio IV, cap. 3, pag.
    164–182 (speziell pag. 172)
42. Dobson M (1776) Experiments and observations on the urine in diabetes. Medical Obser-
    vations and Inquiries [London] *5*, 298–316
43. Chevreul ME (1815) Sur le sucre de diabétes. Annales de Chimie [Paris] *95*, 319–320
44. Fourcroy, Vauquelin (1799) 2e Mémoire pour servir à l'histoire naturelle chimique et médi-
    cale de l'urine humaine, dans lequel on s'occupe spécialement des propriétés de la matière
    particulière qui la caractérise. Annales de Chimie [Paris] *32*, 80–d162
45. (a) Fourcroy (AF) (1790) Expériences faites sur les matières animales, au Lycée, en 1790.
    Annales de Chimie. Ser. 1 [Paris] *7*, 146–1930
    (b) Cruickshank, in: Rollo J (1797) An Account of two Cases of the Diabetes mellitus, with
    Remarks as they arose during the progress of the cure. C Dilly, London
    Eine zeitgenössische Übersicht gibt:
    (c) Johnson WB (1803) History of the Progress and Present State of Animal Chemistry. J
    Johnson, London, Vol. 2, pag. 363–430
46. Cruickshank, l. c. (45b)
47. Berzelius J (1812) General views of the composition of animal fluids. Medico-chirurgical
    Transactions [London] *3*, 198–276 (Urin: pag. 198–276)
48. Hooke R (1665) Micrographie: or some Physiological Descriptions of Minute Bodies made
    by Magnifying Glasses. J Martyn and J Allestry, London, pag. 81 f und Scheme VII
49. Leeuwenhoek hatte wie Hooke die Kristalle im Sediment gesehen (a), sowie offensichtlich
    Blutzellen im Urin eines Pferdes (b):
    Leeuwenhoek A van (1948) The Collected Letters of Antoni van Leeuwenhoek. Swets &
    Zeitlinger, Ltd., Amsterdam, Vol. *III*

(a) Brief vom 12. November 1680, pag. 299 f
(b) Brief vom 4. November 1681, pag. 371
50. Prochaska G (1776) Dissertatio inauguralis medica de urinis. Joseph Gerold, Wien
51. Eiter im Urin war seit dem Altertum bekannt. Durch die Untersuchungen von William Hewson (1739–1774) waren die "pale corpuscles" genauer bekannt geworden.
(a) Galen, De locis affectis. In: o. c. (6a), vol. VIII, liber VI, cap. 3, pag. 393 und cap. 4, pag. 410
(b) Hewson W (1774) Experimental Inquiries, Part the Second, containing a Description of the Lymphatic System in the Human Subject, and other Animals. Together with Observations on the Lymph, and the Changes which it undergoes in some Diseases. J Johnson, London
52. Die Harnzylinder wurden zuerst von Johann Franz Simon (1807–1843) beschrieben. In der Literatur wird diese Entdeckung unrichtig meist J Henle zugeschrieben.
(a) Simon JF (1842) Handbuch der angewandten medicinischen Chemie. Band 2. A Förstner, Berlin, pag. 418
(b) Simon, F (1843) Ueber eigenthümliche Formen im Harnsediment bei Morbus Brightii. Arch. f. Anat., Physiol. u. Wiss. Medicin *1843*, 23–31
(c) Henle J. In: Pfeufer C (1844) Klinische Mittheilungen. Z. f. rationelle Medicin *1*, 57–70 (speziell pag. 61)
53. Z.B. definierte Isaac Judaeus (s. oben) den Urin als: "urina est colamentum sanguinis" Peine, o. c. (11)
54. Bellini L (1711) Exercitationes anatomicae duae de structura et usu renum ut et de gusto organo. J A Langerack, Leyden, pag. 19 (Erstausgabe 1662)
55. (a) Malpighi M (1666) De viscerum structura exercitationes anatomica. J Montij, Bologna Übersetzung und Kommentar:
(b) Hayman JM (1925) Malpighi's "Concerning the structure of the kidneys". A translation and introduction. Ann. Med. Hist. *7*, 242–263
56. Bowman W (1842) On the structure and use of the Malpighian bodies of the kidney with observations on the circulation through that gland. Philosophical Transactions Roy. Soc. [London] *132*, 57–80
57. Ludwig C (1843) Beiträge zur Lehre vom Mechanismus der Harnsecretion. NG Elwert, Marburg (Im Jahr zuvor lateinisch als Habilitationsschrift erschienen)
58. (a) Heidenhain R (1874) Versuche über den Vorgang der Harnabsonderung, in Verbindung mit Herrn stud. med. A Neisser. Pflügers Arch. f. d. ges. Physiologie *9*, 1–27 (Tafel I)
(b) Heidenhain R (1883) Physiologie der Absonderungsvorgänge. In: L Hermann (Herausgeber) Handbuch der Physiologie. Vogel, Leipzig, Band *5*, 6. Abschnitt, pag. 279–373
59. Cushny AR (1917) The Secretion of Urine (Monographs in Physiology). Longmans, Green a. Co., London
60. Marshall EK Jr, Vickers JL (1923) The mechanism of the elimination of phenolsulphonephthalein by the kidney. A proof of secretion by the convoluted tubules. Bull. Johns Hopkins Hospital *34*, 1–7
61. Einzelne Hinweise finden sich in verschiedenen Semiotik-Büchern, z.B.:
Sprengel K (1801) Handbuch der Semiotik. JJ Gebauer, Halle
62. Eine wissenschaftliche Zeichenlehre entwickelte sich etwa ab 1750. Siehe:
Eich W (1986) Medizinische Semiotik (1750–1850) (Freiburger Forschungen zur Medizingeschichte, N F. Band 13). Hans Ferdinand Schulz Verlag, Freiburg/Breisgau
63. Foucault M (1973) Die Geburt der Klinik. Eine Archäologie des ärztlichen Blicks. Carl Hanser Verlag, München
64. Eine wichtige Zwischenstufe war die Klassifikation und Beschreibung nach der "Naturhistorischen Methode", die vor allem durch Johann Lucas Schönlein (1793–1864) vertreten wurde. Siehe dazu:
Bleker J (1981) Die Naturhistorische Schule 1825–1845. Ein Beitrag zur Geschichte der klinischen Medizin in Deutschland. (Medizin in Geschichte und Kultur, Bd. 13). G Fischer Verlag, Stuttgart-New York

65. Sprengel, o. c. (61)
66. Die Koagulierbarkeit des Urins war schon längere Zeit bekannt. Vgl. Anmerkung (36)
67. Blackall J (1813) Observations on the Nature and Cure of Dropsies. London, Longman
68. Bright R (1827–1831) Reports on Medical Cases Selected with a View of Illustrating the Symptoms and Cure of Diseases by a Reference to Morbid Anatomy. Longman, London, vol. 1, pag. 1 ff
69. Heller JF (1844) Unsere heutige Aufgabe. Arch. physiol. pathol. Chemie u. Mikroskopie *1*, 1–6
70. Liebig J (1842) Die organische Chemie in ihrer Anwendung auf Physiologie und Pathologie. Vieweg, Braunschweig
71. Frerichs und Staedeler hatten Tyrosin und Leucin in der Leber und im Urin gefunden:
    (a) Frerichs FT (1855) Ueber das Vorkommen von Leucin und Tyrosin im lebenden Organismus. Deutsche Klinik [Stuttgart] *7*, 342–343
    (b) Frerichs FT, Staedeler G (1856) Weitere Beiträge zur Lehre vom Stoffwechsel. Arch. Anat. Physiol. Wiss. Med. *1856*, 37–54
72. Mani N (1964) Die Entdeckung des Glykogens durch Claude Bernard. Z. Klin. Chemie *2*, 97–104
73. Ein für praktische Zwecke ausreichender Test zum Nachweis der Glucose stand erst 1841 mit der Trommerschen Probe zur Verfügung. Erstbeschreibung durch Trommers Lehrer Eilhard Mitscherlich.
    Mitscherlich E (1841) Unterscheidung von Gummi, Traubenzucker und Rohrzucker. Annalen der Physik und Chemie *39*, 360–362
74. Bernard C (1848) De l'origine du sucre dans l'économie animale (a). Archives générales de médecine. 4me serie, *18*, 303–319
75. (a) Bernard C (1855) Sur le mécanisme de la formation du sucre dans le foie. C. R. Académie des sciences [Paris] *41*, 461–469 (Nachweis einer matière glycogène)
    (b) Bernard C (1857) Sur le mécanisme physiologique de la formation du sucre dans le foie (suite). C. R. Académie des sciences [Paris] *44*, 578–586 (Isolierung des Glykogens)
76. Bernard C (1859) Leçons sur les propriétées physiologiques et les altérations pathologiques des liquides de l'organisme. JB Baillière Paris, vol. 2, pag. 75 ff
77. Boedeker CW (1859) Mittheilungen aus dem chemischen Laboratorium des physiologischen Instituts zu Göttingen. Ueber das Alcapton; ein neuer Beitrag zur Frage: welche Stoffe des Harns können Kupferreduction bewirken? Z. rationelle Med. [3. Reihe] 7, 130–145 (Alcapton: pag. 127 f)
78. (a) Wolkow M, Baumann E (1891) Ueber das Wesen der Alkaptonurie. Hoppe-Seyler's Z. Physiol. Chem. *15*, 228–285 (Identifizierung als Homogentisinsäure)
    (b) Baumann E, Fränkel S (1894) Ueber die Synthese der Homogentisinsäure. Hoppe-Seyler's Z. Physiol. Chem *20*, 219–224
79. Garrod AE (1899) A contribution to the study of alkaptonuria. Medico-chirurgical Transactions *82*, 367–391
80. Garrod AE (1902) The incidence of alkaptonuria. A study in chemical individuality. Lancet *1902 II*, 1616–1620
81. Garrod AE (1902) Inborn Errors of Metabolism, The Croonian Lectures Delivered before the Royal College of Physicians of London, in June, 1908. H Frowde, Hodder & Stoughton, London
82. Zur Entwicklung im 20. Jahrhundert siehe:
    Gottschalk et al., o. c. (1d)
83. o. c. (4b), pag. 133
84. l. c. (6a)
85. Siehe Anmerkung (9)
86. o. c. (10)
87. o. c. (11)
88. o. c. (17a, 17b)
89. o. c. (13a)

90. Das Buch von den Tartarischen Krankheiten, pag. 282–316, De Tartaro Lib. II; Pag. 392–443,
    De vrinvm ac pvlsvvm ivdiciis Libellus (Basel 1527) (und: Scholia, Gramenta etc.), pag. 731–769,
    In: Paracelsus (Hohenheim, Ph T B von) (1603) Opera. Bücher und Schriften, soviel deren zur Hand gebracht. Herausgegeben von J Huser. Folioausgabe, Zetzner, Straßburg, Band 1
91. o. c. (28a, 28b)
92. Helmont JB van (1644) De lithiasi. Siehe l. c. (29)
93. l. c. (54)
94. o. c. (55a). Siehe auch l. c. (55b)
95. l. c. (31)
96. l. c. (41)
97. l. c. (39)
98. l. c. (33)
99. l. c. (37a)
100. l. c. (42)
101. l. c. (35)
102. (a) Fourcroy, Vauquelin (1799) Extrait d'un premier mémoire pour servir à l'histoire naturelle chimique et médicale de l'urine humaine, contenant quelques faits nouveaux sur son analyse et sur son altération spontanée. Annales de Chimie [Paris] *31*, 48–71
    (b) Fourcroy, Vauquelin (1799) siehe l. c. (44)
103. l. c. (47)
104. o. c.(68)
105. l. c. (52a, 52b)
106. l. c. (56)
107. o. c. (57)
108. Pasteur L (1861) Mémoire sur les corpuscules organisés qui existent dans l'atmosphère. Examen de la doctrine des générations spontanées Ann. Sci. nat. (Zoll.) [Paris] *16*, 5–98
109. l. c. (58a, 58b)
110. (a) Folin O (1905) Approximately complete analysis of thirty "normal" urines. American J. Physiology *13*, 45–65
    (b) Folin O (1905) Laws governing the chemical composition of urine. American Journal of Physiology *13*, 66–115
111. o. c. (59)
112. Marshall EK Jr., Vickers JL (1923) Siehe l. c. (60).
    Siehe auch:
    Marshall EK Jr., Crane MM (1924) The secretory function of the renal tubules. American Journal of Physiology *70*, 465–488
113. l. c. (29)
114. l. c. (29)
115. Marggraf AS (1746–1748) Examen chymique d'un sel d'Urine fort remarquable, qui contient l'acide du phosphore. Traduit du Latin. Histoire de l'Académie des sciences [Berlin] *II*, 84–107
116. l. c. (115)
117. l. c. (115)
118. l. c. (35)
119. l. c. (37b), siehe auch l. c. (37c)
120. l. c. (35)
121. l. c. (44, 102a)
122. Fourcroy (AF) (1790) Expériences faites sur les matières animales, au Lycée, en 1790. Annales de Chimie. Ser. 1 [Paris] *7*, 146–193
123. l. c. (44, 102a)
124. l.c. (45b)

125. Wollaston WH (1797) On gouty and urinary concretions. Philosophical Transactions Royal Soc. of London *87*, 386–400
126. l. c. (44)
127. Liebig J (1829) Ueber die Säure, welche in dem Harn der grasfressenden vierfüßigen Thiere enthalten ist.
Poggend. Ann. Physik u. Chemie *17*, 389–399
128. Pettenkofer M (1844) Vorläufige Notiz über einen neuen stickstoffhaltigen Körper im Harne.
Liebigs Annalen der Chemie und Pharmacie *52*, 97–100
129. (a) Liebig J (1847) Kreatin und Kreatinin, Bestandteile des Harns der Menschen. Journal f. praktische Chemie *40*, 288–292
(b) Liebig J (1847) Ueber die Bestandtheile der Flüssigkeiten des Fleisches (Darin: Kreatin und Kreatinin, Bestandteile des Harns des Menschen, pag. 303–310). Annalen der Chemie u. Pharmacie *42*, 257–369
130. Heintz W (1847) Ueber das Kreatin im Harn. Poggend. Ann. Phys. Chem *70*, 466–480
131. l. c. (129a, 129b)
132. l. c. (39)
133. l. c. (42)
134. l. c. (43)
135. Wollaston WH (1810) On cystic oxide, a new species of urinary calculus. Philosophical Transactions [London} *100*, 223–230
136. Prout W (1823) Acide mélanique dans l'urine noire. Journal de Pharmacie [Paris] *9*, 17–18
137. Tiedemann F, Gmelin L (1826–1827) Die Verdauung nach Versuchen. 2 Bände. K Groos, Heidelberg/Leipzig, Band 1, pag. 80–81
138. l. c. (71a, 71b)
139. l. c. (71a, 71b)
140. Petters W (1857) Untersuchungen über die Honigharnruhr. Vierteljahrschr. f. d. praktische Heilkunde *55*, 81–94
141. l. c. (77)
142. Jaffe M (1868) Beitrag zur Kenntniss der Gallen- und Harnpigmente. Journal f. praktische Chemie N. F. *104*, 401–406
143. Heller JF (1846) Die pathologisch-chemische Untersuchung zur medizinischen Diagnostik. In: G von Gaal, Physikalische Diagnostik. Braumüller & Seidel, Wien, pag. 567
144. Jones H Bence (1848) On a new substance occuring in the urine of a patient with mollities ossium. Philosophical Transactions Roy. Soc. [London] *1848* I, 55–63
145. Minkowski O (1884) Ueber das Vorkommen von Oxybuttersäure im Harn bei Diabetes mellitus. Ein Beitrag zur Lehre vom Coma diabeticum. Arch. exp. Pathologie u. Pharmakologie *18*, 35–48
146. Külz E (1884) Ueber eine neue linksdrehende Säure (Pseudooxybuttersäure). Ein Beitrag zur Kenntnis der Zuckerruhr. Z. für Biologie *20*, 165–178
147. l. c. (78a)
148. Salkowski E (1895) Über Pentosurie, eine neue Anomalie des Stoffwechsels. Berliner Klinische Wochenschr. *32*, 364–368
149. Home F (1780) Clinical Experiments, Histories and Dissections. Edinburgh
150. l. c. (40)
151. l. c. (137)
152. Trommer CA (1841) Unterscheidung von Gummi, Dextrin, Traubenzucker und Rohrzucker. Annalen der Chemie und Pharmacie *39*, 360–362
153. Pettenkofer MJ (1844) Notiz über eine neue Reaction auf Galle und Zucker. Annalen der Chemie und Pharmacie *52*, 90–96
154. Moore J (1844) Liquor potassae a test for sugar in the urine. Lancet *1844* I, 751–752
155. Heller JF (1844) Höchst einfache und sichere Methode zur Diagnose des Zuckers in thierischen Flüssigkeiten; Unterscheidung des Harn-, Milch- und Rohrzuckers.

Arch. physiol. pathol. Chemie u. Mikroskopie *1*, 292–298

156. Heller JF (1852) Ueber die Erkennung des Albumins, der Urate, der Knochenerde und einer eigenthümlichen Proteinverbindung im Harn (Hierzu Tafel II). Arch. physiol. pathol. Chemie u. Mikroskopie *5*, 161–171

157. (a) Teichmann L (1853) Über die Krystallisation der organischen Bestandtheile des Blutes (dazu Ergänzung Band 5, S. 43) Zeitschrift f. rationelle Medizin, N. F. *3*, 375–388
(b) Teichmann L (1857) Über das Hämatin. Zeitschrift für rationelle Medizin, N. F. *8*, 141–148

158. Heller JF (1858) Über das Hämatin und dessen Ausmittelung. Zeitschr. d. k. k. Gesellsch. d. Ärzte zu Wien *14*, 733–736, 749–755 (Auch Separatabdruck C Gerold's Sohn, Wien)

159. Gerhardt C (1865) Ueber Diabetes mellitus und Aceton. Wiener Medizinische Presse [Wien] *6*, 672

160. Jaffe M (1869) Zur Lehre von den Eigenschaften und der Abstammung der Harnpigmente. Arch. Path. Anat. Physiol. Klin. Med. *47*, 405–427

161. Jaffe M (1870) Ueber den Nachweis und die quantitative Bestimmung des Indicans im Harn. Pflügers Archiv für die gesamte Physiologie *3*, 448–469

162. Almén (AT) (1874) Nachweis von Blut im Urin (Referat). Fresenius' Zeitschrift f. analytische Chemie *13*, 104

163. (a) Ehrlich P (1883) Ueber eine neue Harnprobe. Charité-Annalen [Berlin] *8*, 140–166
(b) Ehrlich P (1883) Sulfodiazobenzol, ein Reagens auf Bilirubin. Centralbl. Klin. Medizin *4*, 721–723

164. (a) Legal E (1882) Über eine neue Acetonreaction und deren Verwendbarkeit zur Harnuntersuchung. Jahresbericht d. Schlesischen Gesellschaft f. vaterländische Kultur [Breslau] *1882*, 89–99
(b) Legal E (1883) Ueber eine neue Acetonreaction und deren Verwendbarkeit zur Harnuntersuchung. Breslauer Aerztliche Zeitschrift *5*, 25–7, 38–40

165. (a) Einhorn M (1885) Die Gährungsprobe zum qualitativen Nachweise von Zucker im Harn. Arch. path. Anatl. Physiol. Klin. Med. *102*, 263–285
(b) Einhorn M (1887) Fermentation as a practical qualitative and quantitative test for sugar in urin. Medical Record [New York] *31*, 91–94 (Heft Nr. 4)

166. Jaffe M (1886) Ueber den Niederschlag, welchen Pikrinsäure in normalem Harn erzeugt und über eine neue Reaction des Kreatinins. Hoppe-Seylers Zeitschrift f. Physiologische Chemie *10*, 391–400

167. Thormälen J (1887) Mittheilung über einen noch nicht bekannten Körper in pathologischem Menschenharn. Arch. Path. Anat. Physiol. Klin. Med. *108*, 317–322

168. (a) Litten M (1891) Die Centrifuge im Dienste der Klinischen Medizin. Deutsche Medizinische Wochenschrift *17*, 749–752
(b) Stenbeck T (1892) Eine neue Methode für die mikroskopische Untersuchung der geformten Bestandteile des Harns und einiger anderen Secrete und Excrete. Zeitschrift f. Klinische Medizin *20*, 457–475

169. Ehrlich P (1901) Ueber die Dimethylamidobenzaldehydreaction. Die Medicinische Woche [Berlin] *1901*, 151–153

170. Bial M (1902) Die Diagnose der Pentosurie. Deutsche medizinische Wochenschrift *28*, 253–254

171. Neubauer O (1903) Ueber die Bedeutung der neuen Ehrlichschen Farbenreaktion (mit Dimethylaminobenzaldehyd). (Vortrag 75. Versammlung Deutscher Naturforscher und Ärzte, Kassel, 1903). Münchener medizinische Wochenschrift *29*, 561–563

173. Adler O, Adler R (1904) Über das Verhalten gewisser organischer Verbindungen mit besonderer Berücksichtigung des Nachweises von Blut. Hoppe-Seyler's Zeitschrift für physiologische Chemie *41*, 59–67

174. (a) Bouchardat A (1841) Monographie du diabète sucré ou glucosurie. In: Annuaire de thérapeutique, de matière médicale et de pharmacie. Editeur: A Bouchardat. A Gardembas, Paris, pag. 159–254

(b) Bouchardat A (1842) Nouvelles recherches sur le diabète sucré ou glucosurie. In: Annuaire de thérapeutique, de matière médicale et de pharmacie pour 1842. Editeur: A Bouchardat. Librairie Germer Baillière, Paris, pag. 266–285
(c) Bouchardat A (1846) Moyens de constater la présence dur sucre de fécule dans l'urine et d'en mesurer la quantité. In: Annuaire de thérapeutique, de matière médicale, de pharmacie et de toxicologie. Editeur: A Bouchardat. Année 1846. Supplément. Librairie Germer Baillière, Paris, pag. 318–324
(d) Biot (JB) (1845) Instructions pratiques sur l'observation et la mesure des propriétés optiques appelées rotatoires avec l'exposé succinct de leur application à la chimie médicale, scientifique et industrielle. Bachelier, J B Baillière, Paris

175. Mitscherlich E (1844) Lehrbuch der Chemie. 4. Auflage. Ernst Siegfried Mittler Berlin. Band 1, Theil 1, pag. 360–366
Schönlein JL (1842 (1844?)) Schönleins klinische Vorträge in dem Charité-Krankenhause zu Berlin. Herausgegeben von L Güterbock. Veit & Co, Berlin

176. Fehling HC (1848) Quantitative Bestimmung des Zuckers im Harn. Archiv f. physiologische Heilkunde 7, 64–73

177. Bunsen R (1848) Ueber quantitative Bestimmung des Harnstoffes. Annalen der Chemie und Pharmacie 65, 375–386

178. Liebig J (1853) Über eine neue Methode zur Bestimmung von Kochsalz und Harnstoff im Harn. C F Winter, Heidelberg

179. Davy EW (1854) On a new and simple method of determining the amount of urea in the urinary secretion. The London, Edinburg and Dublin Philosophical Magazine [Ser. 4] 7, 385–390

180. Hüfner G (1871) Ueber die Anwendung des unterbromigsauren Natrons als Reagens. Journal f. praktische Chemie 3, 1–27

181. Knop W (1870) Methode zur Bestimmung des Stickstoffs in Ammoniak und Harnstoffverbindungen. Fresenius' Zeitschrift f. analytische Chemie 9, 225–231

182. Salkowski E (1876) Kleinere Mittheilungen physiologisch-chemischen Inhaltes (III). 1. Ueber die quantitative Bestimmung der Harnsäure im Harn. Arch. Path. Anat. Physiol. Klin. Med. 68, 399–403

183. Esbach (1874) Dosage pratique de l'albumine: trois méthodes. Gazette médicale de Paris [Quatrième Série] 3, 61–62

184. Volhard J (1878) Die Anwendung des Schwefelcyanammoniums in der Maßanalyse. Annalen der Chemie 190, 1–61

185. (a) Hopkins FG (1893) On the estimation of uric acid in urine: a new process by means of saturation with ammonium chloride. Proceedings of the Royal Society of London 52, 93–98
(b) Hopkins FG (1893) On the estimation of uric acid in urine. J. of Pathology and Bacteriology 1, 451–459

186. Folin O (1902–1903) Eine neue Methode zur Bestimmung des Ammoniaks im Harne und anderen thierischen Flüssigkeiten. Hoppe-Seyler's Zeitschrift f. Physiologische Chemie 37, 161–176

187. Folin O (1904) Beitrag zur Chemie des Kreatinins und Kreatins im Harne. Hoppe-Seyler's Zeitschrift f. Physiologische Chemie 41, 223–242

188. (a) Folin O, Macallum AB (1912) On the blue color reaction of phosphotungstic acid (?) with uric acid and other substances (Preliminary Paper). J. Biol. Chem. 11, 265–266
(b) Folin O, Macallum AB (1912) A new method for the (colormetric) determination of uric acid in urine. J. Biol. Chem. 13, 363–369

189. Folin O, Denis W (1915) A colormetric method for the determination of phenols (and phenol derivatives) in urine. J. Biol. Chem. 22, 305–308

Diskussion

Heidland: Herr Büttner, die Nephrologen zitieren als Erstbeschreiber der Glucosurie bei Diabetes mellitus Domenico Cotugno.

Büttner: Domenico Cotugno (1736–1822) hat die Coagulation von Urin durch Erhitzen bei der Wassersucht beschrieben. Durch die Arbeiten von Erich Ebstein (1915) weiß man aber, daß die Entdeckung der Kochprobe auf Eiweiß Frederik Dekkers (1695) zugeschrieben werden muß.

Silbernagl: Meines Wissens ist die erste Aminosäure im Urin von Wollaston ungefähr um 1805 nachgewiesen worden. Er hat von "Cystic oxide" gesprochen, kurz danach ist es als Aminosäure identifiziert worden, das wäre noch vor Tyrosin und Leucin.

Büttner: Tyrosin und Leucin sind von mir nur als Beispiel gewählt worden, um den Zusammenhang mit Liebigs Ideen zu zeigen. Es ist richtig, daß Cystin ("Cystic oxide") 1797 von William Hyde Wollaston (1766–1828) entdeckt worden ist, und zwar in einem Blasenstein. Kurze Zeit später (1810) hat er dieses Material auch im Urin gefunden. Damit ist das Cystin die erste im Harn nachgewiesene Aminosäure (deren chemische Struktur allerdings wesentlich später aufgeklärt wurde).

Keil: Ich bin Ihnen sehr dankbar dafür, daß es Ihnen gelungen ist, in einer ausgezeichneten Weise den Begriff der Krankheit anhand der Semiotik zu entfalten. Ich glaube, daß Ihnen das in einer Weise gelungen ist, die auch medizinhistorisch rezipiert werden sollte: in dem Wandel von der Konzeption einer Erkrankung eines Patienten zu einem Krankheitsbild, das schließlich vom Patienten abstrahiert wird. Es wird gerade in Bezug auf die gegenwärtige Diskussion, die wir in vielerlei Hinsicht mit ganzheitlichen Konzeptionen zu führen haben, wichtig sein, auf diese Beobachtungen zurückzugreifen.

Glomeruläre Funktion

Moderator: A. Heidland

Struktur, Funktion und Pathobiochemie der glomerulären Basalmembran

E. Schleicher, A. Nerlich und K.-D. Gerbitz

Einleitung

Die Nieren bilden den Primärharn durch passive Filtration in den Glomerula. Lange Zeit wurde angenommen, daß ausschließlich die Weite von Poren oder Porenäquivalenten der Glomerulummembran die Molekülgröße der Substanzen bestimmt, die noch filtriert werden können. Diese Annahme der einfachen mechanischen Filterfunktion der Niere führte zu der Vorstellung, daß sie durch Dialysemembranen weitgehend ersetzt werden kann.

Die biochemische Analyse zeigte, daß die glomeruläre Basalmembran u. a. Kollagen enthält. Genauere Untersuchungen der Bestandteile der Membran waren schwierig, da Basalmembranen weitgehend wasserunlöslich sind. Erst in den letzten 10 Jahren sind infolge verbesserter Methoden unsere heutigen Kenntnisse über den strukturellen Aufbau und die biochemische Zusammensetzung der glomerulären Filtrationseinheit entstanden. Im folgenden sollen biochemischer Aufbau, Struktur und Funktion der wichtigsten Basalmembrankomponenten und darüber hinaus die heute bekannten Veränderungen bei verschiedenen Erkrankungen beschrieben werden.

Die morphologische und molekulare Struktur der glomerulären Basalmembran

Der morphologische Feinbau eines Glomerulum, wie er sich lichtmikroskopisch darstellt, ist in Abb. 1a schematisch aufgezeichnet. Das glomeruläre Kapillarknäuel ist von einer Kapsel (Bowman'sche Kapsel) umgeben. Durch die Druckdifferenz zwischen zu- und abführendem Gefäß wird der Primärharn durch die Kapillarwände in den Kapselraum abgepreßt. Der eigentliche Filtrationsort, nämlich die Kapillarwand, erscheint bei Vergrößerung im Elektronenmikroskop als eine durchgehende Basalmembran, die luminal von fenestriertem Endothel und basal von Epithel (Podocyten) ausgekleidet ist. Dabei stellt sich die Basalmembran elektronenmikroskopisch unterschiedlich dicht dar; die den Zellen benachbarte Lamina rara (lucida) erscheint weniger dicht, als die zentrale Lamina densa [1, 2] (Abb. 1b).

Neuere Untersuchungen ergaben, daß die verschiedenen Zonen der Basalmembran auch biochemisch heterogen zusammengesetzt sind. Die wichtigsten Komponenten sind in Tabelle 1 zusammenfassend charakterisiert. Die als erste entdeckte und am weitesten verbreitete Komponente der Basalmembran stellt das Kollagen IV dar, das

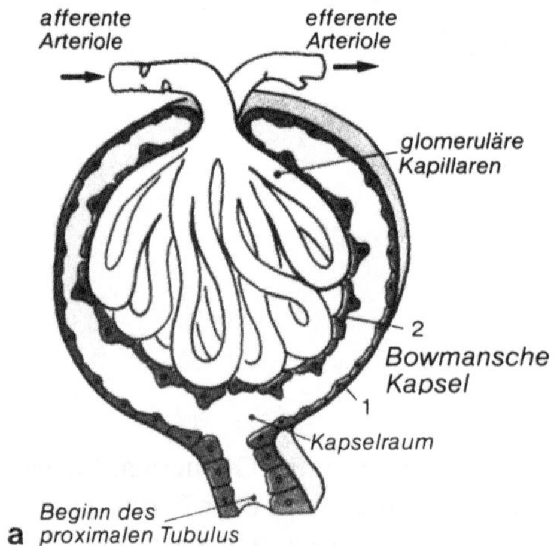

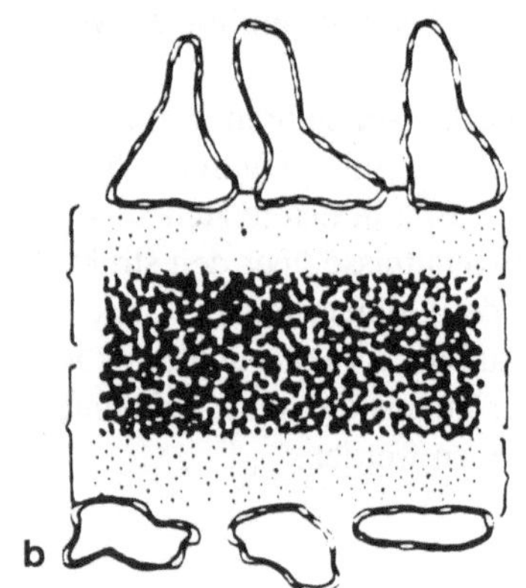

Abb. 1 a, b. Aufbau eines Glomerulum. **a** Schematische Darstellung bei lichtmikroskopischer Vergrößerung. **b** Schematische Darstellung bei elektronenmikroskopischer Vergrößerung

ausschließlich in Basalmembranen gefunden wird. Es ist ein relativ großes Molekül, dessen Struktur inzwischen gut aufgeklärt ist und das eine Kombination zweier verschiedener Bauprinzipien auf molekularer Ebene aufweist (Abb. 2). So gibt es, wie bei den interstitiellen Kollagenen, tripelhelikale Bereiche, die eine hohe mechanische Stabilität gewährleisten. Wie bei den interstitiellen Kollagenen entsteht durch Zusammenlagerung der tripelhelikalen Bereiche die mechanisch rigide und stark belastbare Fibrille. Zusätzlich finden sich zwei nicht-helikale, flexible Bereiche, die den Vernetzungsbereich mehrerer Moleküle darstellen. Timpl und Mitarbeiter [3] entwickelten aufgrund dieser strukturchemischen Beobachtungen ein Netzwerkmodell, das gleichzeitig hohe mechanische Festigkeit und Flexibilität gewährleistet (Abb. 2a).

Seit etwa 10 Jahren weiß man, daß das Glomerulum neben den eingangs erwähnten größenselektiven Filtrationseigenschaften auch nach Ladung trennt [4]. So werden z.B. negativ geladene Moleküle schlechter filtriert als neutrale Moleküle gleicher Größe und diese wiederum schlechter als positiv geladene Moleküle gleicher Größe. Die daraufhin postulierte negative Ladung des glomerulären Filters wurde durch die

Tabelle 1. Struktur und Funktion der wichtigsten Komponenten der glomerulären Basalmembran

Komponente	Struktur	Funktion
Kollagen Typ IV [3]	4 genetisch verschiedene Ketten (α1, α2, α3, α4) mit je ca. 1700 Aminosäuren, Tripelhelix mit nicht helikalen Segmenten (NC1-Domäne – globulär, 7S-Region-Vernetzungsbereich) 390 nm Länge	Mechanische Stabilität ("Netzwerk"-Modell)
Laminin [3]	3 verschiedene Ketten (A, B_1, B_2) MG: 800 kD Länge: 77 nm	Bindung von Zellen (langer Arm) Bindung von Heparin (langer Arm) Bindung von Kollagen Typ IV (kurzer Arm)
Heparansulfat-proteoglykan [3, 6]	genetisch distinktes BM-assoziiertes Proteoglykan, 1 Core-Protein, 2–4 Heparansulfat-Seitenketten, Länge: 32 nm	Zelladhäsion Filterfunktion

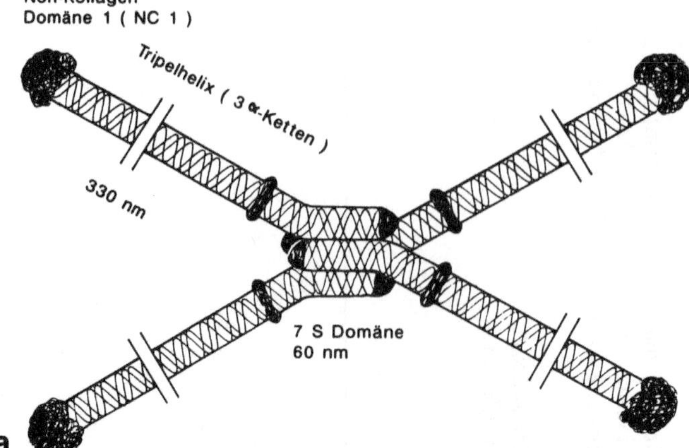

Non-Kollagen
Domäne 1 (NC 1)
Tripelhelix (3 α-Ketten)
330 nm
7 S Domäne
60 nm
a

2
3
25nm
b

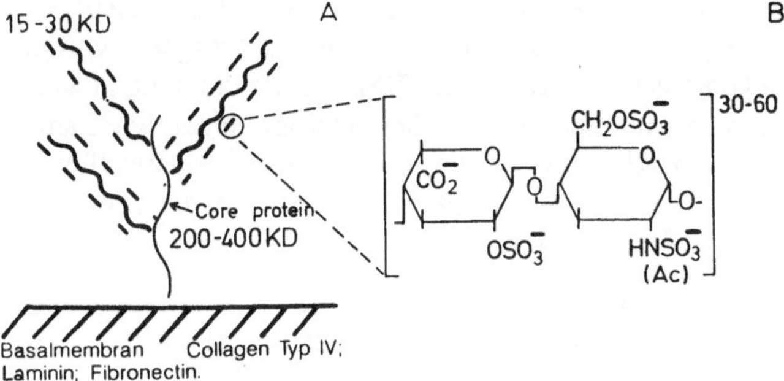

Abb. 3. Schematische Darstellung von Basalmembran-assoziiertem Heparansulfatproteoglycan. *A* Heparansulfatproteoglycan (HSPG) ist nicht kovalent, wahrscheinlich über Ladungswechselwirkung an die glomeruläre Basalmembran gebunden, da es durch 4M Guanidiniumchlorid extrahiert werden kann. Untersuchungen von HSPG aus Mäusetumor zeigt, daß 2–3 HS-Seitenketten an einem Ende des Core-Proteins gebunden sind. Die Angaben über das Molekulargewicht des Core-Proteins und der HS-Seitenketten variieren erheblich. Die negativen Ladungen der HS-Seitenketten sind durch Striche (–) symbolisiert. *B* Repetitive Disaccharideinheit von HS-Seitenketten: Über 3 Kohlehydratreste ist die HS-Seitenkette an Serin (bzw. Threonin) des Core-Proteins gebunden. Dargestellt ist die Disaccharideinheit, aus der HS-Seitenketten aufgebaut sind. Dabei kommen auch weniger sulfatierte Kohlenhydrate vor. Die Literaturangaben über die Struktur der HS-Seitenketten variieren erheblich

selektive Bindung von kationischen Molekülen (z. B. kationisiertes Ferritin) an beide Seiten der glomerulären Basalmembran elektronenmikroskopisch nachgewiesen. In weiteren Untersuchungen konnten Kanwar und Farquhar mit Hilfe von spezifischen Enzymen nachweisen [1, 5], daß diese polyanionischen Bindungsstellen im wesentlichen aus Heparansulfat bestehen. Weitere biochemische Untersuchungen zeigten, daß die negativ geladenen Heparansulfatseitenketten an ein Core-Protein gebunden sind. (Abb. 3). Sie verleihen dem Molekül anionische Eigenschaften. Da das Heparansulfatproteoglycan (HSPG) aus verschiedensten Basalmembranen isoliert wurde, liegen unterschiedliche Resultate über die genaue Struktur bezüglich des Molekulargewichtes des Core-Proteins, der Anzahl der Seitenketten und -länge vor. Die meisten Untersuchungen wurden mit einem aus basalmembranproduzierenden Mäusetumor isolierten HSPG durchgeführt. Wir haben HSPG aus glomerulärer Basalmembran gereinigt und durch spezifische Verdauung, Aminosäureanalyse, SDS-PAGE, und Dichtegradientenzentrifugation charakterisiert [6]. Das so gewonnene HSPG enthält

---

Abb. 2 a, b. Kollagen Typ IV. **a** Schematisches Modell eines Kollagen Typ IV Moleküls. Dargestellt ist das Tetramer von Typ IV Kollagen. Jedes Monomer besteht aus 3 α-Ketten, die meist als Tripelhelix, aber auch, insbesondere an der NC1 Domäne, globulär vorliegen. Entsprechend der im Schema dargestellten Anordnung assoziieren die 7S Domänen des Typ IV Kollagen. **b** Elektronenmikroskopische Aufnahme eines Ausschnittes aus dem polygonalen Kollagen Typ IV Netzwerk [3]. Die Zahlen 1–3 kennzeichnen 3 Tripelhelices, die sich zur Superhelix zusammenlagern. Der horizontale Pfeil kennzeichnet eine NC1 Domäne, der vertikale eine 7S Domäne

ein Core-Protein von 240 kD Molekulargewicht, an das die ausschließliche Heparansulfat enthaltenden Seitenketten gebunden sind. Mit Hilfe dieses Antigens wurden polyklonale Antikörper, die gegen das Core-Protein des HSPG gerichtet sind, gewonnen. Die Antikörper reagierten weder mit anderen Basalmembranproteinen wie Laminin, Fibronektin oder Kollagen IV, noch mit chondroitinsulfat- oder keratansulfatreichen Proteoglycanen kreuz. Immunhistologische Untersuchungen mit menschlichen Gewebeschnitten zeigten, daß das HSPG-Antiserum

1. die Basalmembran aller Blutgefäßkapillaren intensiv anfärbte
2. die Basalmembran von Muskelzellen und Nerven nur schwach anfärbte
3. die Basalmembran von Adipocyten und Hepatocyten nicht anfärbte [7].

Mit Hilfe dieses Antiserums untersuchten wir auch immunhistologisch die Lokalisation von HSPG in normalen und pathologisch veränderten Glomerula.

Als weitere wichtige, ubiquitär vorkommende Basalmembrankomponente wurde von Timpl und Mitarbeitern das Protein Laminin beschrieben, das sich aus drei verschiedenen Ketten zusammensetzt, die eine kreuzförmige Anordnung besitzen [3] (Abb. 4). Diese kreuzförmige Molekülanordnung ermöglicht die Ausbildung mehrerer funktioneller Domänen, die mit einem spezifischen Rezeptor der Zelloberfläche, dem Lamininrezeptor, interagieren, der wiederum für die Zelldifferenzierung von erheblicher Bedeutung ist. Im Bereich der kurzen Arme gibt es zusätzlich noch eine Kollagen IV-Bindungsstelle.

Neben den beschriebenen Basalmembrankomponenten sind noch weitere charakterisiert. Nidogen, ein ca. 150 kD Protein, bildet stabile Komplexe mit Laminin, deren Funktion noch nicht bekannt ist. Basalmembran-assoziierte Proteine sind Fibronectin, Kollagen V und Osteonectin BM-40 [3].

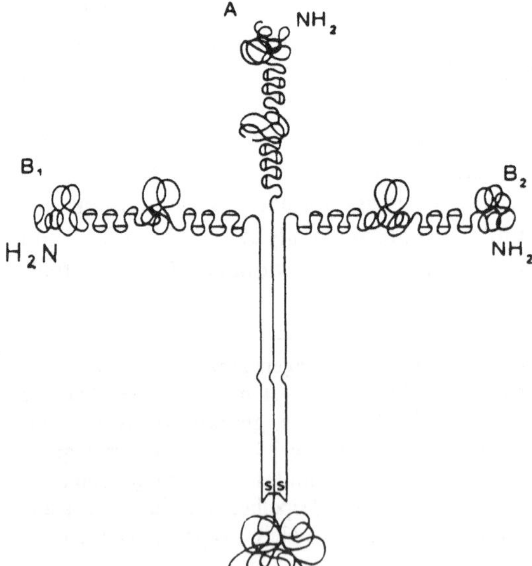

Abb. 4. Modell eines Lamininmoleküls. Die Untereinheiten A, B₁, B₂ des Lamininmoleküls bilden eine kreuzförmige Struktur, die durch Disulfidbrücken stabilisiert wird. Verschiedene Domänen des Moleküls enthalten Bindungsstellen für Kollagen Typ IV, Nidogen, Heparansulfat

Funktion der glomerulären Basalmembran

Basalmembranen und insbesondere der glomerulären Basalmembran werden drei wesentliche Funktionen zugeschrieben [2]:

1. Sie stellen mit ihrem Kollagen IV-Gerüst eine mechanische Stütze und ein dreidimensionales Strukturelement für die Zellverbände dar, die sie umgeben.
2. An der Basalmembran können Zellen anhaften. (Cell Attachment).
   Zwar ist der genaue Mechanismus noch nicht vollständig geklärt, aber aus Zellkulturstudien weiß man, daß Bindungsstellen von Basalmembrankomponenten und Rezeptorproteine von Zellmembranen involviert sind. Durch diese Anhaftung erhalten die Zellen ihre Orientierung (Polarisierung) im Raum.
3. Die dritte Funktion der glomerulären Basalmembran ist Ultrafiltration, die Moleküle nicht nur nach Größe, sondern auch nach Ladung selektiert. Während die rein mechanischen Filtereigenschaften im wesentlichen dem Kollagengerüst zugeschrieben werden, konnten Kanwar und Farquhar [1, 5] in Tierversuchen zeigen, daß das HSPG für die ladungsselektiven Filtrationseigenschaften eine entscheidende Rolle spielt. Werden die negativen Heparansulfatseitenketten spezifisch durch das Enzym Heparitinase abgebaut, so bedingt dies eine vermehrte Durchlässigkeit für polyanionische Plasmaproteine wie Albumin. Diese und andere Versuche von Mynderse et al. [8], der nach enzymatischem Abbau von HSPG tierexperimentell ein nephrotisches Syndrom erzeugen konnte, zeigten, daß das HSPG offensichtlich das molekulare Korrelat der anionischen Barriere im Glomerulum darstellt.

Die biochemische Zusammensetzung der Basalmembran erlaubt es somit, die drei Hauptfunktionen, nämlich mechanische Stütze, Zellanheftung und Filtration, in optimaler Weise aufrecht zu erhalten.

Immunhistochemische Lokalisation von Basalmembrankomponenten
in Glomerula
Mit Hilfe von spezifischen Antikörpern, die gegen die einzelnen Basalmembrankomponenten gerichtet sind, läßt sich die Zusammensetzung der glomerulären Basalmembran charakterisieren [9, 11]. Die normale adulte glomeruläre Basalmembran läßt eine geringe, kontinuierliche Anfärbung von Kollagen IV, V und Laminin erkennen, während Fibronektin nur bruchstückhaft nachweisbar ist. HSPG wird kontinuierlich mit starker Intensität angefärbt (Abb. 5). Ein ähnliches Verteilungsmuster findet sich auch in der mesangialen Matrix, wiederum mit starker Anfärbung für HSPG. Zusätzlich liegt hier auch reichlich Fibronektin vor.
Interstitielle Kollagene fehlen im Mesangium und in der glomerulären Basalmembran fast völlig. Die Bowman'sche Kapsel besteht neben Basalmembrankomponenten auch aus geringen Mengen an Kollagen I und III [12].
Eigene Untersuchungen an Glomerula von Feten und Neugeborenen zeigen demgegenüber eine verringerte Färbeintensität für HSPG im Vergleich zu Kollagen IV, eine mögliche Ursache für die physiologische Proteinurie von Neugeborenen.

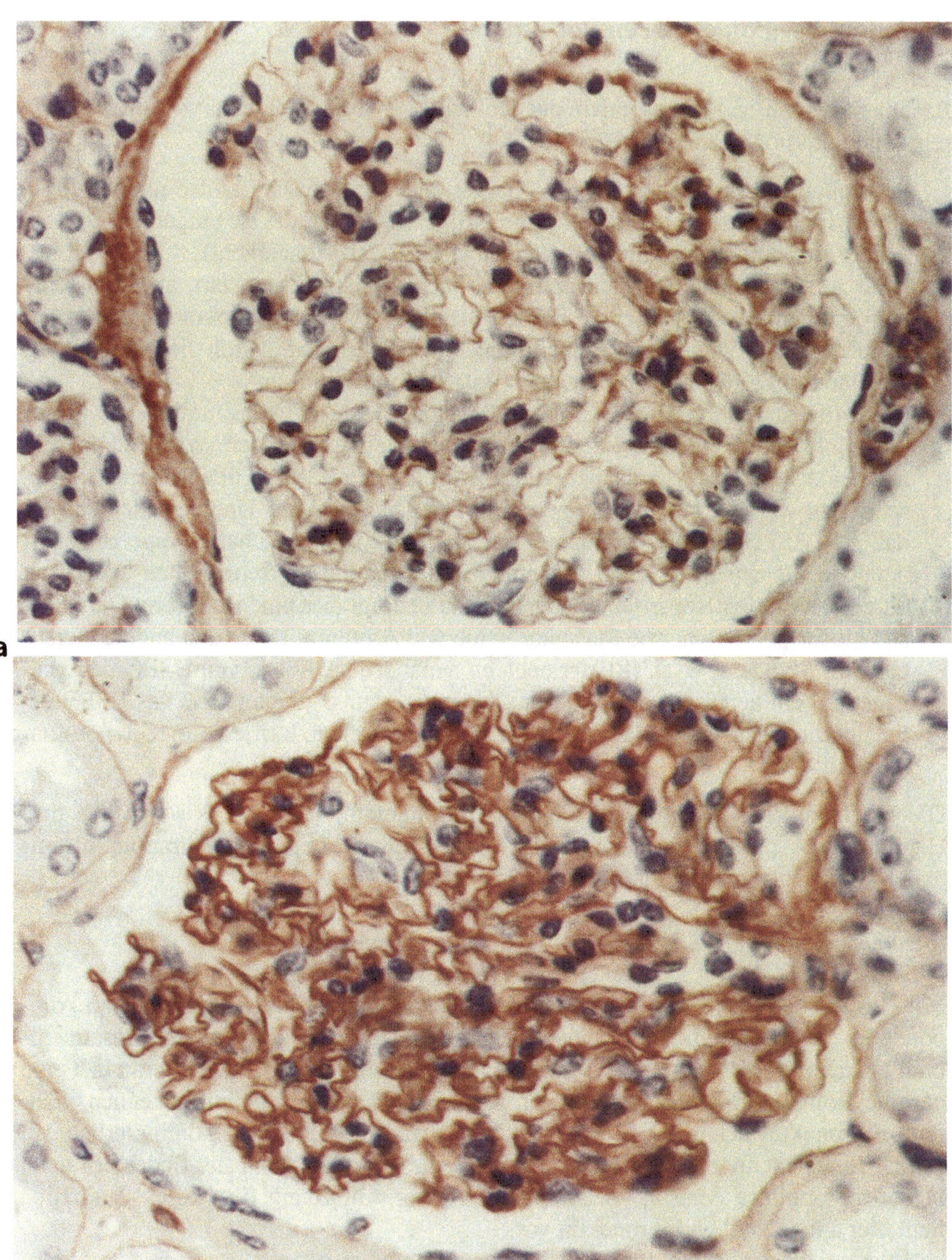

Abb. 5 a, b. Immunhistochemische Lokalisation von Kollagen IV (a) und HSPG (b) in einem normalen Glomerulum. Methode siehe Ref. [9] a anti Kollagen IV-ABC-PO (x 400) b anti HSPG-ABC-PO (x 400)

Tabelle 2. Veränderung der glomerulären Basalmembran bei Erkrankungen

1) Genetisch bedingte Ursachen
   a) Alport's Syndrom
   b) Congenitales nephrotisches Syndrom (finnischer Typ)

2) Metabolische Ursachen
   a) Diabetes mellitus
   b) Erythropoetische Protoporphyrie

3) Immunologische Ursachen
   a) Goodpasture-Syndrom
   b) Immunologisch bedingte Nephritiden

Veränderung der glomerulären Basalmembran bei Erkrankungen

Entsprechend der Pathogenese lassen sich Erkrankungen, die die glomeruläre Basalmembran verändern, in drei Gruppen einteilen (Tabelle 2). Nachfolgend sollen Pathomechanismen im Licht der heutigen Erkenntnisse über Zusammensetzung und Funktion der glomerulären Basalmembranstruktur diskutiert werden.

Hereditäre, metabolische und immunologische Ursachen

Hereditäre Erkrankungen
Die hereditäre progressive Glomerulopathie (Alport's-Syndrom) wird als primäre glomeruläre Erkrankung mit Mikrohämaturie und progressivem Nierenversagen definiert [13]. Die hervorstechendste ultrastrukturelle Abnormalität ist eine deutliche Auflösung der glomerulären Basalmembran, die von einer Diskontinuität der Lamina densa begleitet wird (Abb. 6). Da die epitheliale und endotheliale glomeruläre Basalmembran nicht in normaler Weise fusionieren, entsteht das charakteristische "splitting" der Basalmembran. Das Fehlen der Fusionierung zwischen beiden Basalmembranen führt zu einem multilaminaren, reaktiv verdickten Erscheinungsbild, in das Granula und Lipidtropfen eingelagert sind. Die Abwesenheit von Anti-GBM-Antikörpern in Patienten mit Alport's-Syndrom unterstützt die These einer hereditären Erkrankung. Kürzlich konnte gezeigt werden, daß ein Bestandteil der NC1-Domäne (s. Abb. 2a) der α_3 (IV)-Kette fehlt [14].

Relativ selten ist auch das Vorkommen des congenitalen nephrotischen Syndroms vom sogenannten finnischen Typ. Diskutiert wird ein spezifischer genetischer Defekt einer Basalmembrankomponente, der bislang noch nicht nachgewiesen wurde. Eigene immunhistochemische Untersuchungen zeigen, daß in frühen Stadien der Erkrankung keine spezifischen Ausfälle einer Basalmembrankomponente zu beobachten sind [15].

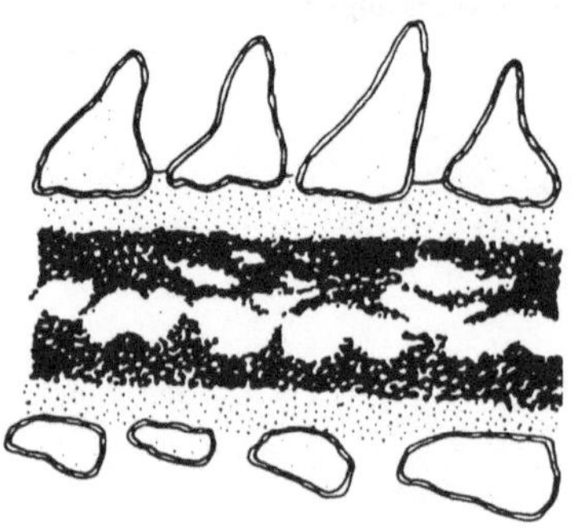

Abb. 6. Schema der glomerulären Veränderungen der Basalmembran bei Alport's Syndrom

Metabolische Ursachen

Bereits Anfang der 70er Jahre konnte nachgewiesen werden, daß bei Patienten mit Diabetes mellitus Veränderungen der Basalmembran auftreten. Diese morphologischen Veränderungen sind besonders an den Kapillaren der Retina und der Glomerula, aber auch an Skelettmuskeln feststellbar. Das morphologische Hauptcharakteristikum ist eine Zunahme der extrazellulären glomerulären Matrix, wobei bereits im Frühstadium eine Verbreiterung der glomerulären Basalmembran zu verzeichnen ist [16]. Mehrere biochemische [17, 18] und immunhistochemische Studien [19, 20] haben sich bislang mit den extrazellulären Matrixveränderungen bei diabetischer Nephropathie beschäftigt, wobei das Hauptaugenmerk auf Veränderungen entweder des Basalmembrankollagens IV oder der interstitiellen Kollagene I und III lag. Eigene immunhistochemische Untersuchungen zur Charakterisierung der bei diabetischer Nephropathie ablaufenden Veränderungen der extrazellulären Matrix wurden durch Einsatz monospezifischer Antikörper gegen mehrere Basalmembrankomponenten vorgenommen. Dabei zeigten diabetische Nieren mit geringen Veränderung eine leichte Zunahme aller Basalmembrankomponenten mit Ausnahme von HSPG, das bei diesen Veränderungen zwar ebenfalls in der GBM und der verbreiterten mesangialen Matrix, jedoch mit einer verminderten Intensität nachweisbar ist. Bei ausgeprägter, diffuser Glomerulosklerose kann eine weitere Zunahme der BM-Komponenten festgestellt werden, wobei insbesondere die Kollagene IV und V vermehrt sind. In diesen Fällen findet sich jedoch in der verbreiterten Matrix kein HSPG mehr (Abb. 7). Nur im Bereich von stehengebliebenen Kapillarschlingen findet sich girlandenförmig noch in geringer Intensität HSPG. Ausgeprägte diffuse Glomerulosklerosen zeigen fokal z. T. auch kleine periphere Kollagen III-positive Areale.

Bei geringer nodulärer Matrixverbreitung ähnelt die Zusammensetzung der diffusen Glomerulosklerose. Auch hier findet sich eine starke Zunahme der Basalmembran-Kollagene IV und V, in geringem Maße auch von Laminin und Fibronektin, während HSPG fehlt (Abb. 8). Ausgeprägte noduläre Läsionen hingegen zeigen eine starke Verminderung von Kollagen IV, Laminin und Fibronektin, die meist nur noch im Randbereich dieser Noduli nachweisbar sind (Abb. 8). In den zentralen Abschnitten dieser ausgeprägten, meist sehr zellarmen Noduli kann lediglich noch Kollagen V gefunden werden. Zugleich läßt sich meist spangen- bis halbmondförmig Kollagen III

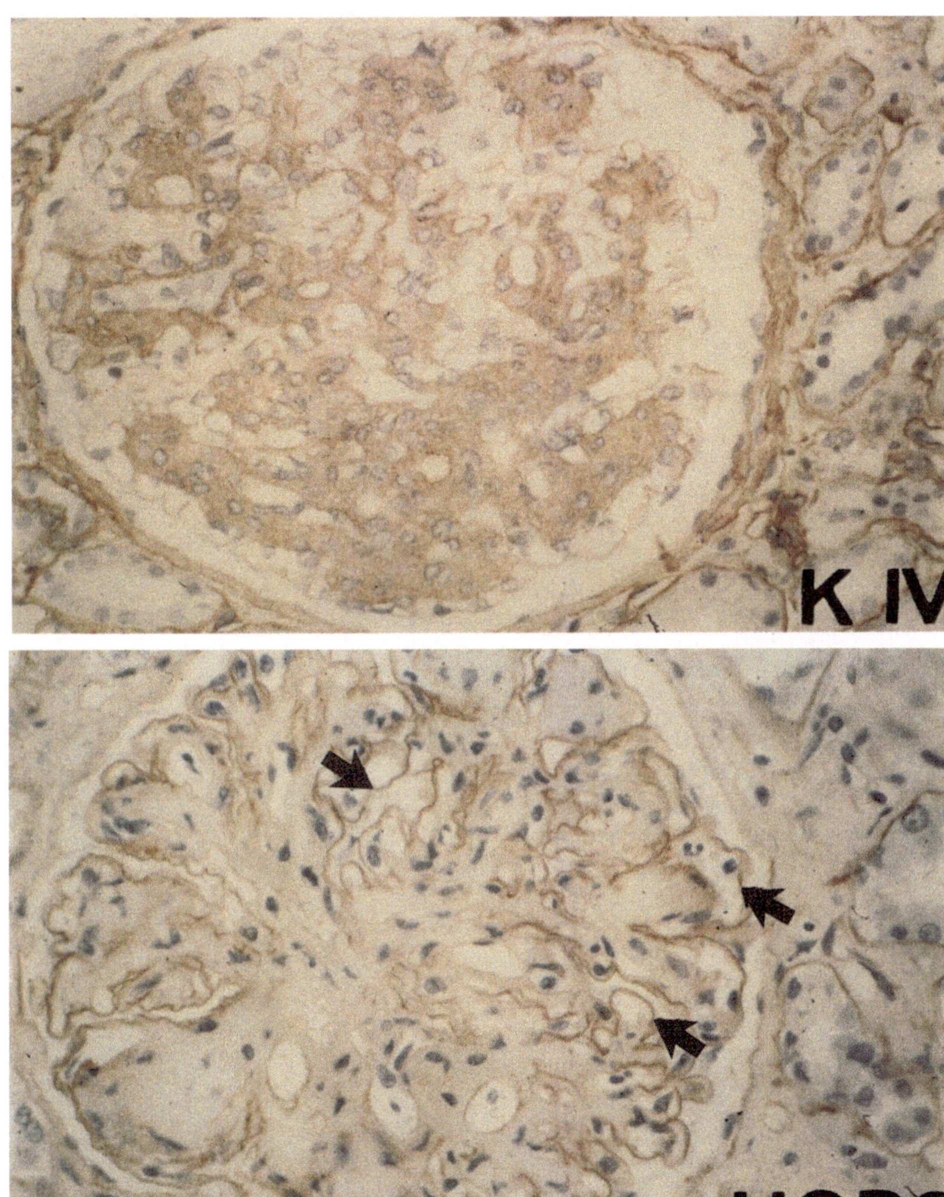

Abb. 7 a, b. Diffuse glomerusklerotische Veränderungen zeigen eine Zunahme von Kollagen IV (a) und anderer BM-Komponenten im Mesangium, während HSPG (b) nur noch in der GBM in geringem Umfang nachweisbar ist (→). Methode siehe Ref. [9] (x 400)

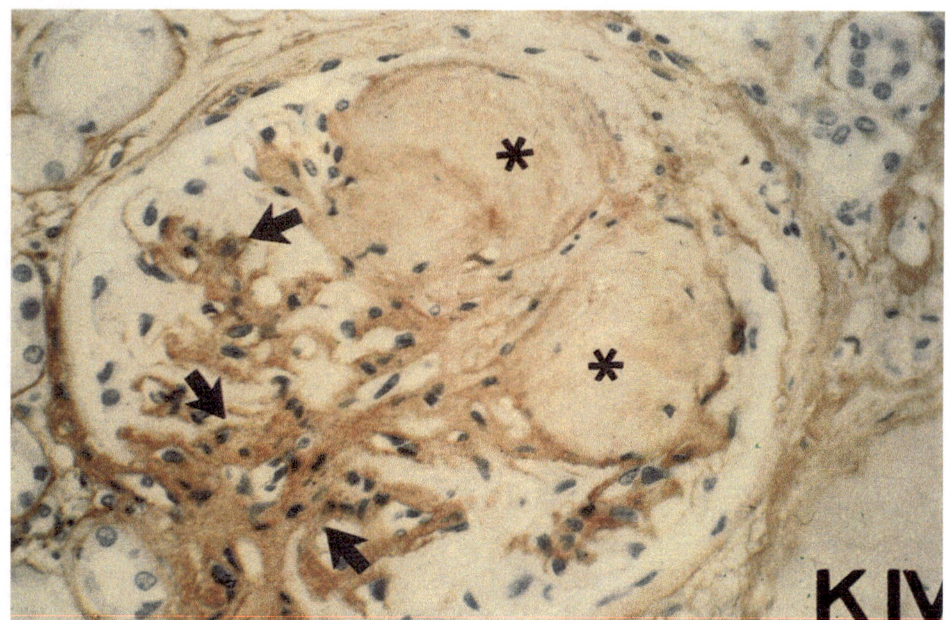

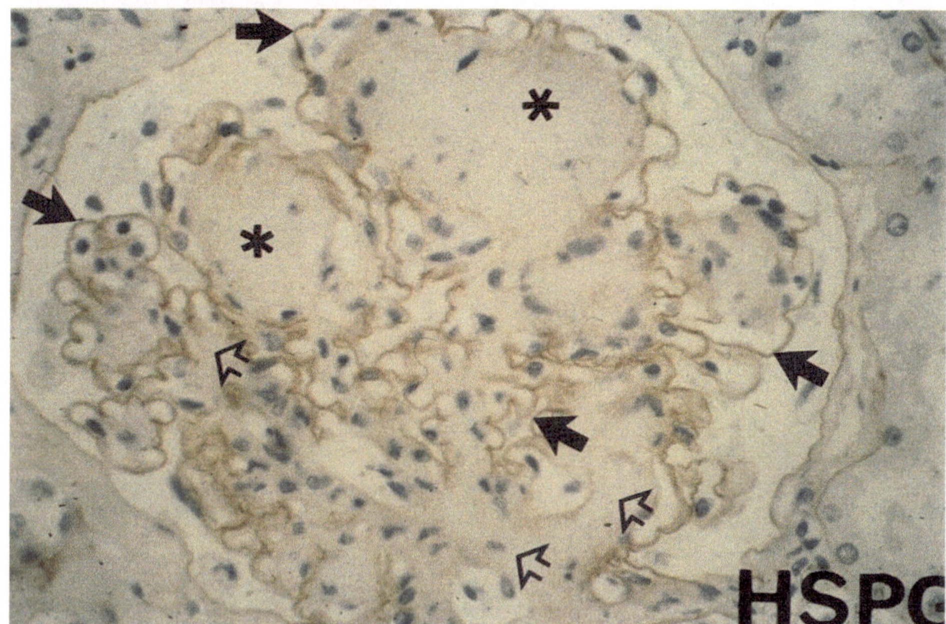

Abb. 8 a, b. In ausgeprägten nodulären Läsionen (*) kommt es zur Verminderung von Kollagen IV (a), das in diffus sklerosierten Abschnitten noch reichlich nachweisbar ist (➡). HSPG (b) läßt sich in den Noduli (*) und diffus sklerotisierten Arealen (⇒) nicht darstellen und ist nur in sehr geringem Maße in der GBM zu finden (→). (Methode siehe Ref. [9]. (x 400))

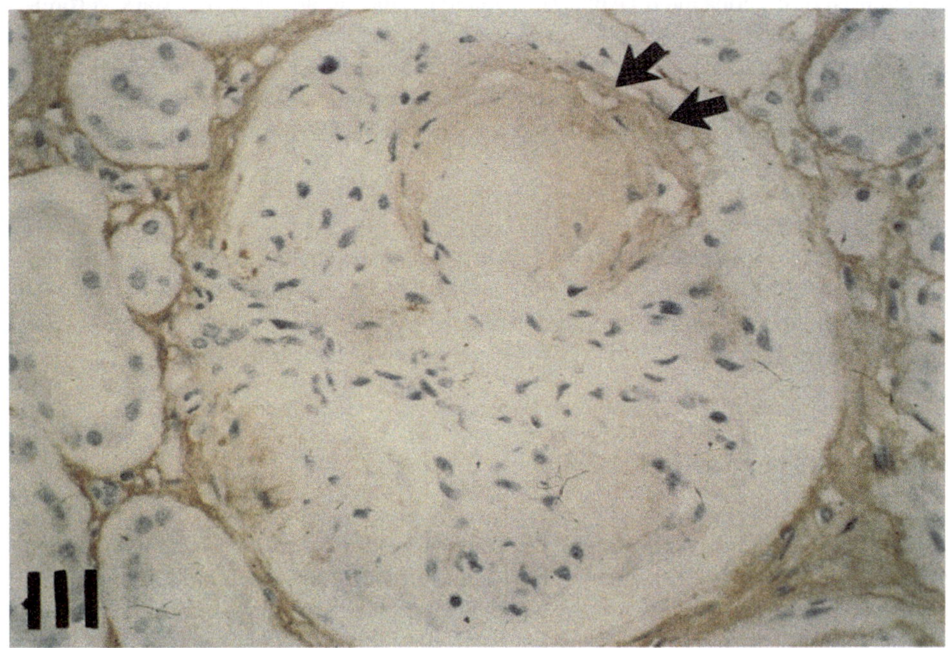

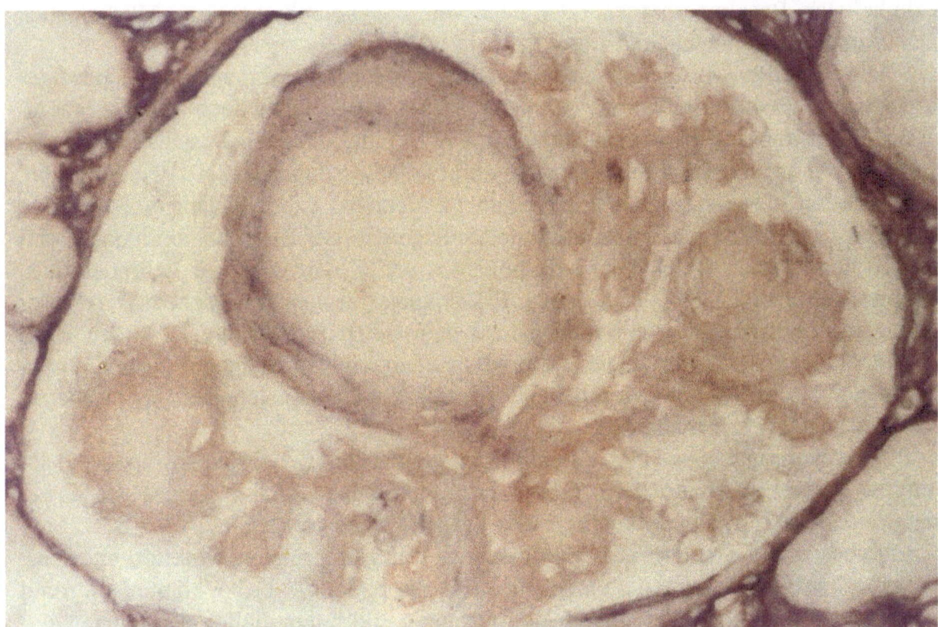

Abb. 9. a Immunhistochemische Lokalisation von Kollagen III (→) bei nodulärer Glomerulosklerose. Methode siehe Ref. [9]. **b** Bei Doppelmarkierung für Kollagen III (violett) und Kollagen IV (braun) sind nodulär sklerotische Areale zentral nicht gefärbt (Antikollagen III-APAAP, Antikollagen IV-ABC-PO)

in diesen Noduli beobachten (Abb. 9). Kollagen I, das lediglich in den stark verbreiterten sklerosierenden Bowman'schen Kapselproliferaten nachweisbar ist, ist in diffusen wie nodulären Läsionen nicht zu finden. Bei Doppelmarkierung von Kollagen III
und IV bleibt bei großen, ausgeprägten Noduli ein zentraler Bereich unangefärbt. Die
Zusammensetzung dieses hyalinen Materials, das mit PAS-Färbung intensiv angefärbt
wird, ist nicht bekannt.

Immunologische Ursachen
Immunologisch verursachte Veränderungen der glomerulären Basalmembran sind in
den meisten Fällen sekundär. Lediglich beim Goodpasture-Syndrom kommt es zu einer primären Antikörperbildung gegen Kollagen IV. Als kryptisches Antigen konnte
kürzlich die NC1-Domäne der α_3 (IV)-Kette nachgewiesen werden [21].

Zusammenfassende Bemerkungen

Die Basalmembran und ihr Aufbau ist entscheidend für eine regelrechte Funktion der
Niere, insbesondere für die glomeruläre Filterfunktion. Die Zusammensetzung der
glomerulären Basalmembran gleicht dabei im wesentlichen der anderer Basalmembranen. Es gibt jedoch einige Besonderheiten, die sie von anderen epithelialen oder
endothelialen Basalmembranen oder aber von Basalmembranen um Muskelzellen
oder Adipozyten unterscheidet.
   Analog zu allen im Organismus vorkommenden Basalmembranen ist die glomeruläre Basalmembran vor allem aus Kollagen IV aufgebaut, das jedoch in der glomerulären Basalmembran (und offensichtlich in der zu einer einzigen Basalmembran ver-
schmolzenen alveolo-kapillären Basalmembran) eine besondere α_3 (IV)-Kette besitzt.
Die Funktion dieser besonderen Kollagen IV-Kette ist dabei bislang noch unklar.
Kollagen IV stellt das mechanisch stabile "Stützgerüst" der Basalmembran dar. Dem-
entsprechend führen Defekte im Metabolismus von Kollagen IV zu Veränderungen
der Basalmembran. Als bislang einzige Erkrankung mit nachgewiesenem Defekt des
Kollagen IV gilt das Alport-Syndrom, bei dem die α_3 (IV)-Kette an einem Ende
(NC1-Domäne) defekt ist. Die bei diesem Krankheitsbild beobachtete Basalmembran-
Verdickung kann als regeneratorischer Versuch zum Ausgleich des beschriebenen
Defektes angesehen werden.
   Eine weitere entscheidende Funktion der glomerulären Basalmembran – die la-
dungsselektive Filterfunktion – wird vor allem durch das HSPG gewährleistet, das in
der glomerulären Basalmembran in relativ großer Menge vorkommt.
   Eine besondere Stellung in der Erforschung der glomerulären Funktion und ihrer
Pathomechanismen kommt der diabetischen Nephropathie zu. Dabei können aufgrund
der Befunde an den Basalmembran-Komponenten und interstitiellen Kollagenen sta-
dienhafte Veränderungen beobachtet werden. Die diffus vermehrte oder gering
noduläre Matrixverbreiterung geht mit einer Zunahme mehrerer Basalmembran-
Komponenten, vor allem von Kollagen IV einher, dies jedoch in unterschiedlichem
Ausmaß. Sowohl immunhistochemisch dargestellt als auch biochemisch quantifiziert
ist das HSPG deutlich vermindert. Auffällig ist ebenso in späten nodulären Läsionen

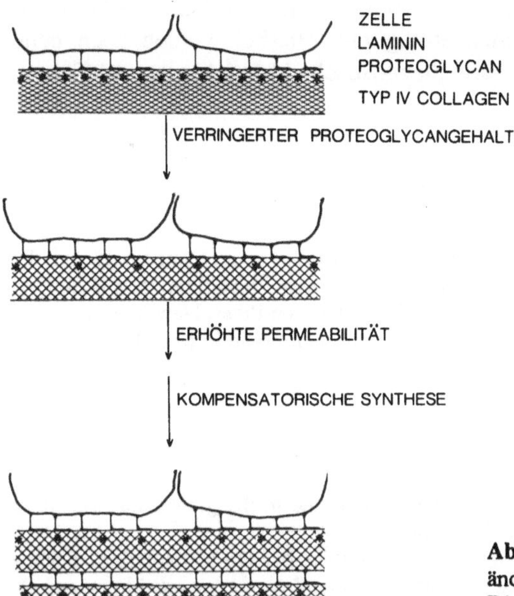

Abb. 10. Hypothese zur Entstehung der Veränderung der glomerulären Basalmembran bei Diabetes mellitus. (Modifiziert nach [22])

die Reduzierung sämtlicher Basalmembrankomponenten und das Auftreten interstitiellen Kollagens III. Diesen Befund kann man als Umschalten im Expressionsmuster der mesangialen Zellen in diesem späten Stadium interpretieren, das möglicherweise in Folge der chronisch-metabolischen Störung auftritt. Unsere eigenen Beobachtungen bekräftigen und ergänzen dabei die Hypothese von Rohrbach et al. [22] zur formalen Pathogenese der Basalmembran-Veränderungen bei Diabetes mellitus (Abb. 10). Demzufolge führt die Verminderung von HSPG zu einer vermehrten Durchlässigkeit von Plasmaproteinen wie Albumin. Dieser pathophysiologische Reiz führt zu einer gesteigerten Neusynthese von Basalmembrankomponenten, die zu einer zunehmenden Verbreiterung der Basalmembran führt. Da aber die metabolische Noxe, die zur Verminderung des HSPG führt, nicht beseitigt ist, wird weiterhin vermehrt Basalmembranmaterial produziert. Zusätzlich tritt im Spätstadium eine Veränderung im Expressionsverhalten der Mesangialzellen mit einer weiter zunehmenden bindegewebigen Sklerosierung des Glomerulums ein. Das zusätzliche Auftreten von Kollagen I, das sonst bei chronisch reparativen Prozessen außerhalb der Nieren, z.B. der Wundheilung, beobachtet wird, konnte nicht nachgewiesen werden, was den besonderen Charakter der an der diabetischen Niere ablaufenden Prozesse noch unterstreicht. Diese exzessive Überproduktion nicht funktionsfähigen Materials kann man dabei als Ursache der beobachteten multilaminären Basalmembran-Verdickung ansehen.

Die Beziehung der Basalmembrankomponenten zur Physiologie und Pathobiochemie der glomerulären Basalmembran unterstreichen deren Wichtigkeit für die Funktion der Niere. Es ist deswegen vorstellbar, daß eine weitere Aufklärung der Zusammensetzung und Interaktion der verschiedenen Komponenten weitere Einblicke in die pathophysiologischen Veränderungen bei verschiedenen erworbenen Erkrankungen, insbesondere dem Diabetes mellitus, ermöglicht. Hierbei werden auch neue analytische Techniken in Zukunft verbesserte diagnostische Möglichkeiten eröffnen.

Literatur

1. Farquhar GM, Courtoy PJ, Lemkin MC, Kanwar YS (1982) Current knowledge of the functional architecture of the glomerular basement membrane in "New Trends in Basement Membrane Research" (Kühn K, Schöne HH, Timpl R eds) Raven Press, New York pp 9–29
2. Martinez-Hernandez A, Amenta PS (1983) The basement membrane in pathology. Lab Invest 48, 656–677
3. Timpl R (1989) Structure and biological activity of basement membrane proteins. Eur J Biochem 180, 487–503
4. Brenner BM, Hostetter TH, Hunes HD (1987) Molecular basis of proteinuria of glomerular origin. N Engl J Med 298, 826–833
5. Kanwar YS, Farquhar MG (1979) Presence of heparan sulfate in the glomerular basement membrane. Proc Natl Acad Sci USA, 76, 1303–1307
6. Olgemöller B, Schleicher E, Nerlich A, Wagner EM, Gerbitz KD (1989) Isolation, characterization and immunological determination of basement membrane associated heparan sulfate proteoglycan. Biol Chem Hoppe Seyler 370, 1321–1327
7. Schleicher E, Wagner EM, Olgemöller B, Nerlich A, Gerbitz KD (1989) Characterization and localization of basement membrane associated heparan sulfate proteoglycan in human tissues. Lab Invest 61, 323–332
8. Mynderse LA, Hassel JR, Kleinman HK, Martin GR, Martinez-Hernandez A (1983) Loss of heparan sulfate proteoglycan from glomerular basement membrane of nephrotic rats. Lab Invest 48, 292–302
9. Barsky SH, Rao NC, Restrepo C, Liotta LA (1984) Immunocytochemical enhancement of basement membrane antigens by pepsin: application in diagnostic pathology. Am J Clin Path 82, 191–194
10. Scheinman JI, Foidart J, Michael AF (1980) The immunohistology of glomerular antigens. V. The collagenous antigens of the glomerulus. Lab Invest 43, 373–381
11. Timpl R, Wick G, Gay S (1977) Antibodies to distinct types of collagens and procollagens and their application in immunohistology. J Immunol Meth 18, 165–175
12. Remberger K, Gay S, Adelmann BC (1976) Immunhistochemische Charakterisierung und Lokalisation unterschiedlicher Kollagentypen bei chronischen Nierenerkrankungen. Verh Dtsch Ges Path 60, 314–318
13. Rumpelt HJ, Langer KH, Schorer K, Straub E, Thönes W (1979) Split and extremely thin glomerular basement membranes in hereditary nephropathy (Alport's syndrome) Virchows Arch (Pathol Anat) 263, 225–233
14. Kleppel MM, Kashtan CE, Budkowski RJ, Fish AJ, Michael AF (1987) Alport Familial Nephritis. J Clin Invest 80, 263–266
15. Nerlich A, Schleicher E (unveröffentlicht)
16. Schleicher E, Nerlich A, Gerbitz KD (1988) Pathobiochemical aspects of diabetic nephropathy. Klin Wschr 66, 873–882
17. Beisswenger PJ, Spiro RG (1970) Human glomerular basement membrane: Chemical alteration in diabetes mellitus Science 168, 596–598
18. Mauer SM, Steffes MW, Brown DM (1981) The kidney in diabetes. Am J Med 70, 603–612
19. Falk RJ, Scheinman JI, Mauer MS, Michael AF (1983) Polyantigenic expansion of basement membrane constituents in diabetic nephropathy. Diabetes 32 (Suppl. 2), 34–39

20. Bendayan M (1985) Alteration in the distribution of type IV collagen in glomerular basal laminae in diabetic rats as revealed by immunocytochemistry and morphometric approach. Diabetologia 28, 373-378
21. Budkowski RJ, Langeveld JPM, Wieslander J, Hamilton J, Hudson BG (1987) Localization of the Goodpasture Epitope to a Novel Chain of Basement Membrane Collagen. J Biol Chem 262, 7874–7877
22. Rohrbach DH, Hassell JR, Kleinman HK, Martin GR (1982) Alterations in basement membrane (heparan sulfate) proteoglycan in diabetic mice. Diabetes 31, 185–188
23. Kanwar YS, Rosenzweig LJ, Linker A, Jakubowski ML (1983) Decreased de novo synthesis of glomerular proteoglycans in diabetes: Biochemical and autoradiographic evidence. Proc Natl Acad Sci USA 80, 2272–2275

Diskussion

Silbernagl: Sie haben bei der Funktion der Basalmembran beschrieben, daß sie für die Ladungs- und Größen-Selektivität verantwortlich ist. Nun erinnere ich mich an Befunde von Farquhar, die in den Lysosomen der Podozyten Ferritin nachgewiesen hat, das also durch die Basalmembran durchgekommen ist. Zweitens gibt es auch ultrastrukturelle Aufnahmen, daß in der Schlitzmembran dieser Podozyten noch einmal Poren sind, ungefähr in der gleichen Weite wie die Selektivität des Filters. Meine Frage: Sind diese Poren nur nachgeschaltet, oder spielen sie vielleicht doch eine entscheidende Rolle?

Schleicher: Ja, das ist ein wichtiges Problem: wie ist es unter normalen und wie unter pathologischen Bedingungen? Ganz sicher ist die Basalmembran zuerst einmal vorgeschaltet. Die Basalmembran ist aber kein Leder. Wer damit arbeitet, weiß, daß sie sich wie Gelatine verhält. Sie ist nicht als starres Sieb zu sehen, sondern als eine gallertige Masse, in die sehr viel Wasser eingelagert ist, so daß man davon ausgehen muß, daß – zum Beispiel unter pathologischen Bedingungen – Proteine durchschlüpfen können und dann die Poren der Schlitzmembran bestimmend werden.

Stolte: Herr Silbernagl, ich glaube, man kommt der Sache näher, wenn man davon spricht, daß wir auf der Endothel-Seite eine sogenannte funktionelle Barriere haben. Eine Barriere, die – das ist vielleicht ein Hobby von mir, aber ich glaube, es ist belegbar – hämodynamisch zu definieren ist. Es spielen dort solche Faktoren wie die Konzentrations-Polarisation, also das Verhältnis zwischen Albumin- und Globulin-Spiegel, eine Rolle. Es gibt einen klassischen Befund, der immer übersehen wurde – er ist schon 15 oder 16 Jahre alt und wurde von Swine im Labor von Karnowsky erhoben: Wenn Sie eine Ischämie erzeugen bei der Ratte, finden Sie in kürzester Zeit, ohne große morphologische Veränderungen, Albumin vor den Schlitzmembranen. Das ist der erste Beweis dafür, daß diese funktionelle Barriere, wenn sie an der Endothelseite durchbrochen wird, unter bestimmten Bedingungen auf die Epithelseite "rutscht". Dann spielt natürlich die Größen-Selektivität klassischer Ordnung eine Rolle und man kann diskutieren, ob die Schlitzmembranen größer oder kleiner sind.

Schleicher: In den Originalaufnahmen von Frau Farquhar ist kationisches Ferritin nicht nur an der luminalen Seite, wo man vermutet, daß dort u. a. das Heparansulfat lokalisiert ist, sondern auch an der epithelialen Seite und auch lysosomal angereichert.

Greiling: Ich möchte etwas Kritisches zu Ihrer Heparansulfat-Formel sagen: Das Heparansulfat existiert in mehreren Formen, man kann sogar von einer strukturellen und metabolischen Heterogenität der Heparansulfat-Proteoglykane sprechen. Sie haben 3 Sulfatgruppen pro Disaccharid-Einheit gezeigt: Das variiert natürlich im Molekül; teilweise haben Sie auch N-acetylierte Gruppen.

Sie haben auf die Unterschiede Ihres Antikörpers gegenüber unserem Antikörper hingewiesen. Wir haben einen Antikörper gegen humanes Aorta-Heparansulfat-Proteoglykan hergestellt. Der Unterschied ist in der Epitop-Spezifität dieser Antikörper zu sehen.

Ich bin davon überzeugt, daß auch im Glomerulum verschiedene Strukturen dieser Proteoheparansulfat-Moleküle vorliegen, welche die Selektivität determinieren, wahrscheinlich eben durch unterschiedliche Ladung. Beim Diabetes mellitus wird die Ladung wahrscheinlich auch durch Sulfatasen modifiziert. Meine Frage: Haben Sie vor der Herstellung des Antikörpers das Antigen nach der Heparitinase-Behandlung noch einmal untersucht? Bei der Heparitinase-Behandlung geht unter Umständen nicht alles Heparansulfat ab.

Schleicher: Wenn wir unser Antigen mit Heparitinase verdauen, dann finden wir noch eine identische Reaktivität in der EIA-Eichkurve. Wir können auch nachweisen, daß die Heparitinase-Behandlung funktioniert hat und daß wir ein verändertes Antigen haben: in der SDS-Elektrophorese finden wir dann ein niedrigeres Molekulargewicht. Gesamt-Heparansulfat-Proteoglykan hat ein Molekulargewicht von über einer Million; nach Heparitinase-Verdauung finden wir eine Doppelbande bei 230/250 Kilodalton, die sich im Western Blot darstellen läßt.

Greiling: Sie habe mit Recht die Schwierigkeit bei der Bestimmung der Heparansulfat-Proteoglykane im Urin angeschnitten. Wir haben das schon früher untersucht und gefunden, daß die Heparansulfat-Proteoglykane hauptsächlich als Heparansulfat-Peptide ausgeschieden werden. Das heißt, es sind auch proteolytische Enzyme beteiligt, die das Molekül spalten. Aber auch im intakten Molekül ist schon eine extrem grosse Heterogenität vorhanden, u.a. im Sulfatierungsgrad und im Molekulargewicht. Das bedeutet, daß die Herstellung eines monoklonalen Antikörpers mit definierter Epitop-Spezifität ein großes Problem ist.

Schleicher: Man muß noch hinzufügen, daß nicht nur die Menge der Sulfatgruppen im Molekül variiert, sondern es scheint auch so zu sein, daß das Sulfat auf der Seitenkette in Clustern vorkommt: manche Stellen sind stärker sulfatiert, manche weniger. Dies ist ein weites Feld, auf dem sich auch nicht-Molekularbiologen analytisch betätigen können.

Guder: Sie haben interessante Strukturveränderungen beim Diabetes und beim Alport-Syndrom gegenüber gestellt. Beim Alport-Syndrom ist eine Mikrohämaturie typisch, während beim Diabetes eine Proteinurie, meist ohne Mikrohämaturie, beobachtet wird. Kann man schon Strukturen, die für Hämaturie und solche, die für Proteinurie verantwortlich sind, definieren?

Schleicher: Mit Herrn Nerlich, meinem Kollegen in der Pathologie, habe ich versucht, ob wir etwas über die histologische Verteilung des Heparansulfat-Proteoglykans bei Alport-Syndrom sagen können. Leider standen uns bisher keine entsprechenden Proben zur Verfügung. Es wäre natürlich schön, wenn wir auch bei diesem pathologischen Zustand Struktur und Funktion untersuchen könnten.

Brandis: Meine Frage geht in die gleiche Richtung: Beim Alport-Syndrom kann man die Strukturveränderungen sehr früh sehen; zuerst die Mikrohämaturie, später dazu die Proteinurie. Und wenn Sie das in der Progression sehen, haben sie lichtmikroskopisch alle möglichen Pathologien. Aber in der Frühphase haben Sie die spezifischen Veränderungen der Lamina densa, ohne Proteinurie, und erst später kommt die massive Proteinurie dazu. Die Frage der Spezifität dieser morphologischen Veränderungen in Bezug auf die Funktion, ist – glaube ich – nicht geklärt.

Schleicher: Nein, ganz sicher nicht. Das eine Problem – das Herr Stolte auch erwähnt hat – ist, daß man die Basalmembran nicht isoliert betrachten kann; und das zweite Problem ist, daß die Basalmembran nicht ein starres Teesieb ist, sondern etwas Gallertartiges, durch die vielleicht auch einmal ein Erythrocyt durchschlüpfen kann. Wenn man die Basalmembran als Sieb betrachtet, müßte eigentlich massenhaft Albumin mit durchtreten; warum man kein Albumin findet, weiß ich nicht.

Kattermann: Die Größenverhältnisse sind doch extrem unterschiedlich zwischen einem Erythrocyten und einem Albumin-Molekül – das sollte man sicher bei diesen Betrachtungen berücksichtigen! Meine Frage: Ich habe das Vorkommen von Phospholipiden in der Basalmembran vermißt – das meines Wissens früher beschrieben wurde – und ihre funktionelle Bedeutung.

Noch eine Bemerkung: Wir haben früher bei der Ratte mit der Aminonucleosid-Nephrose gearbeitet; dort findet man charakteristischerweise ein Zusammenfließen der Podozyten. Daher noch einmal die Frage: was hat die epitheliale Seite für eine funktionelle Bedeutung?

Schleicher: Da gibt es den Hinweis, daß auch das Heparansulfat-Proteoglykan erniedrigt ist, so daß die Frage eigentlich in dieser Richtung diskutiert werden muß. Es gibt mehrere Hinweise, daß Erkrankungen, bei denen eine Proteinurie oder eine Albuminurie auftritt, mit einem Verlust von Heparansulfat-Seitenketten oder des ganzen Moleküls einhergehen.

Zu den Phospholipiden: Es gilt inzwischen als erwiesen, daß die Basalmembran keine Phospholipide enthält; es gilt als analytisches Kriterium für die Reinheit der Präparation, daß kein Phosphat nachweisbar ist. Man muß die Präparation mit DNAse und so weiter verdauen, damit man Phosphat von der Basalmembran vollständig entfernt.

Immunpathogenese und Diagnostik der Glomerulonephritiden

M. Weber

Einleitung

50–100 Patienten pro Millionen Einwohner erreichen pro Jahr in den westlichen Ländern die Phase der terminalen Niereninsuffizienz. Etwa 1/3 der Patienten sind an einer Glomerulonephritis erkrankt. Diese Entzündung der Nierenfiltrationskörperchen ist damit die häufigste Ursache der terminalen Niereninsuffizienz. Die Ursachen, die zur Glomerulonephritis führen, sind überwiegend immunologischer Art. Dies wurde bereits vor über 70 Jahren von Pirquet vermutet und durch Untersuchungen an Nierenbiopsien sowie durch zahlreiche Tierexperimente belegt. Nach dem Immunfluoreszenzmuster lassen sich drei verschiedene Formen der Glomerulonephritiden unterscheiden:

a) keine Immunglobulinablagerungen;
b) granuläre Immunglobulinablagerungen und
c) lineare Immunglobulinablagerungen entlang der glomerulären Basalmembran.

1. Glomerulonephritiden ohne Immunglobulinablagerungen

Zu den Glomerulonephritiden ohne Immunglobulinablagerungen gehört die Minimal-change Nephritis (10–15%) und einige Formen der rasch progressiven Glomerulonephritis. Ätiologie und Pathogenese der Minimal-change Nephritis sind unbekannt. Es wird angenommen, daß ein kationisches Protein, welches möglicherweise von T-Zellen sezerniert wird, die Permeabilität der Basalmembran so verändert, daß eine große Proteinurie entstehen kann [12, 23]. Im Tiermodell findet sich eine Verminderung der negativen Außenladung der Basalmembran, die normalerweise durch Heparansulfat-Proteoglykan verursacht wird [14]. Auch bei den seltenen Formen der immunhistologisch negativen, idiopathischen, rasch progressiven Glomerulonephritis (RPGN) wird pathogenetisch eine Rolle der T-Zellen vermutet, wenn auch die Daten spärlich und insgesamt schlecht belegt sind. Hinter diesen idiopathisch RPGN verbirgt sich in vielen Fällen eine oligosymptomatische Wegenersche Granulomatose, oder eine Panarteriitis hodosa, ein Punkt, auf den ich im Rahmen der immundiagnostischen Möglichkeiten nochmals eingehen will.

2. Immunkomplex-Glomerulonephritiden

Die quantitativ größte Gruppe der Immunglobulin-positiven Glomerulonephritiden stellen diejenigen mit granulären Immundepots dar. Etwa 87–89% aller Fälle von Glomerulonephritis weisen ein solches Muster auf. Pathogenetisch wird bei den granulären Formen angenommen, daß sich entweder zirkulierende Immunkomplexe im Glomerulus niederschlagen oder daß die Immundepots vor Ort "in situ" bildet werden. Die Glomerulonephritis entsteht dann durch Aktivierung von Entzündungsmediatoren wie Komplement, Gerinnungsfaktor sowie Attraktion von mononukleären Zellen und neutrophilen Granulozyten [6, 20, 23].

Bei diesen Mechanismen müssen die Glomeruli nicht der einzige Zielort der Schädigung sein. Vielmehr sind alle solche Kapillargebiete zur Entwicklung einer Vaskulitis prädisponiert, die eine Filtrationsfunktion ausüben. Dies trifft in besonderer Weise für die Glomeruli zu. Allerdings kann durch den gleichen Mechanismus eine Iridiozyklitis entstehen oder eine Entzündung des Plexus chorioideus. Auch die Verzweigungen der Gefäße begünstigen durch die dort entstehenden Strömungsturbulenzen den Niederschlag zirkulierender Immunkomplexe und die Entwicklung einer Vaskulitis. Die Glomerulonephritis stellt also nur eine besondere Spielart einer generellen Entzündung der kleinen Gefäße dar.

2.1 Glomerulonephritis durch Ablagerung zirkulierender Immunkomplexe

Die pathogenetischen Vorstellungen zum Mechanismus der Entwicklung einer Glomerulonephritis durch Niederschlag zirkulierender Immunkomplexe sind in den 50er Jahren durch die Untersuchung von Germuth und Dixon am Modell der akuten und chronischen Serumkrankheit geprägt worden. Im akuten Modell wird dem Versuchstier einmalig eine hohe Dosis Antigen injiziert. Glomeruläre Immundepots und Glomerulonephritis entwickeln sich zeitgleich mit der Elimination des freien injizierten Antigens aus dem Serum und dem Auftreten von Antigen-haltigen Immunkomplexen. Das Antigen läßt sich zudem in den glomerulären Immundepots nachweisen, was den Kreis der Beweisführung schließt. Beim Model der chronischen Serumkrankheit werden täglich kleinere Antigenmengen über einen längeren Zeitraum injiziert. Der Ort der Immunkomplexablagerung wird dabei wesentlich von der Menge der Antikörperproduktion beeinflußt, wobei je nach Größe der Immunkomplexe, Valenz des Antigenmoleküls oder Avidität des Antikörpers sowohl mesangiale als auch subendotheliale Immundepots erzeugt werden können [23].

Glomerulonephritiden, bei denen zirkulierende Immunkomplexe eine wesentliche Rolle spielen dürften, sind die beim Lupus erythematodes auftretende Glomerulonephritis sowie Glomerulonephritiden bei chronischen bakteriellen Infekten, wie etwa bei infiziertem ventrikulo-peritonealem Shunt oder bei einer bakteriellen Endokarditis. Aber auch die Glomerulonephritis bei gemischter Kryoglobulinämie dürfte durch diesen Mechanismus entstehen [3, 6, 8, 9].

Nach diesen Vorstellungen wäre zu erwarten, daß eine hohe Konzentration an zirkulierenden Immunkomplexen im Blut mit einer hohen Krankheitsaktivität einhergehen würde. Dies ist aber nicht der Fall [17]. Die Menge der Immunkomplexe im Blut und Aktivität oder Prognose der Glomerulonephritis haben sich nicht miteinander korrelieren lassen. Ist das Konzept deshalb nicht richtig?

2.1.1 Bedeutung des CR1-Rezeptors

Freie Immunkomplexe bleiben in der Regel nicht lange im Serum. Vielmehr gibt es Rezeptoren für Immunkomplexe auf der Oberfläche zahlreicher peripherer Blutzellen, u.a. der Erythrozyten. Diese Rezeptoren werden als CR1-Rezeptoren bezeichnet. Jeder Erythrozyt hat etwa 500 solcher Rezeptoren, so daß durch die große Zahl der Erythrozyten eine Vielzahl von freien Immunkomplexen gebunden werden kann. Voraussetzung für die Membranbindung ist die Opsonierung des Komplexes, d.h. die Bindung von aktiviertem C3, dem C3b. Durch die Bindung der zirkulierenden Immunkomplexe an Erythrozyten werden die freien Komplexe sofort aus der Zirkulation entfernt. Die Gefahr der Entwicklung einer Vaskulitis wird vermindert. Mit den Erythrozyten gelangen die Immunkomplexe dann in die Leber und die Milz, werden von der Oberfläche "abgestrippt" und können vom dortigen Monozyten-Makrophagen-System abgebaut werden [10, 15].

Man sollte also erwarten, daß Störungen auf 2 Ebenen die Zahl freier Komplexe erhöhen könnten. (1.) Eine schlechte Funktion des Monozyten-Makrophagen-Systems. In der Tat gibt es hierfür Hinweise. Überlädt man das Monozyten-Makrophagen-System im Experiment durch Gabe von aggregiertem IgG, finden sich deutlich schwerere glomeruläre Immunglobulinablagerungen. Darüber hinaus sollten (2.) alle Defekte des CR1-Rezeptors oder eine verminderte Anzahl an Rezeptoren von einer verminderten Leistungsfähigkeit dieses Systems gefolgt sein und die Entstehung einer Immunkomplexerkrankung begünstigen. Eine verminderte Zahl freier CR1-Rezeptoren hat sich z.B. bei Patienten mit Lupus erythematodes disseminatus, rheumatoider Arthritis und auch bei Kälteagglutinationskrankheiten nachweisen lassen. Ähnliche Untersuchungen sind für die verschiedenen Glomerulonephritiden noch nicht durchgeführt worden [10, 15].

Wie wichtig eine effektive Clearance entstandener Immunkomplexe zur Verhütung von Immunkomplexkrankheiten ist, belegen auch Patienten mit selten vorkommenden Komplementdefekten. Ein hoher Prozentsatz von Patienten mit Faktordefekten der klassischen Komplementkaskade weisen Immunkomplexerkrankungen auf. Bei allen diesen Patienten ist die Opsonierung entstehender Immunkomplexe offensichtlich insuffizient, die Komplexe können nicht an den CR1-Rezeptor gebunden und nur schlecht vom Monozyten-Makrophagen-System abgebaut werden [3].

Eine weitere Beobachtung unterstreicht die Bedeutung einer ausreichenden Clearance von entstehenden Immunkomplexen. Ein Teil der Patienten mit membranoproliferativer Glomerulonephritis weist einen Autoantikörper auf, der als C3-Nephritis Faktor bezeichnet wird. Dieser IgG-Autoantikörper reagiert mit der C3-Convertase, einem Enzym, das natives C3 abbaut. Durch Reaktion mit dem Autoantikörper wird dies Enzym stabilisiert. Es behält somit seine biologische Aktivität und degradiert ständig Serum-C3. Es finden sich nachfolgend niedrige C3-Serumspiegel. Man nimmt an, daß bei derart niedrigem C3-Serumspiegel keine ausreichende Opsonierung der

Immunkomplexe möglich ist und sich diese in den Glomeruli niederschlagen können [23].

2.2 Glomerulonephritis durch "in-situ" Formation von Immundepots

Subepitheliale (perimembranöse) Immundepots lassen sich in der Regel nicht durch Injektion präformierter Immunkomplexe und nur schwer durch unterschiedliche Immunisierungsschemata erzeugen. Bereits vor mehr als 70 Jahren war diskutiert worden, ob die glomerulären Immundepots nicht vor Ort, gewissermaßen "in-situ" entstehen könnten. Diese Möglichkeit war durch o.a. Experimente weitgehend in den Hintergrund gedrängt worden. Wichtig für das Verständnis dieses Mechanismusses ist die Tatsache, daß die Filtration von Makromolekülen durch die glomeruläre Basalmembran (GBM) nicht nur von ihrer Größe, sondern auch von ihrer Ladung abhängig ist. Durch die negative Außenladung der Basalmembran sind anionische Moleküle ab einem Molekulargewicht von etwa 68 kD (Radius etwa 35,5 Å) vom Filtrationsprozeß weitgehend ausgeschlossen. Kationische Moleküle können dagegen noch in die Basalmembran eindringen, wenn sie eine Größe von Ferritin (480 kD, Radius 61 Å) aufweisen. Kationische Antigene bis zu dieser Größenordnung können demnach die Basalmembran passieren und erst nach der Basalmembranpassage durch die anionische Außenladung der GBM auf der epithelialen Seite fixiert werden. Diese Fixierung ermöglicht in einem 2. Schritt vor Ort die Reaktion mit dem entsprechenden Antikörper [20].

Der Mechanismus der in-situ Immunkomplexbildung dürfte möglicherweise auch für humane Glomerulonephritiden von Bedeutung sein. Kationische Antigene sind in den glomerulären Ablagerungen der Poststreptokokken-Glomerulonephritis nachgewiesen worden. Auch gelingt die Ablagerung von freier DNA entlang der GBM im Experiment nur nach vormaliger Fixierung der stark kationischen Histone, was für die Pathogenese der Lupus-Nephritis von Bedeutung erscheint [16].

3. Autoantikörper-induzierte Glomerulonephritiden

3.1 Autoantikörper gegen glomeruläre Basalmembran

Vergleichsweise selten (nur 1–3%) wird eine Glomerulonephritis durch Autoantikörper gegen GBM-Antigene hervorgerufen. Die GBM-gebundenen Antikörper binden ihrerseits Komplement und verursachen auf diese Weise die Glomerulonephritis. Der Antikörper reagiert aber auch mit Basalmembranen anderer Organe, so daß sich neben der Glomerulonephritis in 2/3 der Fälle auch eine Lungenerkrankung mit Hämoptysen findet. Diese Form des pulmorenalen Syndroms wird auch als Goodpasture-Syndrom bezeichnet.

Als Zielantigen der anti-GBM Antikörper hat sich in den letzten Jahren die Collagenase-stabile C-terminale Domäne NC1 des Collagen IV identifizieren lassen (Abb. 1). Abbildung 2a zeigt eine 150.000-fach vergrößerte elektronenmikroskopi-

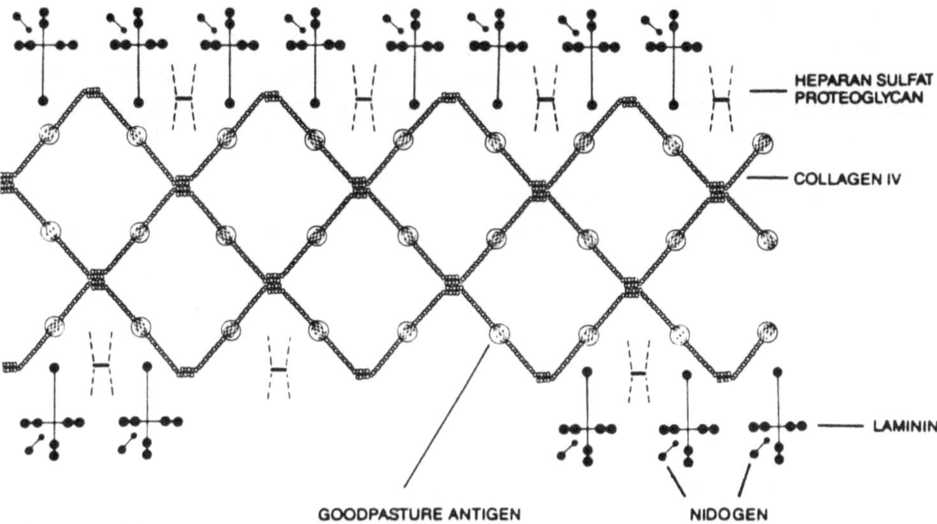

Abb. 1. Schematische Darstellung des molekularen Aufbaus der glomerulären Basalmembran. Die Lage des Goodpasture-Antigens wurde markiert

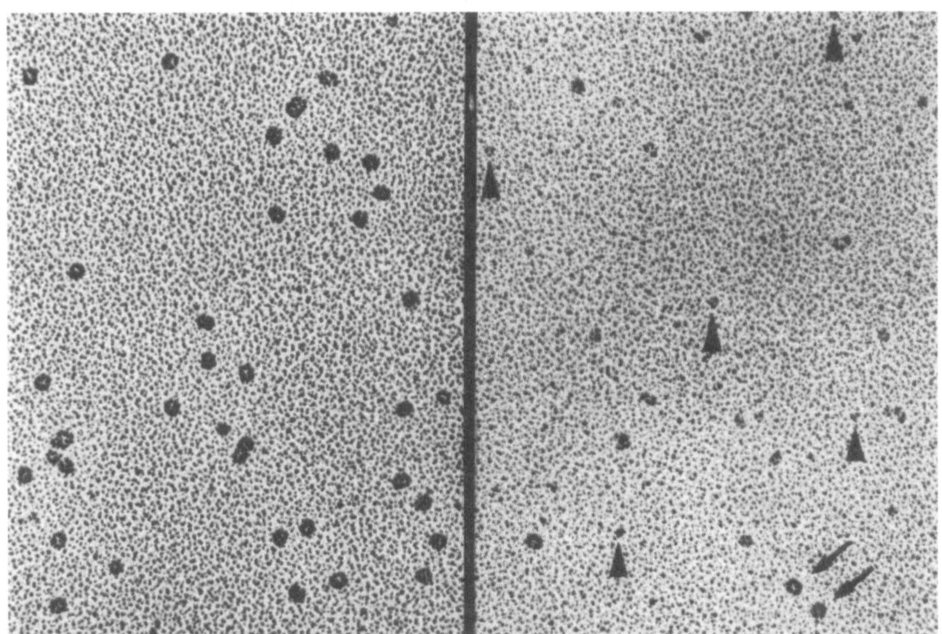

Abb. 2. Elektronenmikroskopische Darstellung des Goodpasture Antigens aus humaner glomerulärer Basalmembran (x 150.000). (a) Dargestellt sind globuläre Moleküle, welche der C-terminalen Domäne NC1 des Kollagen IV entsprechen. Das Molekulargewicht dieses Hexamers beträgt 160 kD. (b) Die gleiche Präparation nach Dissoziation des Hexamers NC1 in seine Mono- und Dimere

sche Aufnahme des gereinigten Zielantigens aus humaner GBM, wie es in unserem
Labor isoliert werden konnte. Pathophysiologisch interessant ist, daß dieses Molekül-
bruchstück – ein Hexamer – unter verschiedenen Bedingungen in seine Mono- und
Dimere dissoziieren kann. Abb. 2b zeigt eine Darstellung des dissoziierten Moleküls.
Neben einigen intakten globulären Proteinen erkennt man hier eine Vielzahl kleiner
Molekülbruchstücke, die den Mono- und Dimeren des NC1 entsprechen dürften. Bei
diesem Zerfall werden etwa 20-fach mehr Epitope für anti-GBM Antikörper freige-
legt, die in dem undissoziierten Molekül zuvor versteckt waren. Dies läßt vermuten,
daß die Erkrankung auch in vivo durch einen Zerfall des Moleküls induziert werden
könnte [19, 22].

3.2 Autoantikörper gegen andere glomeruläre Antigene

Tierexperimentell läßt sich nachweisen, daß auch ein Teil der Immunkomplex-Glo-
merulonephritiden durch Autoantikörper vermittelt sein kann. So reagieren die Antikörper bei der Heymann-Nephritis mit einem membranständigen Antigen der Epithelzellen. Beim Modell der Heymann-Nephritis werden zunächst Antikörper gegen Bür-
stensaumantigene des proximalen Tubulus erzeugt. Nach Injektion der Antikörper
entwickeln die Tiere eine perimembranöse Glomerulonephritis. Die granulären De-
pots sind dabei nicht als Folge einer Immunkomplexablagerung entstanden, sondern
durch Reaktion des Antikörpers mit einem Membranantigen der Endothelzellen.
Möglicherweise können Antikörper auch mit Synthese- und Sekretprodukten der Zellen reagieren, wobei die Antigene durch diese Reaktion fixiert werden, so daß
immunhistologisch das Bild einer Immunkomplexnephritis entstehen kann [5, 11].
   Ob ein solcher Mechanismus auch für humane Glomerulonephritiden von Bedeutung ist, ist noch unklar und wird Gegenstand zukünftiger Forschungsarbeiten sein.
Allerdings wurden bei Patienten mit Poststreptokokken-Nephritis Antikörper gegen
Laminin und Nidogen nachgewiesen, zwei Basalmembranbestandteile, die von den
Endothel- und Epithelzellen synthethisiert und sezerniert werden. Eine pathogeneti-
sche Bedeutung dieser Antikörper ist bisher nicht belegt [5].

4. Möglichkeiten der immunologischen Serumdiagnostik der Glomerulonephritiden

Die immunologische Serumdiagnostik stützt sich auf den Nachweis von

a) Komplementfaktoren,
b) Immunkomplexen und Kryoglobulinen sowie
c) Autoantikörpern.

zu a) Erniedrigung der Komplementfaktoren C3 und C4
Verschiedene Glomerulonephritiden gehen mit niedrigen C3- und/oder C4-Serum-
spiegeln einher (Tabelle 1.) [13]. Hierzu zählen die Poststreptokokken-Glomerulonephritis, die membranoproliferative Glomerulonephritis Typ I und II, sowie die Glo-

Tabelle 1. Glomerulonephritiden mit erniedrigten C3-Serumspiegeln

---

- Poststreptokokken-Glomerulonephritis (ca. 90%)
- Membranoproliferative Glomerulonephritis
  Typ I ca. 50–80%
  Typ II ca. 80–90%
- Kryoglobulinämie (ca. 85%)
- "Shunt"-Nephritis (ca. 90%)
- Subakut bakterielle Endokarditis (ca 90%)
- Systemischer Lupus erythematodes (ca. 75–90%)
- hereditärer C3-Mangel

---

merulonephritiden bei SLE, subakut bakterieller Endokarditis, "Shunt"-Nephritis, Kryoglobulinämie und die Glomerulonephritiden, die im Rahmen eines seltenen hereditären C3-Mangels auftreten. Die Bestimmung der gesamthämolytischen Komplementaktivität oder der Einzelfaktoren C3 und C4 ist hier wegweisend. Findet sich eine C3-Erniedrigung, kann eine weitere Differenzierung vorgenommen werden. Die Bestimmung des anti-Streptolysin-Titers und der anti-Streptokokken-DNAse weist auf eine postinfektiöse Glomerulonephritis hin. Bei der membranoproliferativen Glomerulonephritis (Typ II) läßt sich ein Autoantikörper gegen die C3-Convertase nachweisen, der als "C3-Nephritis Faktor" bezeichnet wird (s.o.). Der Nachweis von antinukleären Faktoren lenkt den Verdacht auf einen SLE oder eine andere Form einer Kollagenose. Eine weitere Differenzierung der antinukleären Faktoren ist nachfolgend möglich (s. u.).

zu b) Immunkomplexe und Kryoglobuline
Die Bestimmung von zirkulierenden Immunkomplexen zur Diagnostik der Glomerulonephritis hat sich nicht bewährt. Bei Anwendung der unterschiedlichsten Immunkomplex-Nachweismethoden hat sich weder eine Koinzidenz mit einer Glomerulonephritis nachweisen lassen, noch findet sich eine Parallelität zwischen der Menge der zirkulierenden Immunkomplexe und der Krankheitsaktivität [17, 23]. Darüber hinaus wird der Test bei annähernd jedem banalen Virusinfekt positiv. Die Bestimmung von Immunkomplexen wird deshalb in unserem Labor nicht mehr durchgeführt.

Anders ist dies bei der Bestimmung Kryoglobulinen. Diese Variante eines Immunkomplexes läßt sich bei einer Reihe von Erkrankungen wie atypischen Pneumonien, Kollagenosen und lymphoproliferativen Erkrankungen krankheitsbegleitend nachweisen. In diesen Fällen bestehen die Komplexe meist aus polyklonalem IgM und polyklonalem IgG, wobei IgM meist Antikörperaktivität gegen IgG besitzt. Darüber hinaus können die Komplexe auch ohne Begleiterkrankung als gemischte essentielle Kryoglobuline auftreten. Diese Kryoglobuline bestehen meist aus monoklonalem IgM und polyklonalem IgG. Klinisch finden sich häufig Zeichen einer Vasculitis und eine Glomerulonephritis. Immundepots aus IgM und IgG lassen sich in den Wänden der Kapillaren und auch intraglomerulär mit Komplementfaktoren nachweisen. Dies und die erniedrigten Serum-C3-Spiegel sprechen für eine pathogenetische Relevanz der Kryoglobuline. In seltenen Fällen finden sich auch IgA-IgG- oder IgG-IgG Kryoglobuline [9, 21].

zu c) Nachweis von Autoantikörpern

Antinukleäre Antikörper finden sich bei einer Reihe von Kollagenosen aber auch bei gesunden Probanden. Ihr Nachweis allein erlaubt nicht die Verdachtsdiagnose einer Kollagenose. Untersucht man allerdings, gegen welche Kernbestandteile die Antikörper gerichtet sind, ist in vielen Fällen eine Diagnose möglich. Für den SLE sind Antikörper gegen dsDNA und den Kernbestandteil Sm sowie hohe Titer gegen Histone charakteristisch. Für eine Mischkollagenose sprechen hohe Titer gegen nRNP [18].

Das Goodpasture-Syndrom und die rasch progressive Glomerulonephritis mit linearen Immunglobulin-Ablagerungen entlang der Basalmembran sind durch Autoantikörper gegen Basalmembranantigene gekennzeichnet. Die Validität des Antikörper-Nachweises hat hier durch die Isolierung des Autoantigens eine weitgehende Verbesserung erfahren. Der mit diesem Autoantigen etablierte ELISA ist sensitiver und spezifischer als die konventionelle Technik des Autoantikörpernachweises mit Hilfe der indirekten Immunfluoreszenz [22].

Der Nachweis von Antikörpern gegen Antigene neutrophiler Granulozyten (ANCA) stellt einen deutlichen Fortschritt in der Diagnose der Wegener'schen Granulomatose und der Mikroform der Panarteriitis nodosa dar. Die Antikörper verursachen bei Reaktion mit den neutrophilen Granulozyten verschiedene Immunfluoreszenzmuster. Antikörper, die eine diffuse Immunfluoreszenz hervorrufen (c-ANCA) scheinen eher für eine Wegener'sche Granulomatose zu sprechen, Antikörper mit perinukleärem Muster weisen eher auf eine Panarteriitis nodosa hin (p-ANCA). Die Zielantigene der Autoantikörper sind bereits charakterisiert. Im Falle des diffusen Immunfluoreszenzmusters stellt das Antigen eine Protease der azurophilen Granula (Serin Protease 3) dar. Das perinukleäre Muster wird überwiegend durch Antikörper gegen Myeloperoxidase hervorgerufen. Auch bei anderen Vaskulitiden scheinen ANCA in Einzelfällen vorzukommen. Umgekehrt muß bei M. Wegener in etwa 10% mit falsch negativen Ergebnissen gerechnet werden. Der Antikörpernachweis hat die Diagnostik dieser Erkrankungen, insbesondere der Wegener'schen Granulomatose verbessert. So wurde an der Universität Heidelberg die Diagnose dieser Granulomatose seit Einführung des ANCA-Testes 5-fach häufiger gestellt als in den Jahren zuvor. Darüber hinaus eignet sich der Test zur Therapiekontrolle. Unter einer immunsuppressiven Medikation werden die ANCA-Titer bereits nach wenigen Wochen negativ. Eine Exazerbation der Erkrankung ist i.d.R. durch erneute Titeranstiege gekennzeichnet und läßt sich somit von Infektionen unter der Therapie abgrenzen [1, 2, 7].

Literatur

1. Andrassy K, Koderisch J, Rasmussen N, Ritz E: Diagnostische Bedeutung antineutrophiler zytoplasmatischer Antikörper bei Wegenerscher Granulomatose und verwandten Krankheitsbildern. Dtsch med Wschr 114, 23–26 (1989)

2. Andrassy K, Koderisch J, Rasmussen, N, Ritz E: Therapie der Wegenerschen Granulomatose und verwandter Vaskulitiden. Dtsch med Wschr 114, 27–29 (1989)
3. Arze RS, Rashid H, Morley R, Ward MK, Kerr DNS: Shunt nephritis: report of two cases and review of the literature. Clin Nephrol 19:48–53 (1983)
4. Belohradsky BH: Hereditäre Komplementdefekte. In: Primäre Immundefekte, Kohlhammer Verlag, Stuttgart (1986), pp 139–148
5. Brentjens JR, Andres G: Interaction of antibodies with renal cell surface antigens. Kidney Int 35:954–968 (1989)
6. Couser WG: Nephrology Forum: Mechanisms of glomerular injury in immune-complex disease. Kidney Int 28:569–583 (1985)
7. Fauci S, Haynes BF, Katz P, Wolff ShM: Wegener's granulomatosis: prospective clinical and therapeutic experience with 85 patients for 21 years. Ann Int Med 98, 76–85 (1983)
8. Fournie GJ: Circulating DNA and lupus nephritis. Kidney Int 33:487–498 (1988)
9. Gorevic PD, Kassab HJ, Levo Y, Kohn R, Meltzer M, Prose P, Franklin EC: Mixed cryoglobulinemia: clinical aspects and long-term follow-up of 40 patients. Am J Med 69:287–308 (1980)
10. Hebert LA, Cosio FG: The erythrocyte-immune complex-glomerulonephritis connection in man. Kidney Int 31:877–885 (1987)
11. Kerjaschki D, Farquhar MG: Immunocytochemical localization of the Heymann antigen (GP330) in glomerular epithelial cells of normal Lewis rat. J Exp Med 157:667–686 (1983)
12. Levin M, Gascoine P, Turner MW, Barratt M: A highly cationic protein in plasma und urine of children with steroid-responsive nephrotic syndrome. Kidney Int 36:867–877 (1989)
13. Madaio MP, Harrington JT: The diagnosis of acute glomerulonephritis: New Engl J Med 309:1299–1302 (1983)
14. Mynderse LA, Hassell JR, Kleinman HK, Martin GR, Martinez-Hernandez A: Loss of heparan sulfate proteoglycan from glomerular basement membrane of nephrotic rats. Lab Invest 48, 292–302 (1983)
15. Schifferli JA, Yin C NG, Peters D: The role of complement and its receptor in the elimination of immune complexes. N Engl J Med 315, 488–495 (1986)
16. Schmiedeke ThMJ, Stöckl FW, Weber R, Sugisaki Y, Batsford StR, Vogt A: Histones have high affinity for the glomerular basement membrane. J Exp Med 169, 1879–1894 (1989)
17. Solling J, Olsen S: Circulating immune complexes in glomerulonephritis. Clin Nephrol 16:63–74 (1981)
18. Tan EM: Antinuclear antibodies: Diagnostic markers for autoimmune diseases and probes for cell biology. Adv Immunol 44, 93–151: (1989)
19. Timpl R: Recent advances in the biochemistry of glomerular basement membrane. Kidney In 30:293–298 (1986)
20. Vogt A: New aspects of the pathogenesis of immune complex glomerulonephritis: formation of subepithelial deposits. Clin Nephrol 21:15–20 (1984)
21. Weber M, Köhler H, Fries J, Thoenes W, Meyer zum Büschenfelde K-H: Rapidly progressive glomerulonephritis in IgA/IgG cryoglobulinemia. Nephron 41:258–261 (1985)
22. Weber M, Meyer zum Büschenfelde K-H, Köhler H: Immunological properties of the human Goodpasture target antigen. Clin exp Immunol 74, 289–294 (1988)
23. Wilson CB, Dixon FJ: The renal response to immunological injury. In: The kidney. Brenner BM, Rector FC (Hrsg) WB Saunders Comp, Philadelphia, London, Toronto,1986, pp 800–889

Diskussion

Stolte: Ich fand die dargestellten Überlegungen bezüglich einer Immunkomplex-Bildung "in situ" sehr interessant. Ich hatte ursprünglich gedacht, daß diese Form der Immunpathogenese bereits voll akzeptiert wäre, können Sie hierzu noch einmal Stellung nehmen?

M. Weber: Diese Idee der Immunkomplexpathogenese der Glomerulonephritiden oder auch der Vaskulitiden ist sehr fesselnd. Die Vorstellung ist bereits mehr als 70 Jahre alt. Sie ist durch die Untersuchungen von Germuth und Dixon in den 50er Jahren etwas in den Hintergrund getreten. Diese Autoren hatten überzeugende Daten vorgelegt, daß sich Glomerulonephritiden auch durch die Injektion von präformierter Immunkomplexen erzeugen ließen. Allerdings ist es in der Regel nicht gelungen, durch Injektion präformierter Immunkomplexe subepitheliale Immundepots zu erzeugen. Die injizierten Immunkomplexe lagerten sich vielmehr überwiegend mesangial, selten subendothelial ab. Allein bei wiederholter Injektion von Antigen-Antikörperkomplexen mit 80-fachem Antigenüberschuß gelang es Germuth, subepitheliale Immundepots zu erzeugen. Durch diesen hohen Antigenüberschuß ist eine vollständige Fixierung der Antigenmenge durch den Antikörper nicht möglich, so daß teilweise freies Antigen vorliegt, welches sich glomerulär auch alleine ablagern kann. Diese Annahme wird durch Perfusionsexperimente untermauert, bei denen nur die alternierende Perfusion von Rattennieren mit Antigen und Antikörper zu subepithelialen Immundepots führte, nicht dagegen die Injektion präformierter löslicher Komplexe.

Die Daten, die eine in situ-Immunkomplexpathogenese bei den humanen Glomerulonephritiden belegen, sind insgesamt spärlich. Anfang der 80er Jahre beobachtete Lange, daß bei der akuten Poststreptokokken-Glomerulonephritis in der Frühphase freie kationische Streptokokken-Antigene in humanen Nierenbiopsien nachweisbar waren, während bei Biopsien in einer späteren Phase der Erkrankung nur humanes IgG intraglomerulär nachzuweisen war. Er folgerte daraus, daß auch bei der Poststreptokokken-Glomerulonephritis zuerst kationische Streptokokken-Antigene abgelagert werden, die dann in Folge vor Ort mit Antistreptokokken-Antikörpern reagierten.

Ein weiterer wichtiger Baustein ist die Beobachtung von Thomas Schmiedeke aus der Arbeitsgruppe von Arnold Vogt, daß sich eine Lupusnephritis nicht durch Injektion von DNA/Anti-DNA-Komplexen erzeugen ließ. Injizierte man jedoch zunächst stark kationische Histone, so wurden diese an der glomerulären Basalmembran gebunden und konnten dann in situ entweder mit DNA oder mit einem Antihiston-Antikörper reagieren, so daß eine Immunkomplex-Glomerulonephritis entstand.

Schütterle: Sie hatten die Serum-Komplement-Komponenten C3/C4 für die differenzierende Serumdiagnostik benannt, nicht aber C5–9. Welchen Stellenwert räumen Sie diesen Komponenten ein?

M. Weber: Der sogenannte Membrane Attack Complex, der von den terminalen Komplement-Komponenten C5–9 gebildet wird, besitzt sicher eine wesentliche Bedeutung für die Komplement-vermittelten Glomerulonephritiden. So konnte Rauterberg zeigen, daß sich Neo-Antigene des C5–9-Komplexes bei IgA-Nephritis in den mesangialen Zellen nachweisen ließen, was für eine lokale Aktivierung der Komplementkaskade spricht. Umgekehrt gibt es Beobachtungen aus der Gruppe von Couser in Seattle, daß sich die Aktivität der Heyman Nephritis in der ausgeschiedenen Menge von C5–9 im Urin wiederspiegelt. Diese Ergebnisse wurden bereits in Göttingen von Herrn Dr. Schulze vorgetragen und eröffnen eine interessante Perspektive auch für die Kontrolle der humanen perimembranösen Glomerulonephritis.

Scherberich: Es gibt in der Zwischenzeit verschiedene kommerzielle Tests für antizytoplasmatische Antikörper. Welchen Stellenwert würden Sie diesen Tests in Bezug auf die von Ihnen aufgezeigte Möglichkeit der direkten zytologischen Begutachtung an humanen Granulozyten einräumen? Gibt es unter Umständen gerade bei den ELISA-Tests drastische Lücken im Vergleich zum Antikörpernachweis mit Granulozyten?

M. Weber: Antikörpernachweise mit Hilfe der indirekten Immunhistologie sind immer Suchtests. Dies gilt u. a. auch für den Nachweis von antinukleären Faktoren, zum Beispiel auf Hep 2-Zellen. Mit diesen Suchtests lassen sich Antikörper nachweisen, die mit einer Vielzahl von Antigenen reagieren können. Die ELISA-Testsysteme besitzen den Vorteil einer höheren Spezifität und Sensitivität. Umgekehrt müßte man regelmäßig mit einer Vielzahl von ELISA-Tests im Labor arbeiten, um alle bekannten Antigene, z.B. bei antinukleärem Antikörpern oder vielleicht auch bei ANCA zu erfassen. Ich würde also nach wie vor den Antikörpersuchtests mit Hilfe der indirekten Immunfluoreszenz einen hohen Stellenwert einräumen und sie in die erste Reihe der Diagnostik stellen. Erst nach positivem Nachweis in der indirekten Immunfluoreszenz sollten spezielle ELISA-Testsysteme zur Antigencharakterisierung eingesetzt werden. Dies läßt sich am Beispiel der antinukleären Faktoren gut belegen, da durch den Nachweis von anti-Doppelstrang-DNA, anti-Sm-Antikörpern, anti-RNP oder anti-SSA-Antikörpern unterschiedliche Diagnosen gestellt werden können. Eine derartige Konsequenz läßt sich nach unserem heutigen Erkenntnisstand für die ANCA-Diagnostik noch nicht erkennen.

Brandis: Sie haben gar nicht erwähnt, daß man bei IgA-Nephritis eine Subklassen-Differenzierung nach IgA 1 und IgA 2 vornehmen kann. Ist das schon wieder vorbei?

M. Weber: Die Differenzierung der Subklassen bei IgA-Nephritis sollte ursprünglich Licht in die Immunpathogenese dieser Erkrankung bringen. Etwa 90% des Serum-IgA bestehen aus IgA 1, in nur 10% findet sich IgA 2. Umgekehrt ist die Verteilung der Subklassen auf den Schleimhäuten etwa 50 : 50 IgA 1 und IgA 2. Mit Hilfe der

Immunhistologie hat sich nun von einigen Autoren zeigen lassen, daß das mesangiale IgA bei IgA-Nephritis überwiegend IgA 2 darstellt. Andere haben diese Untersuchungen nicht bestätigen können. Elutionsuntersuchungen haben vielmehr gezeigt, daß das mesangiale IgA überwiegend aus dimerem IgA 1 besteht. Eine Klärung, ob es sich hierbei um mukosales oder Serum-IgA handelt, ist bisher nicht gelungen. Der fehlende Nachweis von Sekretory Component (SC) spricht allerdings eher für die Ablagerung von Serum-IgA in den mesangialen Zellen. Andererseits hat sich die Sub-klassen-Differenzierung auch nicht mit klinischen Parametern, wie Aktivität der Erkrankung oder schlechter Prognose korrelieren lassen. Ich bin auch nicht auf die IgG-Subklassen eingegangen. Hier unterscheiden wir vier Subklassen von IgG 1 bis 4. Die IgG 4-Subklasse besteht überwiegend aus kationischem IgG. Dies könnte durchaus für die "in situ"-Immunkomplex-Bildung von Interesse sein. Theoretisch besteht die Möglichkeit, daß auch kationische Immunglobuline zunächst die Basalmembran penetrieren und dort als lokal fixierter Antikörper im 2. Schritt das entsprechende Antigen binden können. Allerdings sind diese theoretischen Überlegungen bisher experimentell nicht hinreichend untermauert.

Tubuläre Funktion

Moderator: A. Heidland

Pathomechanismen der tubulären Resorption

S. Silbernagl

Als ich die Einladung zu diesem Symposium erhielt, war ich mir nicht ganz sicher, ob ich als Physiologe zu diesem Thema etwas Sinnvolles beitragen kann. Ich konsultierte daher erst einmal zwei Standard-Werke [1, 2] und fand in [2] im Kapitel "Defekte der tubulären Funktion" von Francis Coe folgenden Einleitungssatz:

> Unlike the other syndromes, defects of tubule function are defined by physiological measurements and represent direct extensions of basic physiology to disease classification rather than constellations of traits that clinicians can perceive easily and therefore use as a starting point for diagnosis.

Diese Feststellung zerstreute meine Zweifel. Wir beginnen also mit der Physiologie des Tubulus, um diese Erkenntnisse dann auf mögliche Pathomechanismen anzuwenden, wobei ich im gegebenen Zeitrahmen natürlich nur auf eine beispielshafte Auswahl eingehen kann, die sich vor allem aus den Forschungsthemen ergibt, die Prof. Oberleithner und ich mit unseren Mitarbeitern am Nierenlabor im Würzburger Physiologischen Institut bearbeiten.

Physiologische Grundlagen

Zuerst ein paar einführende Bemerkungen über die Tubulusfunktion. Wenn man von Stoffen wie Inulin absieht, werden die meisten Substanzen nach ihrer Filtration mehr oder weniger stark resorbiert, d. h. ihre fraktionelle Ausscheidung ist < 1. Andere Substanzen werden nicht nur nicht resorbiert, sondern sie gelangen zusätzlich durch tubuläre Sekretion in das Tubuluslumen; ihre fraktionelle Ausscheidung ist > 1.

Da, wenn man von den Proteinen absieht, die Konzentration der frei gelösten Stoffe im Primärfiltrat praktisch gleich groß wie im Plasma ist, setzt eine Resorption oder Filtration voraus, daß im Tubulus nicht nur *Transportmechanismen*, sondern auch *treibende Kräfte* für diese transepithelialen Transporte existieren oder entstehen müssen (Abb. 1). Neben primär prätubulären Ursachen (Abb. 1, oben) können es daher primär tubuläre Ursachen (Abb. 1, Mitte) sein, die die Ausscheidung einer Substanz pathologisch verändern. Auf die fraktionelle Ausscheidung der betroffenen Substanz wirken sich Störungen des Transportprozesses meist so aus, daß sie bei normalerweise resorbierten Stoffen ansteigt (Abb. 1, links), bei gewöhnlich sezernierten Substanzen aber abfällt (Abb. 1, rechts). Dabei kann es nicht nur der eigentliche

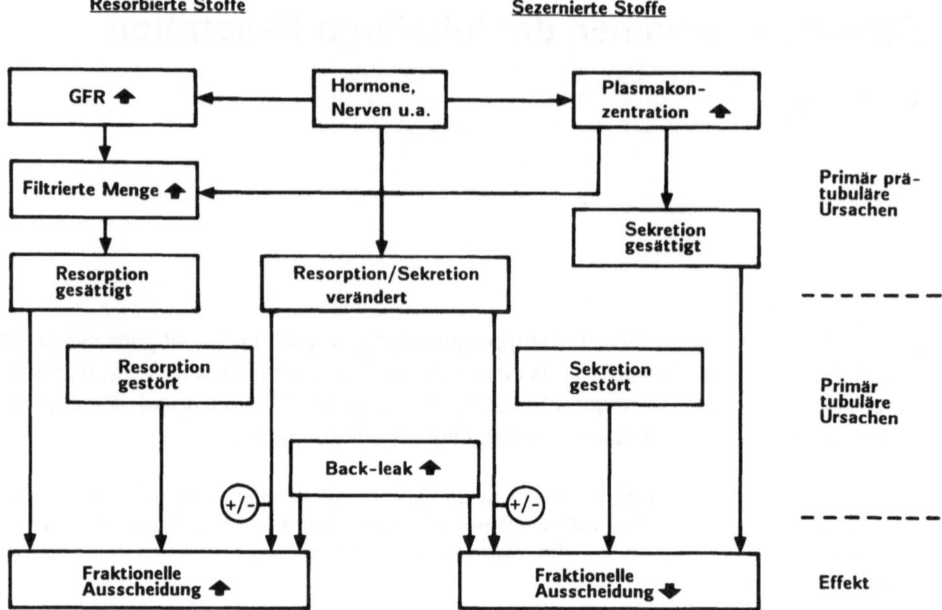

Abb. 1. Ursachen einer erhöhten bzw. erniedrigten fraktionellen Ausscheidung von tubulär resorbierten bzw. sezernierten Substanzen (GFR = Glomeruläre Filtrationsrate)

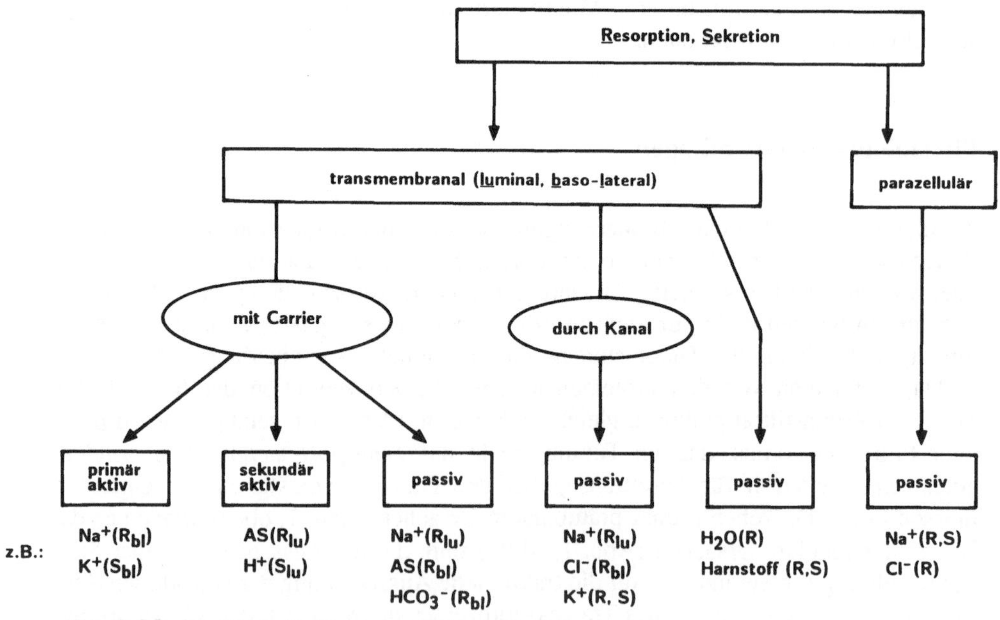

Abb. 2. Mechanismen des Transportes durch die Tubuluswand

Transportprozess sein, der gestört ist, sondern der Tubulus kann auch in der jeweiligen Gegenrichtung für die bereits resorbierte bzw. sezernierte Substanz leck sein (back-leak), so daß es der Tubuluszelle bei ihrem Transport wie einst Sisyphos beim Steineschleppen ergeht. Für die Sicherung der Diagnose einer primär tubulären Störung ist es aber in jedem Fall notwendig, prätubuläre Faktoren auszuschließen, also etwa eine Blutdrucksteigerung, eine Erhöhung der Plasmakonzentration der betroffenen Substanz oder eine hormonale Fehlregulation. Zu beachten ist außerdem, daß eine primär tubuläre Störung der Na^+-Resorption die Na^+-Konzentration im frühdistalen Tubulus erhöht. Dies ist ein Signal für die dortige Macula densa, die es innerhalb des juxtaglomerulären Apparates an die Arteriolen des zu diesem Tubulus gehörenden Glomerulus weitergibt. Die Antwort ist eine Senkung der glomerulären Filtrationsrate (GFR) dieses Nephrons. Dieser physiologische Regelprozeß wird tubulo-glomeruläre Balance genannt. Damit kann eine primär tubuläre Resorptions-Störung die GFR sekundär senken.

Die treibenden Kräfte für den Transport sind je nach Art der jeweilig resorbierten oder filtrierten Substanz ganz unterschiedlich. Prinzipiell lassen sich die in Abb. 2 skizzierten Typen des tubulären Transports unterscheiden. Dabei ist zu beachten, daß der transepitheliale Transport bis auf die Ausnahme der parazellulären Route ein Transport durch zwei Membranen hindurch bedeutet, durch die luminale und basolaterale Zellmembran. Aktiv muß der transmembranale Transport dort sein, wo die Substanz unter Energieaufwand "bergaufgepumpt", also entgegen einem elektrochemischen Gradienten transportiert wird. Verbraucht der Carrier direkt ATP (ATPase!), spricht man von primär aktivem Transport. An der baso-lateralen Tubulus-Zellmembran pumpt z. B. die Na^+/K^+-ATPase Na^+ in Resorptionsrichtung und K^+ in Sekretionsrichtung. Andere Carrier transportieren "ihre" Substrate, z. B. Aminosäuren, Glukose und Phosphat, ebenfalls "bergauf", doch wird dabei nicht direkt ATP verbraucht, sondern sie erhalten die benötigte Energie indirekt aus der potentiellen Energie eines bestehenden elektro-chemischen Gradienten einer anderen Substanz, also z. B. von Na^+: Sekundär-aktiver Transport.

Die Natur hat nur wenige primär-aktive Ionenpumpen "erfunden" (Na^+/K^+-, H^+-, Ca^{2+}-, H^+/K^+-ATPase). Damit werden osmotische und chemische Gradienten sowie elektrische Potentiale etabliert, die dann sekundär dazu genutzt werden, eine Unzahl anderer Stoffe sekundär-aktiv oder passiv zu transportieren.

Passiver Transport an der Tubuluszellmembran kann durch Carrier, durch Kanäle (z. B. für Na^+, Cl^-, K^+) oder aber, ohne Vermittlung von Membranproteinen, einfach durch die Zellmembran (Wasser, Harnstoff) erfolgen. Da die tight junctions zwischen den Epithelzellen (im Widerspruch zu ihrem Namen) für kleinere Moleküle nicht dicht sind (besonders leck ist der proximale Tubulus), steht für den transepithelialen Transport auch dieser parazelluläre Transportweg zur Verfügung.

Die Tatsache, daß ein und dieselbe Substanz in der letzten Zeile der Abb. 2 mehrfach vorkommt und daß für Resorption und Sekretion zwei Zellmembranen in Serie zu überwinden sind, zeigt bereits, daß all diese Transporte nicht voneinander unabhängig sein können. Das macht die Analyse der Physiologie und Pathophysiologie des tubulären Transportes auch so schwierig. Einige wichtige Zusammenhänge sind beispielhaft in der Abb. 3 gezeigt. Mit dem primär-aktiven Transport von Na^+ aus der Zelle hinaus und gleichzeitig von K^+ in die Zelle hinein werden für beide Ionen che-

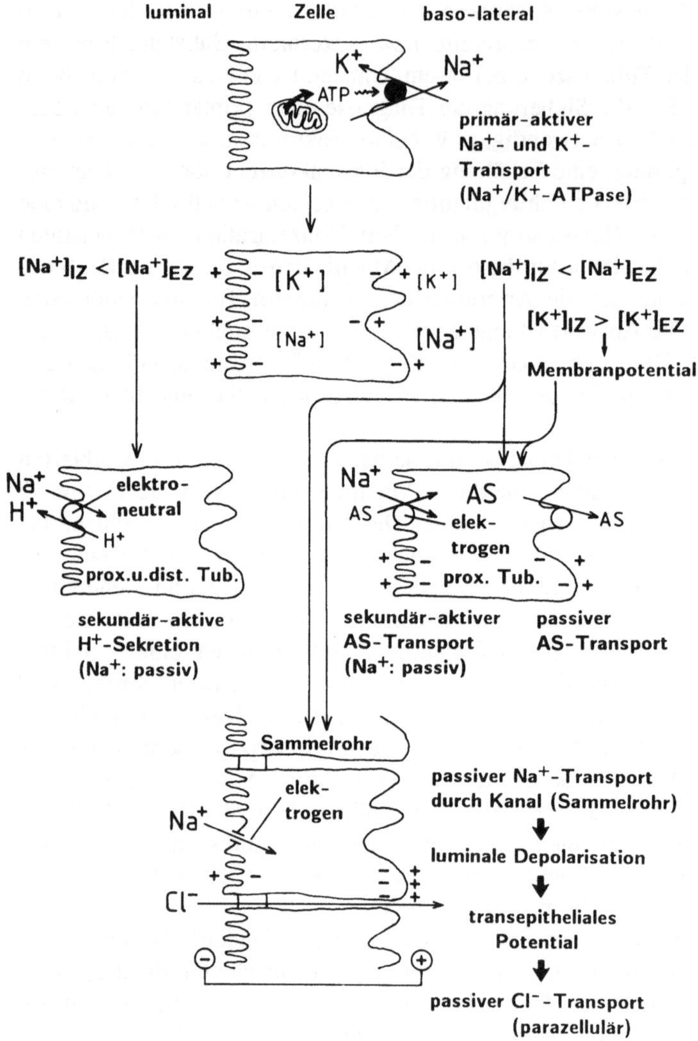

Abb. 3. Treibende Kräfte des tubulären Membrantransportes (*IZ* = intrazellulär; *EZ* = extrazellulär; *AS* = Aminosäuren)

mische Gradienten geschaffen. Da die Zelle K+-Kanäle besitzt (in Abb. 3 nicht gezeigt), erzeugt der K+-Gradient ein außen positives Diffusionspotential an der Zellmembran, so daß für Na+ nicht nur ein chemischer, sondern zusätzlich ein elektrischer Gradient besteht. Dieser hohe elektrochemische Na+-Gradient treibt nun sekundär-aktiv die elektrogene Aufnahme z.B. von Aminosäuren an (Abb. 3, rechts), die die Zelle über einen passiven Carrier baso-lateral wieder verlassen. Links in Abb. 3 ist die sekundär-aktive Ausschleusung von H+ über den luminalen Na+/H+-Austausch-Carrier gezeigt. Da dieser elektroneutral ist, ist das Zellpotential in diesem Fall keine direkt treibende Kraft. Kann, wie z.B. im Sammelrohr, luminal Na$^+$ über einen Kanal in die Zelle einströmen, wird die luminale Membran depolarisiert (Abb. 3, unten). Durch diese Potentialasymmetrie entsteht ein transepitheliales Potential, das in diesem Fall Cl$^-$ parazellulär aus dem Lumen ins baso-laterale Interstitium treibt. Auch der elektrogene Na$^+$-Aminosäure-Cotransport im proximalen Tubulus (Abb. 3, rechts) erzeugt auf diese Weise ein transepitheliales Potential, das wegen der Undichtigkeit der tight junctions allerdings sehr viel niedriger ist als das im distalen Nephron.

Darüber hinaus sind für die Zell- und Tubulusfunktion natürlich noch eine ganze Reihe von Transportkomponenten wichtig, z.B. die K$^+$- und Cl$^-$-Kanäle der Zellmembran, doch kann ich darauf aus Zeitgründen hier nicht näher eingehen (s. z.B. [1, 2]).

Pathomechanismen

Nachdem nun einige wichtige Komponenten des tubulären Transportes kurz skizziert sind, können wir uns mit möglichen Störungen näher befassen (Abb. 4). Hier steht die Na$^+$/K$^+$-ATPase am Anfang, da sie ja, wie in Abb. 3 gezeigt, das primum movens des tubulären Transportes darstellt. Bekommt sie keinen "Treibstoff" oder wird sie völlig gehemmt, stirbt die Zelle über kurz oder lang ab. Bevor es dazu kommt bzw. wenn es sich nur um eine teilweise Störung handelt, werden all die Effekte abgeschwächt, die oben bereits besprochen wurden (s. Abb. 3). Die intrazelluläre Na$^+$-Konzentration steigt, die des K$^+$ fällt, und die Zelle wird depolarisiert. In Abb. 4 (Mitte) ist jetzt ein zusätzlicher Vorgang eingezeichnet, der erst kürzlich, und zwar zuerst in Herzmuskelzellen, nachgewiesen wurde [4]: Steigt die intrazelluläre ATP-Konzentration, so bindet ATP an bestimmte K$^+$-Kanäle (keine ATP-Spaltung!), diese schließen sich daraufhin, und die Zelle wird depolarisiert. Neuere Arbeiten haben gezeigt [5], daß es auch in den distalen Tubuli der Niere solche ATP-gesteuerten K$^+$-Kanäle gibt (Abb. 5). Ein ATP-Anstieg in der Tubuluszelle, verursacht entweder durch Hemmung der Na$^+$/K$^+$-ATPase oder aus anderen Gründen, könnte daher u.a. die distale H$^+$-Sekretion und damit die H$^+$-Ausscheidung erniedrigen (s. Abb. 7). (Umgekehrt bewirkt eine Verminderung der zellulären ATP-Konzentration die Öffnung von K$^+$-Kanälen und damit eine Hyperpolarisation; die ATP-Abhängigkeit der K$^+$-Permeabilität stellt daher auch einen gegenregulatorischen Mechanismus dar, der das Zellpotential auch bei ATP-Mangel eine Weile aufrechterhalten kann.) Mit der Verminderung des elektrochemischen Na$^+$-Gradienten sinkt nicht nur die Resorption von Na$^+$, sondern u.a. auch die von Aminosäuren und Bikarbonat sowie die Sekretion von H$^+$-Ionen Es kommt daher u.a. zu einer unspezifischen, renalen Hyper-Aminoazidurie und zu einer renal-tubulären Azidose (Abb. 4). Auf diese zwei Störungen der Tubulusfunktion, die bei solch generellen Defekten der Zellfunktion natürlich nicht die einzigen sind, möchte ich mich im Folgenden beschränken.

Betrachten wir zunächst die möglichen Ursachen einer unspezifischen Hyper-Aminoazidurie nochmals etwas genauer. Die Ereigniskette rechts in Abb. 4 gilt für alle Aminosäuren, die (im proximalen Tubulus) mit Na$^+$ cotransportiert werden.

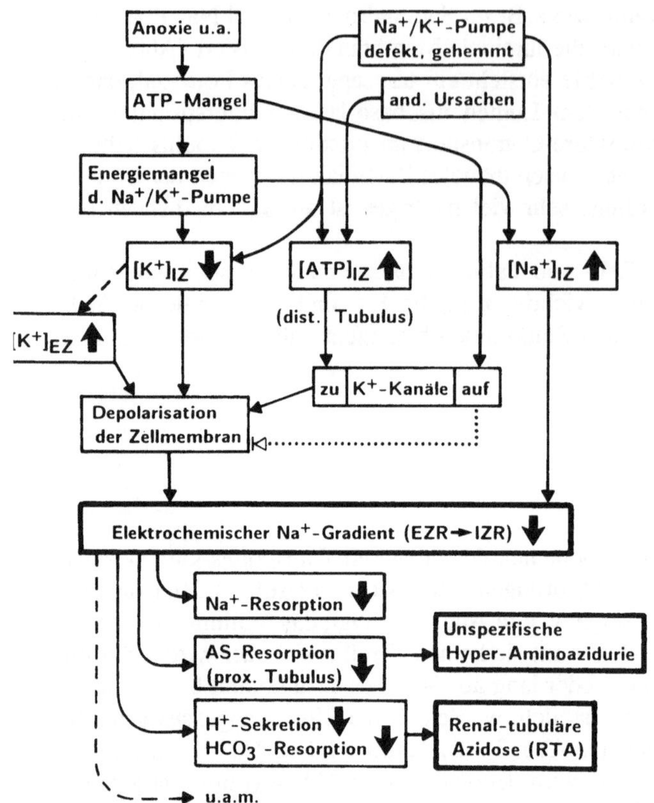

Abb. 4. Störungen der tubulären Resorption (*IZ* bzw. *IZR* = Intrazellulärraum; *EZ* bzw. *EZR* = Extrazellulärraum)

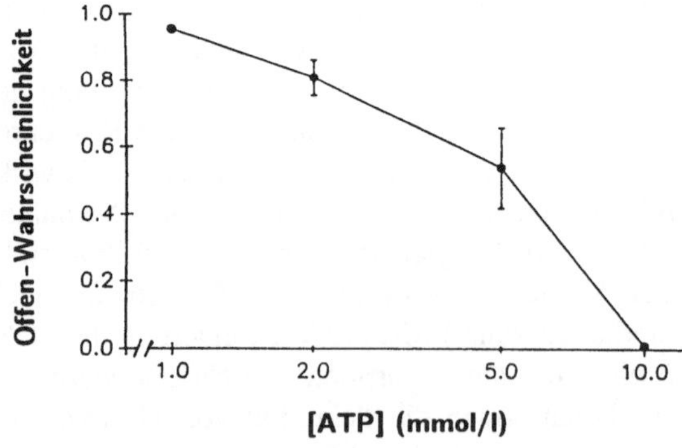

Abb. 5. Beziehung zwischen der intrazellulären ATP-Konzentration und der Offen-Wahrscheinlichkeit ATP-gesteuerter K$^+$-Kanäle. Patch-clamp-Experimente (excised inside-out patch am distalen Tubulus des Kongo-Aals, (Amphiuma). Die Werte sind ± SEM aufgetragen. (Bei 1 und 10 mmol/l ATP ist SEM kleiner als die Symbolgröße). (Aus [5])

Nicht dazu gehören wahrscheinlich die basischen Aminosäuren wie etwa Arginin. Sie werden nämlich, wie wir kürzlich an isolierten proximalen Tubuluszellen gezeigt haben [3], zwar elektrogen und daher potentialabhängig, aber nicht Na$^+$-abhängig transportiert. Eine weitere Störungsmöglichkeit ist die von Bergeron et al. [6] aufgestellte Hypothese, nach der die unspezifische Hyper-Aminoazidurie (Maleat-Modell) durch ein erhöhtes back-leak verursacht wird. Wir konnten ausschließen, daß der proximale Tubulus dafür in Frage kommt und gleichzeitig zeigen, daß es die unidirektionale Aminosäuren-Resorption ist, die durch Maleat gehemmt wird [7]. Unsere vor kurzem durchgeführten Studien zum Aminosäuren-Transport in der Henleschen Schleife zeigten jedoch, daß im Nierenmark ein ausgeprägter bidirektionaler Aminosäuren-Transport durch die Tubuluswand stattfindet [8]. Hier könnte ein zusätzliches back-leak lokalisiert sein. Pathophysiologische Erkenntnisse sind aber auch hier erst zu erwarten, wenn die Physiologie besser geklärt ist.

Nun zu den (für bestimmte Aminosäure-Gruppen) spezifisch tubulären Hyper-Aminoazidurien. In Abb. 6 (linker Kasten) ist die gängige Lehrmeinung gezeigt, doch gibt es dafür eigentlich keinen Beweis. Die im rechten Kasten der Abb. 6 gezeigte Störung des baso-lateralen Aminosäuren-Carriers wird für die sog. Lysinurische Proteinintoleranz verantwortlich gemacht [9]. Was aber mit beiden dieser Mechanismen nicht erklärt werden kann, ist die Tatsache, daß bei der Cystinurie [10] und der Hyper-Aminoazidurie "saurer" Aminosäuren [11] die betroffenen Aminosäuren nicht nur nicht resorbiert, sondern zusätzlich sezerniert werden. Nimmt man nun an, so unsere Hypothese [12], daß der betroffene Aminosäuren-Carrier eine verminderte Bindungs-

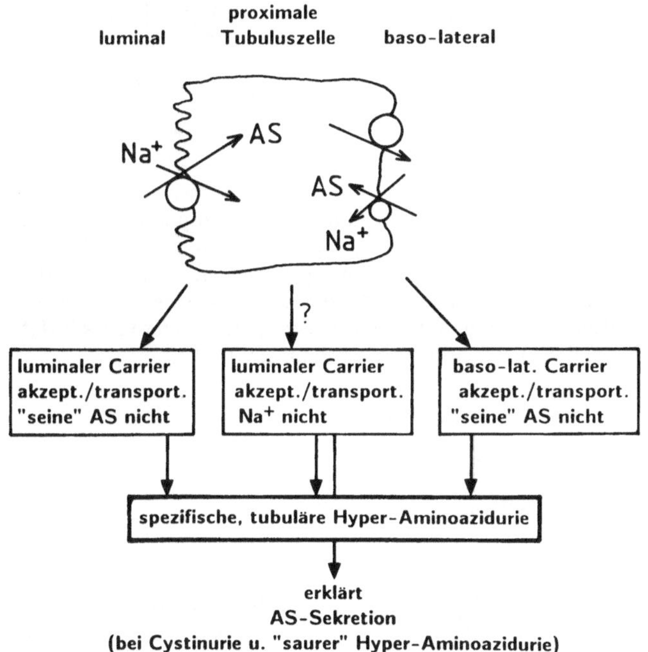

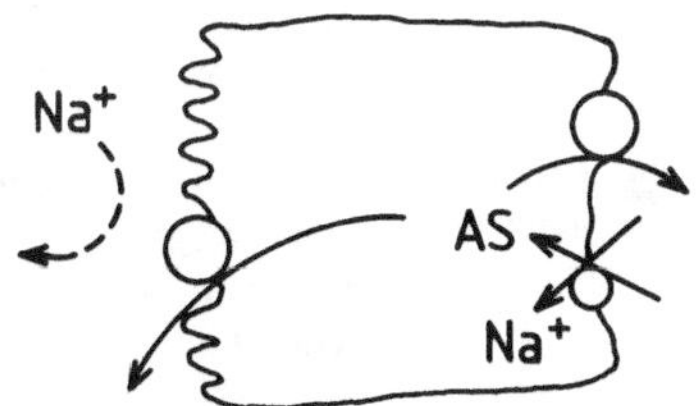

Abb. 6. Mögliche Ursachen der (für eine bestimmte Gruppe von Aminosäuren) spezifischen Hyper-Aminoazidurie (*AS* = Aminosäuren)

fähigkeit für Na$^+$ hat, so kann die Aminosäuren-Sekretion, wie im unteren Teil der Abb. 6 gezeigt, dadurch zustandekommen, daß der ansonsten intakte luminale Carrier zelluläre Aminosäuren in die verkehrte Richtung transportiert. Daß dies an der intakten Niere tatsächlich möglich ist, haben wir an der nichtfiltrierenden Froschniere nachgewiesen [13]. Wie aber kommen dabei die Aminosäuren in die Zelle hinein? Hier gibt es oben noch nicht erwähnte Carriers, die Aminosäuren von peritubulär her

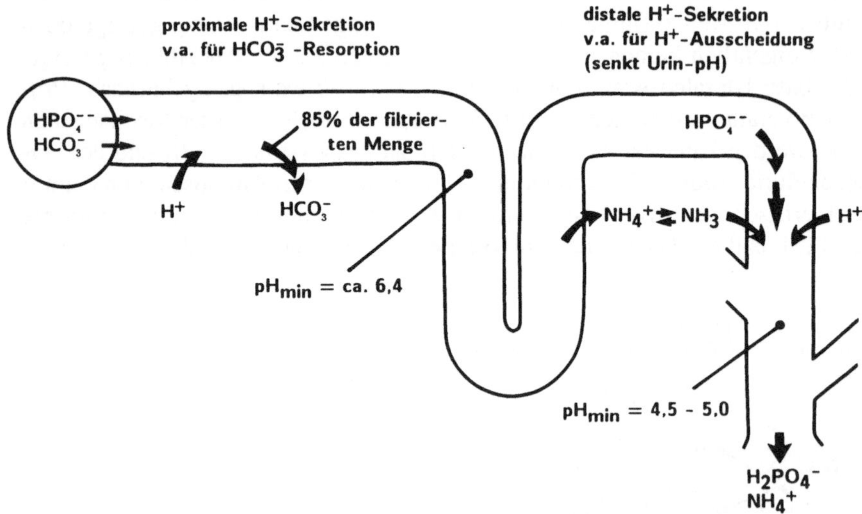

Abb. 7. Aufgaben der tubulären H$^+$-Sekretion: Proximale Bikarbonat-Resorption und distale Titration von HPO$_4^{2-}$ und NH$_3$. (Das distal sezernierte NH$_3$ wird im proximalen Tubulus aus Glutamin gebildet, dort im Lumen zu NH$_4^+$ titriert, das im aufsteigenden, dicken Teil der Henle-Schleife wieder resorbiert wird. Im Interstitium des Nierenmarks dissoziiert es zu NH$_3$, das ins Lumen des Sammelrohrs diffundiert und dort wegen des niedrigen pH-Wertes als NH$_4^+$ "in die Falle geht" und in dieser Form der Ausscheidung anheimfällt; s. a. [15].)

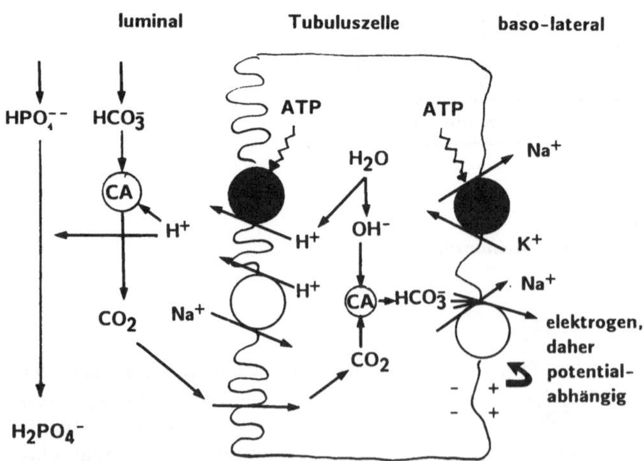

Abb. 8. Funktionelle Elemente der H$^+$-Sekretion und Bikarbonat-Resorption der Tubuluszelle. (CA = Carbo-anhydrase). NH$_3$-Bildung, -Transport und -Titration sind hier der Übersichtlichkeit wegen nicht eingezeichnet; s. a. Legende zu Abb. 7

aufnehmen. Sie sind schon 1973 von Foulkes et al. [14] entdeckt worden. Andere Studien an baso-lateralen Membranvesikeln ergaben, daß es sich auch hierbei um einen Na^+-Cotransport handelt [12]. In eigenen Arbeiten konnten wir dies kürzlich am Frosch in vivo bestätigen [13]. Damit kann die sekundär-aktive Akkumulation von Aminosäuren in der Zelle auch von der baso-lateralen Seite her stattfinden. Diese peritubuläre Aminosäuren-Aufnahme gewinnt nach unserer Vorstellung dann die Überhand, wenn die luminalen Carriers bezüglich der Na^+-Bindung defekt sind.

Und nun zum zweiten Beispiel einer defekten Tubulusfunktion, der renal-tubulären Azidose, kurz RTA, bei der, wie bei den Hyper-Aminoazidurien, der eigentliche, zelluläre Pathomechanismus noch nicht geklärt ist. Die tubuläre H^+-Sekretion im proximalen Tubulus dient (neben der Titration von sezerniertem NH_3; s. u.) v. a. der Resorption von Bikarbonat (85% der filtrierten Menge werden dort resorbiert), die im distalen Tubulus v. a. der ausgeprägten Senkung des Urin-pH-Wertes (Abb. 7). Renal kann eine Azidose also dann entstehen, wenn einer dieser Prozesse oder alle beide gestört sind. In Abb. 8 sind die für die Bikarbonat-Resorption bzw. H^+-Sekretion wichtigsten Prozesse in der Tubuluszelle skizziert, wobei sich proximaler und distaler Tubulus im Wesentlichen wohl nur quantitativ unterscheiden. Filtriertes Bikarbonat wird durch sezernierte H^+-Ionen zu CO_2 titriert, wozu eine membranständige Carboanhydrase notwendig ist. CO_2 gelangt in die Zelle und wird dort, mit Hilfe einer zytoplasmatischen Carboanhydrase, zu Bikarbonat umgewandelt, das die Zelle passiv (zusammen mit Na^+) baso-lateral verläßt. Die OH^--Ionen fallen dadurch an, daß laufend H^+-Ionen lumenwärts sezerniert werden. Neben dem schon erwähnten sekundäraktiven Na^+/H^+-Austausch-Carrier gibt es für den H^+-Export ins Lumen außerdem eine primär-aktive H^+-Pumpe (proximaler Tubulus und Sammelrohr), sowie eine kürzlich entdeckte [14 a] H^+/K^+-ATPase (Sammelrohr). Durch die Ansäuerung des Lumens werden die sezernierten H^+-Ionen v. a. im distalen Nephron auch an NH_3 (das in den proximalen Tubuluszellen gebildet wird [15]) und an Puffer wie sekundärem Phosphat gebunden und damit ausgeschieden. Bevor wir nun die Pathophysiologie weiter betrachten, noch kurz ein Blick auf jüngst erhobene Befunde (Abb. 9), die zeigen, daß die Depolarisation der Tubuluszelle den intrazellulären pH-Wert erhöht [16, 17, 18]. Das kann kein direkter Einfluß auf den Na^+/H^+-Austausch-Carrier sein, da dieser ja elektroneutral arbeitet. Wir glauben vielmehr, daß es die elektrogene Bikarbonatabgabe an der baso-lateralen Zellseite ist (s. Abb. 8), die durch die Potentialänderung variiert wird. Dieser Mechanismus ist auch auf Abb. 10 eingezeichnet, wo mögliche Ursachen der renal-tubulären Azidose skizziert sind. (Eine evtl. Störung der NH_4^+-Bildung ist hier nicht berücksichtigt): Oben in Abb. 10 sind die schon in Abb. 8 behandelten Komponenten von Bikarbonat-Resorption und H^+-Sekretion gezeigt. Eine verminderte Pumpwirkung der Na^+/K^+-ATPase senkt, wie zuvor schon besprochen, zum einen den chemischen Na^+-Gradienten, was dem Na^+/H^+-Austausch-Carrier die Triebkraft entzieht. Zum anderen kommt es zur Zelldepolarisation, die, wie oben bereits erwähnt wurde, den elektrogenen Bikarbonat-Ausstrom vermindert. Unseren Befunden nach ist letzerer der vorrangige Mechanismus; er erzeugt eine Zellalkalose und hemmt damit die H^+-Sekretion (Abb. 10). ATP-Mangel bringt zudem auch die H^+-ATPase in Energienot. Natürlich könnten auch spezifische molekulare Defekte der vier Komponenten (Abb. 10, oben) die verminderte H^+-Sekretion erklären. Im Falle der Carboanhydrasen gibt es dafür konkrete Hinweise. Schließlich können

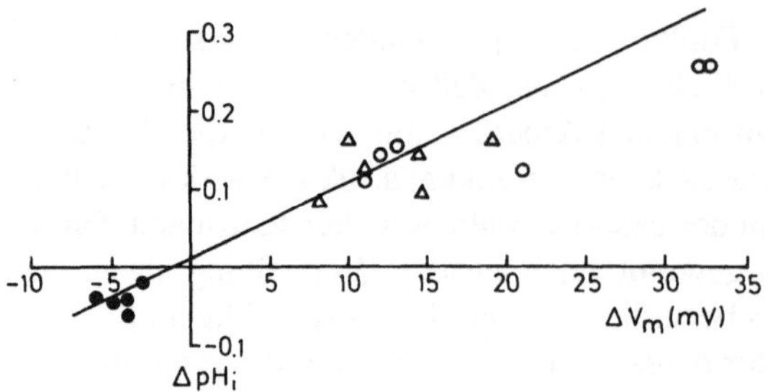

Abb. 9. Depolarisation (+ ΔV_m) der Zelle erhöht den intrazellulären pH-Wert (+ ΔpH_i). Mikroelektrodenmessungen am Verdünnung-Segment von Rana esculenta. (Aus [16])

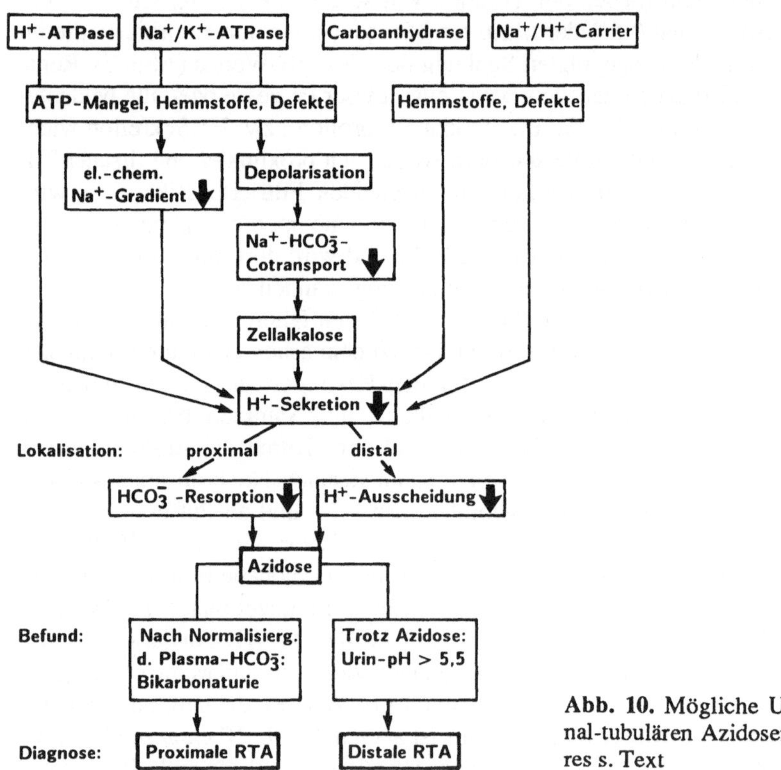

Abb. 10. Mögliche Ursachen der renal-tubulären Azidosen (RTA). Näheres s. Text

die Komponenten der H^+-Sekretion durch Pharmaka gehemmt werden, die Na^+/K^+-ATPase z.B. durch Ouabain (g-Strophantin), die Carboanhydrasen durch Azetazolamid der Na^+/H^+-Carrier durch Amilorid und die H^+/K^+-ATPase durch Omeprazol.

Der obere Teil der Abb. 10 gilt qualitativ sowohl für den proximalen als auch für den distalen Tubulus. Bei Störungen an jedem dieser Orte entsteht im Endeffekt eine Azidose. Diagnostisch unterscheiden kann man eine proximale von einer distalen RTA aber dadurch, daß die beiden Tubulus-Abschnitte verschiedene Funktionen haben (s. Abb. 7). Bei proximaler RTA ist die Bikarbonat-Schwelle erniedrigt, was daraus zu ersehen ist, daß nach iatrogener Korrektur des Plasma-Bikarbonats des Patienten das proximal nicht resorbierte (und in dieser Menge distal nicht resorbierbare) Bikarbonat ausgeschieden wird: Bikarbonaturie. Die distale Störung zeigt sich daran, daß trotz bestehender Azidose der Urin-pH des Patienten über 5,5 liegt.

Damit sind wir bei den klinischen Aspekten der tubulären Pathomechanismen angekommen, ein Terrain, das außerhalb der Kompetenz eines Physiologen liegt, so daß ich hiermit schließen möchte.

Eigene Arbeiten wurden durch die DFG (SFB 176, Teilprojekt A 6) und durch die Wilhelm-Sander-Stiftung gefördert.

Literatur

1. Seldin DW, Giebisch G (Hrsg): The Kidney: Physiology and Pathophysiology. Raven Press, New York, 1985
2. Brenner BM, Rector FC (Hrsg): The Kidney. 3rd Ed., WB Saunders Co, Philadelphia, 1986
3. Schwegler JS, Heuner A, Silbernagl S: Electrogenic transport auf neutral and dibasic amino acids in a cultured opossum kidney cell line (OK). Pflügers Arch 414:543–550, 1989
4. Noma A: ATP-regulated K^+ channels in cardiac muscle. Nature 305:147–148, 1983
5. Hunter M, Giebisch G: Calcium-activated K-channels of Amphiuma early distal tubule: inhibition by ATP. Pflügers Arch 412:331–333, 1988
6. Bergeron M, Dubord L, Hausser C: Membrane permeability as a cause of transport defects in experimental Fanconi syndrome. J Clin Invest 57:1181–1189, 1976
7. Günther R, Silbernagl S, Deetjen P: Maleic acid-induced aminoaciduria studied by free flow micropuncture and continuous microperfusion. Pflügers Arch 382:109–114, 1979
8. Dantzler WH, Silbernagl S: Amino acid transport by juxtamedullary nephrons: distal reabsorption and recycling. Am J Physiol 255:F397–F407, 1988
9. Rajantie J, Simell O, Perheentupa J: Lysinuric protein intolerance. Basolateral transport defect in renal tubuli. J Clin Invest 67:1078–1982, 1981
10. Frimpter GW, Horwith M, Furth E, Fellows RE, Thompson DD: Inulin and endogenous amino acid renal clearance in cystinuria: evidence for tubular secretion. J Clin Invest 42:281–288, 1962
11. Teijema HL, Gelderen HH van, Giesberts MAH, Serena ML, Angelo L De: Dicarboxylic aminoaciduria: an inborn error of glutamate and aspartate transport with metabolic implications, in combination with a hyperprolinemia. Metabolism 23:115–123, 1974
12. Silbernagl S: The Renal Handling of Amino Acids and Oligopeptides. Physiol Rev 68:911–1007, 1988
13. Gekle M, Grimme M, Silbernagl S: Peritubular transport, tubular metabolism and transcellular secretion of L-citrulline in the isolated perfused kidney of the frog (xenopus laevis). Kidney Int 36:311, 1989
14. Foulkes EC, Gieske T: Specificity and metal sensitivity of renal amino acid transport. Biochim Biophys Acta 318:439–445, 1973
14a. Oberleithner H, Steigner W, Silbernagl S, Vogel U, Gstraunthaler G, Pfaller W: Madin-Darby canine kidney calls. III. Aldosterone stimulates an apical H^+/K^+ pump. Pflügers Arch 416:540–547, 1990
15. Silbernagl S, Scheller D: Formation and Excretion of $NH_3 <-> NH_4^+$. New Aspects of an Old Problem. Klin Woch 64:682–870, 1986

16. Wang W, Messner G, Oberleithner H, Lang F, Deetjen P: The effect of ouabain on intracellular activities of K^+, Na^+, Cl^-, H^+ and Ca^{2+} in proximal tubules of frog kidneys. Pflügers Arch *401*:6–13, 1984
17. Wang W, Dietl P, Silbernagl S, Oberleithner H: Cell membrane potential: a signal to control intracellular pH and transepithelial hydrogen ion secretion in frog kidney. Pflügers Arch *409*:289–295, 1987
18. Wang W, Wang Y, Silbernagl S, Oberleithner H: Fused Cells of Frog Proximal Tubule: II. Voltage-Dependent Intracellular pH. J Membr Biol *101*:259–265, 1988

Diskussion

Kramer: Sie hatten im Zusammenhang mit der durch Maleat ausgelösten Hyperaminoazidurie die Theorie von Bergeron et al. (J. Clin. Invest. 1976) erwähnt, nach der die Mehrausscheidung der Aminosäuren durch ein erhöhtes back-leak ins Tubuluslumen zustandekommen soll. Sie bezweifeln, daß ein solcher Mechanismus für den proximalen Tubulus in Frage kommt, geben aber gleichzeitig zu, daß ein solches erhöhtes back-leak für medulläre Tubulusabschnitte nicht ausgeschlossen werden kann. Nun spielt aber weder klinisch noch experimentell die Medulla beim Fanconi-Syndrom eine Rolle –

Silbernagl: Woher wissen Sie das?

Kramer: Das wollte ich gerade sagen: Klinisch beschränkt sich das Ganze ja doch weitgehend auf Störungen der proximal-tubulären Resorption, und auch histologisch wurde das bekannte Schwanenhals-Phänomen im proximalen Tubulus gefunden. Wir haben früher einmal das Maleat-induzierte Fanconi-Syndrom untersucht und elektronenmikroskopisch eigentlich nur Veränderungen an den Mitochondrien und an der Basalmembran des proximalen Tubulus gefunden.

Silbernagl: Theoretisch wäre ein "back leak" am proximalen Tubulus z. B. dann möglich, wenn Maleat etwa zu einer Erweiterung der Interzellularspalten führen würde. Gegen diese Möglichkeit sprechen allerdings unsere eigenen Befunde, nach denen sich die passive Permeabilität des proximalen Tubulusepithels unter Maleat nicht ändert (Günther et al., Pflügers Arch. 1979); ein proximales back leak scheint also zumindest bei der Maleat-Hyperaminoazidurie der Ratte keine Rolle zu spielen. Wie wir gleichzeitig gezeigt haben, ist es vielmehr die unidirektionale Resorption im proximalen Tubulus, die durch Maleat gehemmt wird.

Die Frage ist allerdings offen, ob Maleat *zusätzlich* zu einer Störung im Nierenmark führt. Wir haben kürzlich (zusammen mit W. H. Dantzler) gezeigt, daß an kurzen und langen Henleschen Schleifen der Ratte trotz eines geringen Nettotransportes ein lebhafter bidirektionaler Aminosäurentransport stattfindet. Das kann nur heißen, daß dort ein Resorptions/Sekretions-Gleichgewicht herrscht. Wird es gestört, könnte es zu einer Aminoazidurie kommen, die mit der proximalen Ursprungs nichts zu tun haben würde. Wenn wir die Physiologie des medullären Aminosäuren-Transportes besser verstanden haben werden, sollten wir vielleicht auch einmal nachsehen, was dort nach Maleat-Gabe passiert.

Brandis: Sie haben darauf hingewiesen, daß Sauerstoffmangel sekundäre Transportstörungen zur Folge haben kann. Allerdings sehen wir nach akuten hypoxischen Nierenschäden nur noch sehr selten eine persistierende Aminoazidurie. Was wir aber sehen, ist ein Natriumtransport-Defekt, so daß man eigentlich erwarten sollte, daß der Sauerstoffmangel gerade dort Schaden anrichtet, wo die Sauerstoff-Versorgung relativ gering ist, nämlich im Nierenmark und im aufsteigenden dicken Schenkel der Henle'schen Schleife.

Silbernagl: Ja, es gibt Belege dafür, daß besonders der letztgenannte Tubulusabschnitt besonders empfindlich auf Sauerstoffmangel reagiert. Darunter leidet natürlich die dort ablaufende Natrium-Resorption (Na^+-K^+-$2Cl^-$-Cotransport) und in der Folge die davon abhängige Konzentrierungsfähigkeit der Niere. Aminosäuren werden aber nach allem, was man weiß, in diesem Tubulusteil nicht resorbiert. Sie verlassen das Lumen schon im ersten Drittel des proximalen Tubulus. Selbst wenn dort die Resorption reduziert wäre, verbliebe der ganze Rest des proximalen Tubulus incl. Pars recta als Reservekapazität für die Resorption von Aminosäuren. D.h. die Resorption dieser biologisch so wertvollen Bausteine ist viel besser gesichert als z.B. die von Na^+.

Pfaller: Postischämisch sind die früh-proximalen Tubulusanteile morphologisch am wenigsten geschädigt, so daß die gerade angesprochene Resorptionskapazität für Aminosäuren meiner Meinung nach dort wenig vermindert sein sollte.

Stolte: Ich wollte auf zwei Beobachtungen hinweisen: Bei der renalen Glukosurie während der Schwangerschaft und auch beim Fanconi-Syndrom haben wir parallel dazu einen weiteren Defekt, nämlich eine Mikro-Albuminurie, d.h. eine Störung der Mikropinozytose. Meine Frage an Sie ist nun: Läßt sich angesichts dieser Koinzidenz etwas über die Lokalisierung dieser Störungen sagen? Wir haben ja keine morphologischen Veränderungen bei der renalen Glukosurie während der Schwangerschaft.

Silbernagl: Über eine spezifische Verknüpfung der beiden Prozesse kann ich nichts sagen. Bekannt ist allerdings, daß sowohl die Pinozytose als auch die Glukoseresorption energieabhängig sind. D.h. z.B. ein ATP-Mangel könnte die gemeinsame Ursache der beiden Transportdefekte sein. Dies ist aber im Moment reine Spekulation.

Schütterle: Es ist (oder war) eine klinische Erfahrung, daß überalterte Tetrazykline beim Erwachsenen ein Fanconisyndrom auslösen können. Ist der Mechanismus dieser Störung bekannt?

Silbernagl: Meines Wissens ist er nicht geklärt.

Pathobiochemie der Tubulusfunktion

W. G. Guder

Im Vergleich zu unserer differenzierten Kenntnis der morphologischen Heterogenität und der Transportfunktionen einzelner Tubulusabschnitte ist das Wissen um die biochemische Heterogenität der Nephronabschnitte noch relativ neu [1, 2]. Erst in den letzten Jahren konnten die verstreut in der biochemischen Literatur veröffentlichten Daten definierten Nephronabschnitten zugeordnet und damit in Zusammenhang mit der Funktion dieses Segments gebracht werden. In meiner heutigen Übersicht soll an wenigen Beispielen erläutert werden, wie sich aus den Erkenntnissen zur Biochemie der Tubulusfunktion Ansätze zu einem pathobiochemischen Verständnis klinisch auftretender tubulärer Funktionsstörungen ableiten lassen. Dabei möchte ich beispielhaft Störungen des proximalen Tubulus, des dicken aufsteigenden Schenkels der Henle'schen Schleife und des Sammelrohrs darstellen.

Pathobiochemie des proximalen Tubulus

Der proximale Tubulus gliedert sich in einen gewundenen (pars convoluta) und einen geraden Abschnitt (pars recta). In Studien an mikrodissezierten Segmenten erwies sich dieser Teil des Tubulus als biochemisch heterogen. Diese Intranephronheterogenität erstreckt sich auf Enzyme des Bürstensaums (γ-Glutamyltransferase, Alaninaminopeptidase), der Lysosomen (Saure Phosphatase, N-acetyl-β-D-glucosaminidase), Mitochondrien (Glutaminase, 25 (OH) Cholecalciferol-1-hydroxylase, Glutaminsynthetase), des endoplasmatischen Reticulums (Cytochrom P_{450}) und der Peroxisomen (D-Aminosäureoxidase, AcylCoA-oxidase). Auch die im Zytosol lokalisierten Enzyme der Glykolyse, Glukoneogenese und des Glutathionstoffwechsels (Übersicht siehe [1, 3]) zeigen charakteristische Verteilungsmuster entlang diesem Segment. Aus diesen Untersuchungen stellt sich die proximale Tubuluszelle als eine glukoneogenetische Zelle dar, welche ihre Energie vorwiegend aus der Verbrennung von Ketonkörpern und Fettsäuren bezieht. Sie enthält neben diesen allgemeinen Stoffwechselwegen viele spezielle biochemische Funktionen, die sie von Zellen des distalen Tubulus unterscheiden. Am Beispiel der Enzyme des Kohlenhydratstoffwechsels möchte ich dies verdeutlichen (Abb. 1). Während die Hexokinase, das erste "flußbestimmende" Enzym des Glukosestoffwechsels, im proximalen Tubulus seine niedrigste Aktivität aufweist und entlang den Abschnitten des distalen Nephrons in seiner Aktivität ansteigt, finden sich die Kinasen des Glycerin- und Fruktosestoffwechsels ausschließlich im proximalen Tubulus. Glycerokinase ist gleichmäßig über die Ab-

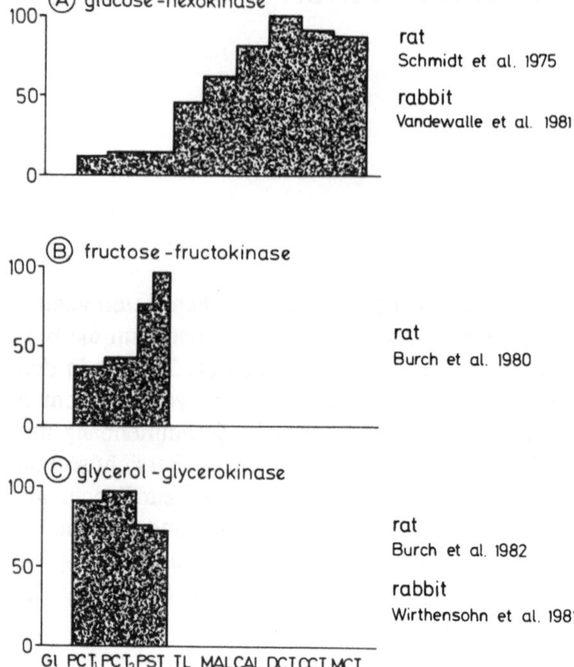

Abb. 1. Verteilung der Hexokinase, Fructokinase und Glycerokinase entlang dem Nephron. Auf der Abszisse sind die Strukturen des Nephrons, auf der Ordinate die relativen Aktivitäten aufgetragen, bezogen auf Protein, bzw. Trockengewicht. *G1:* Glomerulus; *PCT:* Proximales Convolut, 1. und 2. Segment; *PST:* Proximales gerades Segment; *TL:* Dünne Schleifen; *MAL:* Medulläre aufsteigende Schleife; *CAL:* Corticale aufsteigende Schleife; *DCT:* Distales Convolut; *CCT:* Corticales Sammelrohr; *MCT:* Medulläres Sammelrohr Literatur siehe [1]

schnitte des proximalen Tubulus verteilt, während Fruktokinase zur pars recta hin (PST) eine deutlich höhere Aktivität aufweist. Obwohl die Funktion der letzteren Enzyme im proximalen Tubulus noch nicht geklärt ist, können wir, wie auch bei vielen Erkrankungen anderer Organe, bei Patienten mit angeborenem Defekt dieser Enzyme pathobiochemische Zusammenhänge erkennen.

Beispiel: Spezifische Enzymdefekte

1. Glycerokinase: Der Mangel dieses Enzyms wurde durch die Beobachtung eines Diagnostikers entdeckt, daß hohe "Triglycerid"-Konzentrationen im Serum ohne entsprechende Trübung durch freies Glycerin bedingt waren. Eine genauere Untersuchung ergab einen totalen Defekt der Glycerokinase in der Leber und wahrscheinlich auch der Niere. Wirth et al. aus Heidelberg [4] haben einige Fälle in Deutschland beschrieben. Sie fanden, daß diese "Patienten", welche kaum Krankheitssymptome aufwiesen, 20–40 g freies Glycerin pro Tag im Urin ausschieden. Aus diesen Beobachtungen könnte geschlossen werden, daß Glycerokinase an der Rückresorption des freien Glycerins beteiligt ist (Abb. 2). Nach dieser Vorstellung würde Glycerokinase durch Metabolisierung proximal tubulären Glycerins einen Gradienten bilden, der Glycerin aus dem Tubuluslumen in die Zelle fließen läßt. In der Nomenklatur der Transportphysiologen könnte man von einer Glycerin-ATPase sprechen, die pro Mol resorbiertes Glycerin ein Mol ATP spalten muß. Das metabolisierte Gly-

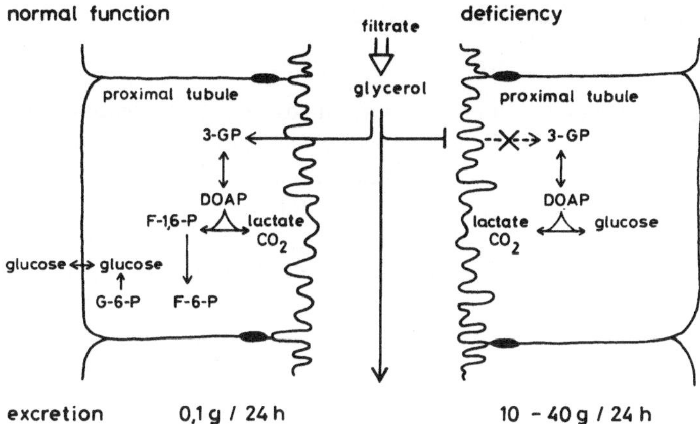

Abb. 2. Rolle der proximal tubulären Glycerokinase im Glycerinstoffwechsel

cerin scheint nach unseren Untersuchungen als Glukose wieder an das venöse Blut abgegeben zu werden [5]. Ähnlich kann man sich die Entstehung der benignen Fruktosurie sowie die Galaktosurie bei Galaktosekinasemangel vorstellen, die ebenfalls benigne Veränderungen darstellen.

2. Fructoseintoleranz bei Fruktose-1-Phosphat-Aldolasemangel: Während bei einem Defekt der Fruktokinase der Stoffwechsel der Tubuluszelle nicht betroffen ist, kommt es bei einem Defekt des zweiten Enzyms des Fruktosestoffwechsels, der Fruktose-1-phosphat-aldolase oder Aldolase B, die ebenfalls ausschließlich proximal lokalisiert ist [6, 7], bei einigen Patienten zu schweren renalen Komplikationen. Dies kann in Analogie zu Untersuchungen an der Leber aus der Tatsache gedeutet werden, daß sich bei einer Belastung der Zelle mit Fruktose Fruktose-1-phosphat anhäuft und ATP in der Zelle absinkt. Helen Burch in St. Louis, der wir eine Fülle von Untersuchungen zur biochemischen Heterogenität der Niere verdanken, hat gezeigt, daß schon unter normalen Bedingungen eine Belastung mit unphysiologischen Mengen Fruktose, wie sie bei Infusionstherapien üblich waren, zu einem Absinken der ATP-Konzentration im proximalen Tubulus führt [6]. Hier scheint besonders der terminale Abschnitt, die pars recta gefährdet. Obwohl diese Studien an Ratten nicht ohne weiteres auf den Menschen übertragen werden dürfen, wissen wir aus anderen Untersuchungen, daß sich das menschliche Nephron nicht qualitativ vom Nephron des Nagers unterscheidet [3].

Die Liste von angeborenen Enzymdefekten, die neben anderen Organen auch den proximalen Tubulus betreffen, umfaßt mehr als 20 Erkrankungen, die jedoch im Vergleich zu den allgemeinen Defekten der proximalen Tubulusfunktion selten sind (Übersicht in [2]).

Beispiel: Allgemeine metabolische Insuffizienz als Ursache
des Fanconi-Syndroms.

Das Fanconi-Syndrom, gekennzeichnet durch die Trias Glukosurie, Phosphaturie und
Aminoacidurie, wird auch heute noch häufig ausschließlich als Ausdruck eines Trans-
portdefektes gesehen. Aus pathobiochemischer Sicht stellt es jedoch in den meisten
Fällen die sekundäre Folge einer Insuffizienz des Energiestoffwechsels der proximalen Tubuluszelle dar. Diese kann durch eine Vielzahl von Mechanismen herbeigeführt
werden, deren gemeinsame Folge eine Verminderung des zellulären ATP-Spiegels ist.
Damit sind energieabhängige Transporte, allen voran die Na^+/K^+-ATPase und die davon sekundär abhängigen Transportmechanismen in der Bürstensaummembran betroffen. Da die proximale Tubuluszelle aufgrund ihrer metabolischen Organisation
kaum in der Lage ist, unter hypoxischen Bedingungen ATP zu generieren [8, 9] führt
Sauerstoffmangel zu einer Insuffizienz des proximalen Tubulus. Ähnliche Effekte
kann eine Stimulation energieverbrauchender Reaktionen hervorrufen (siehe Beispiel
Fruktoseintoleranz). Aber auch die Hemmung der oxidativen Phosphorylierung durch
Gifte der Atmungskette oder durch Hemmung des Zitratzyklus haben ein Fanconi-
Syndrom zur Folge [10, 11]. Wie Herr Pfaller am Beispiel der Maleatintoxikation
zeigen wird, die im Tierversuch eine klassische Fanconi-Symptomatik auslöst, kann
der Mechanismus der Nephrotoxizität durch seine Symptomenvielfalt den eigentlichen kausalen Weg der Schädigung verschleiern. Rogulski konnte zeigen [11], daß
Maleat als Substrat des Enzyms AcetacetylCoA-transferase zur Bildung von Maleyl-
CoA führt, das nicht weiter verstoffwechselt werden kann. Dies führt zu einem Ver-
armen der Zelle an Coenzym A, ohne das der Zitronensäurezyklus und die Fettsäure-
oxidation als wesentliche Lieferanten von Wasserstoff für die oxidative Phosphorylierung nicht funktionsfähig sind.
    Schließlich kann auch eine direkte Hemmung der Natriumpumpe (z.B. durch Di-
gitalisintoxikation) zu einem Fanconi-Syndrom führen. Abbildung 3 faßt die möglichen Mechanismen schematisch zusammen.

Beispiel: Tubuläre Proteinurie

Auch die tubuläre Proteinurie kann als Symptom einer proximal tubulären Insuffizienz gesehen werden. Proteine, die glomerulär filtriert werden, werden im proximalen
Tubulus in die Zelle aufgenommen und lysosomal abgebaut. Wenn dieser
energieabhängige Vorgang gestört ist, oder die Lysosomen aufgrund spezifischer
Giftwirkungen ihre Funktion nicht ausüben können, kommt es zur Insuffizienz der
proximal tubulären Proteinrückresorption. Da die distalen Nephronabschnitte diesen
proximal tubulären Funktionsdefekt nicht kompensieren können, kommt es zu einer
erhöhten Ausscheidung überwiegend kleinmolekularer Proteine im Urin. Die tubuläre
Proteinurie kann so wie das Fanconi-Syndrom als diagnostisches Zeichen einer proximal tubulären Insuffizienz aufgefaßt werden.

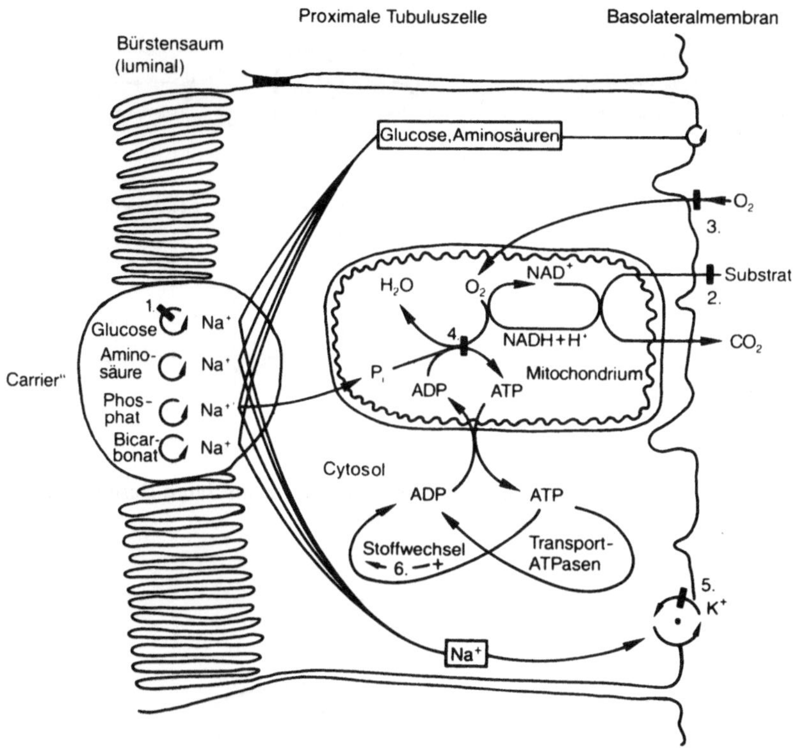

Abb. 3. Ursachen des Fanconi-Syndrom. *1.* Defekt des Carriers in der Bürstensaummembran. *2.* Substratmangel; *3.* Sauerstoffmangel; *4.* Hemmung der oxidativen Phosphorylierung; *5.* Hemmung der basolateralen Natriumpumpe; *6.* Steigerung des metabolischen ATP-Verbrauchs. Aus [2])

Welche Funktion hat die renale Glukoneogenese?

Schon 1937 wurde die Fähigkeit der Nierenrinde beschrieben, aus verschiedenen Präkursoren Glukose zu synthetisieren [13]. In Anbetracht der wesentlich höheren Kapazität der Leber schien jedoch der Anteil der Niere an der Glukosehomöostase unbedeutend. Erst die Untersuchungen in der Arbeitsgruppe um Cahill zeigten, daß sich die Regulation der renalen Glukoneogenese in einigen wesentlichen Merkmalen von der der Leber unterscheidet [14, 15]. Nach heutigem Wissensstand scheint die proximal tubulär lokalisierte Glukoneogenese weder an die Rückresorption seiner Substrate (z.B. Lactat, Di- und Tricarbonsäuren des Zitratzyklus, Glutamin, Prolin) noch in die anderer Substanzen gekoppelt. Die Beobachtung, daß glukoneogenetische Enzyme der Niere, nicht jedoch der Leber, durch metabolische Azidose induziert werden [14, 15] und die Beobachtung, daß Alanin und Serin, zwei wesentliche Substrate der hepatischen Glukoneogenese, von der Niere nicht in Glukose umgewandelt werden [15, 16], führte schließlich zu der Vorstellung, daß der renalen Glukoneogenese eine wesentliche Aufgabe bei der Kompensation der Azidose zukommt. Dies ist nach den Vorstellungen, die gemeinsam mit Häussinger und Gerok entwickelt wurden [17],

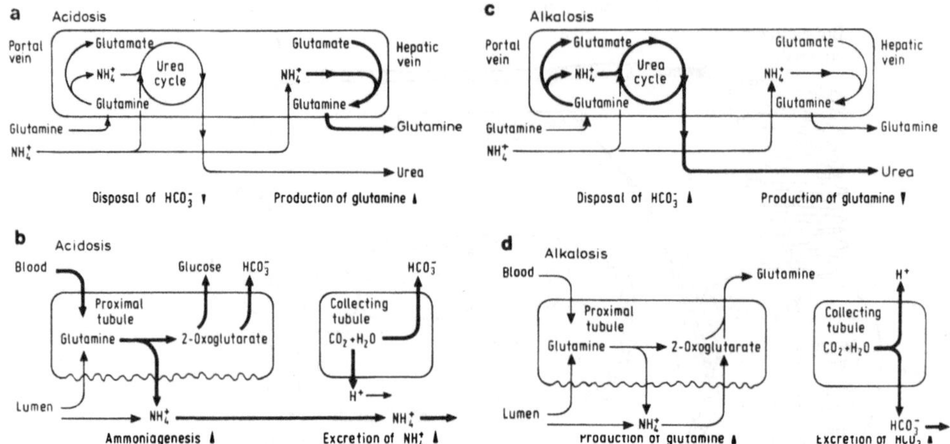

Abb. 4. Die Rolle des Stickstoffstoffwechsels von Leber und Niere im Säure-Basenhaushalt und seine Kopplung zur renalen Glukoneogenese. (Aus [17])

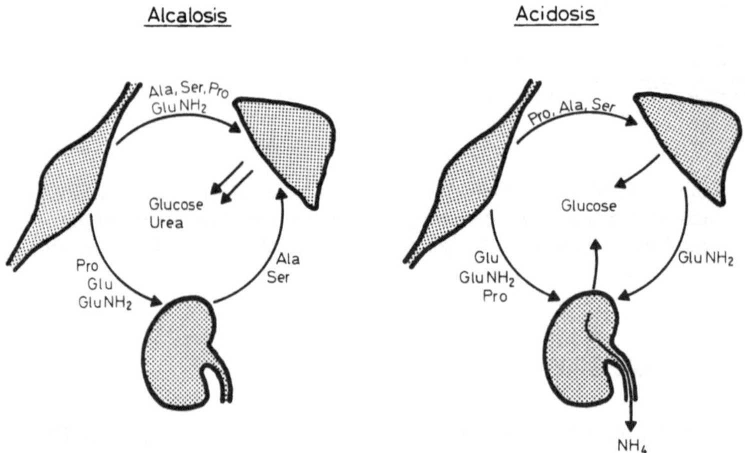

Abb. 5. Aminosäurestoffwechsel zwischen Muskel, Leber und Niere bei Alkalose und Azidose

durch die wechselseitige Zusammenarbeit von Niere und Leber im Stickstoffstoffwechsel bedingt. Nach diesen Vorstellungen (Abb. 4) wird bei einem Absinken des Bicarbonats in der Leber Ammoniak vermindert zu Harnstoff umgewandelt und in perivenösen Zellen des Leberazinus in Glutamin eingebaut [18]. Diese Aminosäure wird bei Azidose bevorzugt von der Niere aufgenommen, desaminiert und nach Metabolisierung zu Oxalacetat in Glukose umgewandelt. Auf diese Weise wird durch die verminderte Harnstoffsynthese Bicarbonat gespart und die Protonen in Form von Ammoniumionen in den Urin ausgeschieden. Diese Vorstellung erklärt die seit langer Zeit beobachtete Steigerung der Ammoniakausscheidung bei katabolen Stoffwechselzuständen (Hunger, Diabetes mellitus und bei anderen Formen der metabolischen

Azidose). Durch Verabreichung von Bicarbonat kann die renale, nicht jedoch die hepatische Glukoneogenese, unterdrückt werden. Abbildung 5 stellt die Vorstellung über die Zusammenarbeit von Muskel, Leber und Niere bei Störungen des Säure-Basen-Haushalts schematisch dar.

Zusammenfassend lassen sich viele biochemische Funktionen des proximalen Tubulus schon heute in einen Funktionszusammenhang bringen, der nicht nur die Niere als biochemischen Partner der anderen Organe erscheinen läßt, sondern auch manche bisher wenig interpretierbare klinisch chemische Symptome kausal deutbar macht.

Dicker aufsteigender Teil der Henle'schen Schleife

Im dicken aufsteigenden Teil der Henle'schen Schleife werden aktiv NaCl und andere Salze resorbiert (Abb. 6 a). Wie der Name "Verdünnungs-Segment" andeutet, haben die Zellen dieses Abschnittes die Aufgabe, den durch das Gegenstromprinzip der Henle'schen Schleife konzentrierten Harn durch Rückresorption der Salze, nicht jedoch des Wassers, wieder isoton zu machen. Dieser aktive Transport spiegelt sich in einer hohen Aktivität der Na^+, K^+-ATPase, einem hohen Mitochondriengehalt, und einem gegenüber anderen Nephronsegmenten reichen Vorkommen mitochondrialer Enzyme wider [1, 3]. Das metabolische Muster dieser Zelle ähnelt in auffälliger Weise dem des Herzmuskels, einem anderen permanent arbeitenden Gewebe. Es ist charakterisiert durch eine hohe Aktivität Ketonkörper- und Fettsäure-oxidierender Enzyme bei gleichzeitig vorhandenem Glukose-, Glykogen- und Laktatstoffwechsel (Abb. 6 b). Wie in einem mechanischen Räderwerk sind in dieser Zelle Substratstoffwechsel, Sauerstoffverbrauch und renale Transportarbeit miteinander gekoppelt (Abb. 6 c).

Unter der Annahme, daß diese Kopplung auch bei gestörter Funktion bestehen bleibt, muß eine Mehrbelastung durch vermehrtes Anfallen von Natrium im Lumen zwangsläufig zu einem Mehrbedarf an Sauerstoff und Substrat führen. Auf der anderen Seite wird eine Einschränkung der Transportarbeit (z.B. durch das Diureticum Furosemid oder Digitaloide) zu einer Verminderung der Arbeit dieser Zelle führen. In Analogie zum Herzmuskel wurde daher auch in diesem Segment von der tubulären Insuffizienz gesprochen, wenn der Energiebedarf die tatsächlich erzeugte Energiemenge übersteigt [19]. Bei proximal tubulärer Schädigung, wenn die Henle'sche Schleife kompensatorisch die Resorption übernehmen muß, bei verminderter Sauerstoffversorgung der Niere und bei toxischer Schädigung der mitochondrialen Funktionen kommt es typischerweise zu einer Überlastung der Resorptionskapazität dieses Segments. Die Insuffizienz wird über die nachgeschaltete Macula densa an das Glomerulum zurückgemeldet, das über diesen tubuloglomerulären feedback Mechanismus das Renin-Angiotensin System verwendet, um die Filtration des betroffenen Nephrons zu reduzieren. Dieser Mechanismus verhindert, daß wir bei einer tubuläre Insuffizienz in wenigen Stunden unser Natrium mit dem Urin verlieren. Diese Vorstellung bewog Thurau [19], statt vom akuten Nierenversagen (acute renal failure) vom "acute renal success" zu sprechen.

                                                                 W. G. Guder

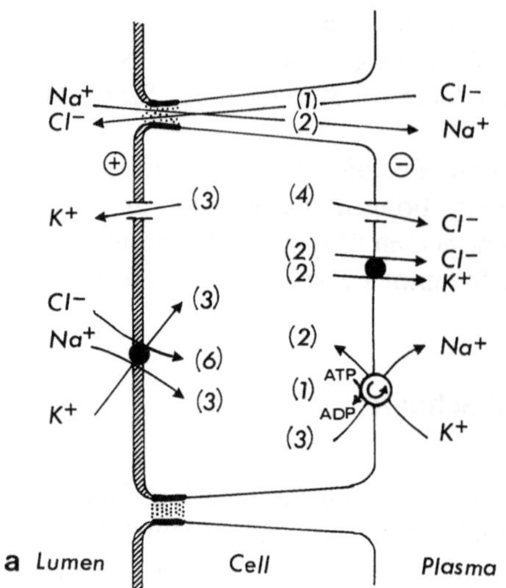

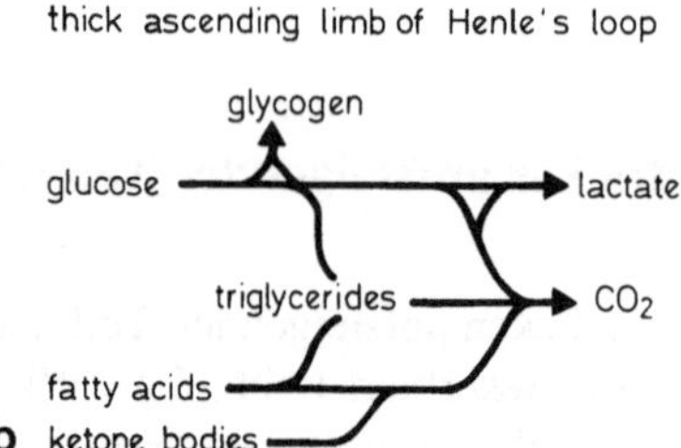

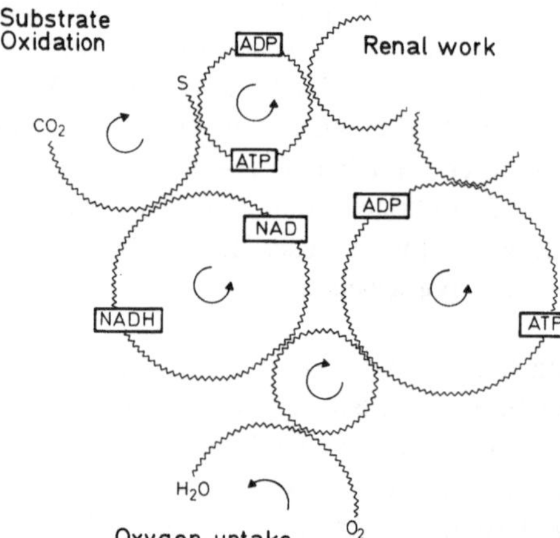

Abb. 6 a–c. Funktionen des aufsteigenden Teils der Henle'schen Schleife. **a** Transportfunktionen; **b** Stoffwechselwege; **c** Kopplung zwischen Sauerstoffverbrauch, Transportarbeit und Substratverbrauch

Sammelrohr

Nach einem kurzen Abschnitt des hochdifferenzierten distalen gewundenen Tubulus münden mehrere Nephrone, teilweise über eigene sogenannte Verbindungsstücke (connecting tubule), welche der Ort der Kallikreinsynthese sind [20], in ein gemeinsames Sammelrohr. In den letzten Jahren hat sich auch dieser Abschnitt als funktionell und biochemisch hochdifferenziert herausgestellt [21]. So unterscheidet man zwischen corticalem (CCD), äußerem (OMCD) und innerem medullärem Sammelrohr (IMCD). Letzteres wiederum zeigt eine erstaunliche Heterogenität innerhalb des Verlaufes von der inneren Medulla zur Papillenspitze. Der Stoffwechsel der Hauptzellen des Sammelrohrs ist durch hohen glycolytischen Fluß gekennzeichnet, der

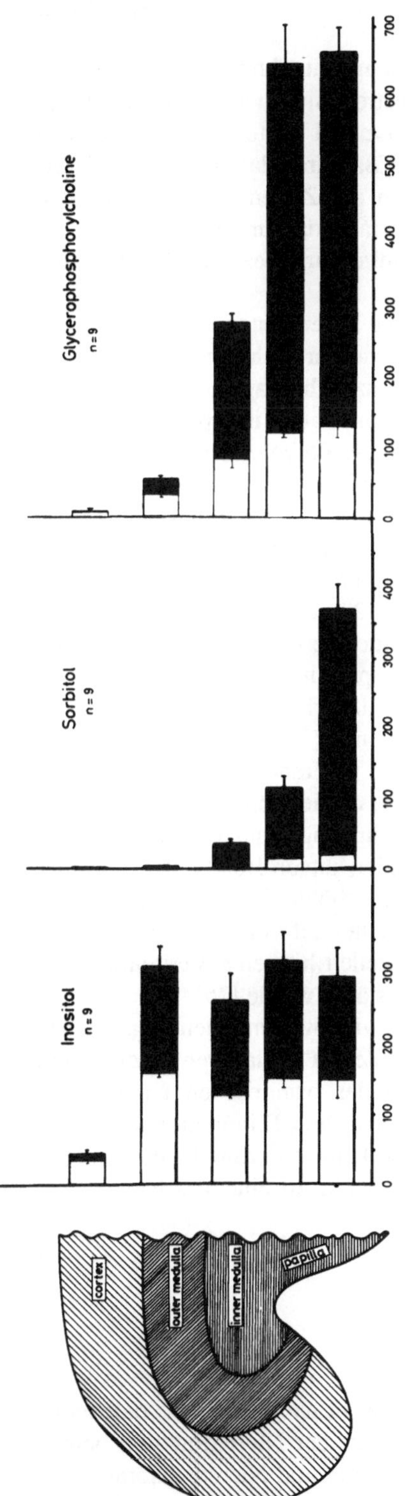

Abb. 7. Verteilung der organischen Osmolyte Sorbitol, Inositol und Glycerophosphorylcholin in der Rattenniere bei Diabetes insipidus (*weiße Säulen*) und Kontrolltieren (*schwarze Säulen*)

diese Zellen unempfindlich gegen Sauerstoffmangel macht. Andererseits enthalten die Schaltzellen, die zwischen die Hauptzellen eingestreut sind, viele Mitochondrien. Ihr reicher Gehalt an Carboanhydrase, Na^+K^+-ATPase und weiteren ATPasen weist sie als Ort der Feinregulationen der Ionen- und Säure-Basenregulation aus. Eine Vielzahl von Hormonen und Wachstumsfaktoren wirken auf Zellen des Sammelrohrs: Neben Vasopressin haben Aldosteron, Bradykinin, atriales natriuretisches Peptid, der epidermale Wachstumsfaktor (EGF) und Katecholamine ihre Rezeptoren auf Zellen des Sammelrohres [21, 22].

Von besonderem Interesse sind in jüngster Zeit die sogenannten organischen Osmolyte. Dies sind niedermolekulare Substanzen, welche durch ihre hohe Wasserlöslichkeit und proteinschützenden Eigenschaften dazu beitragen, die zelluläre Ionenkonzentration trotz hoher extrazellulärer Osmolalität im physiologischen Bereich zu halten. Ihrer chemischen Natur nach sind sie Polyole (Sorbitol, Inositol) und Methylamine (Betain und Glycerophosphorylcholin). Diese Stoffe erreichen intrazelluläre Konzentrationen über 100 mMol/l und zeigen charakteristische Verteilungsmuster entlang dem medullopapillären Osmolalitätsgradienten (Abb. 7).

Wie Herr Schmolke aus unserem Institut gemeinsam mit Herrn Beck aus dem Physiologischen Institut in München zeigen konnten [23, 24], steigt die Konzentration von Sorbitol und Glycerophosphorylcholin bei antidiuretischen Zuständen an und fällt bei verschiedenen Formen der Diurese ab. Vasopressinbehandlung von Ratten mit angeborenem zentralem Diabetes insipidus führt innerhalb von drei Tagen zur Normalisierung der verminderten Osmolytkonzentrationen [24]. Auch beim Diabetes mellitus ergaben sich charakteristische Veränderungen: Während Sorbitol bei Glukosurie auf die mehrfache Konzentration der Kontrolltiere anstieg, blieb die Inositolkonzentration unverändert und die Gycerophosphorylcholinmenge sank entsprechend der Natriumausscheidung ab (Schmolke, Schleicher, Guder, unveröffentlicht). Bei einer Behandlung diabetischer Tiere mit Insulin blieb die erhöhte Sorbitolkonzentration trotz Normalisierung der Glukosurie erhalten. Dies deutet auf eine verzögerte Elimination dieses Osmolyten aus papillären Sammelrohrzellen hin, eine Vermutung, die durch Untersuchungen an isolierten Sammelrohren bestätigt wurde [25].

Diese Untersuchungen lassen vermuten, daß die vier wesentlichen organischen Osmolyte in differenzierter Weise dazu beitragen, die Zellen der inneren Medulla und Papille an die Erfordernisse verschiedener Formen des osmotischen Ungleichgewichtes anzupassen. Das Studium ihrer Biosynthese und ihrer Elimination kann zum besseren Verständnis von Funktionsstörungen der Harnkonzentrierung beitragen. Hier scheint mir ein weiterer pathobiochemischer Ansatzpunkt zu einem besseren Verständnis der Nierenfunktion zu sein.

Ausblick

Wie ich in den aufgeführten Beispielen zu zeigen versucht habe, kann das biochemische Studium des Nephrons wesentlich zum Verständnis der Nierenfunktion beitragen. Gemeinsam mit Erkenntnissen der Nierenphysiologie und Nierenanatomie, insbesondere der quantitativen elektronenmikroskopischen Analyse, lassen sich nicht nur physiologische, sondern vor allem gestörte Funktionen des Tubulus besser verstehen. Dies sollte Impulse für die Lehre, Diagnostik und Therapie von Nierenerkrankungen geben, die die Grenzen zwischen den klassischen Fachgebieten aufheben.

Literatur

1. Guder WG, Ross BD (1984) Enzyme distribution along the nephron. Kidney Int 26:101–111
2. Guder WG (1989) Niere und ableitende Harnwege. In Greiling H, Gressner AM (Hrsg) Lehrbuch der Klinischen Chemie und Pathobiochemie, Schattauer-Verlag, Stuttgart, New York, pp 563–604
3. Schmid H, Guder WG (1991) Distribution of diagnostically relevant enzymes along the nephron. In Jung K, Mattenheimer H (Hrsg) Urinary enzymes in clinical and experimental medicine, Springer-Verlag, Heidelberg, im Druck
4. Wirth A, Heuck CC, Bieger W, Schlierf G (1985) Pseudohypertriglyceridämie durch Glycerokinasemangel. Dtsch med Wchschr 110:843–847
5. Wirthensohn G, Vandewalle A, Guder WG (1981) Renal glycerol metabolism and the distribution of glycerol kinase in rabbit nephron. Biochem J 198:543–549
6. Burch HB, Choi S, Dence CN et al. (1980) Metabolic effects of large fructose loads in different parts of the rat nephron. J Biol Chem 255:8239–8244
7. Wachsmuth ED, Stoye JP (1976) The differentiation of proximal and distal tubules in the male rat kidney: The appearance of aldolase isoenzymes, aminopeptidase and alkaline phosphatase during ontogeny. Histochemistry 47:315–337
8. Uchida S, Endou H (1988) Substrate specificity to maintain cellular ATP along the mouse nephron. Am J Physiol 255, F977–F983
9. Wirthensohn G, Guder WG (1986) Renal substrate metabolism Physiol Rev 66:469–497
10. Schärer K, Manz E (1982) Hereditäre Tubulopathien: in Losse H, Renner E (Hrsg) Klinische Nephrologie, Thieme-Verlag, Stuttgart
11. Rogulski J, Pacanis A (1977) Effects of maleate on CoA metabolism in rat kidney: In Guder WG, Schmidt U (Hrsg) Biochemical Nephrology, H Huber, Bern, pp 406–415
12. Pfaller W, Gstraunthaler G, Kotanko P (1990) Nephrotoxizität: Morphologie – Funktionsbeziehungen. In Guder WG, Lang H (Hrsg) Pathobiochemie und Funktionsdiagnostik der Niere, Springer-Verlag, Heidelberg, pp 91–100
13. Benoy MP, Elliott KAC (1938) The metabolism of lactic and pyruvic acid in normal and tumor tissue. V. Synthesis of carbohydrate. Biochem J 31:1268–1275
14. Kamm DE, Cahill GF jr (1969) Effect of acid base status on renal and hepatic gluconeogenesis in diabetes and fasting. Am J Physiol 216:1207–1212
15. Owen OE, Felig P, Morgan AP, Wahren J, Cahill GF jr (1969) Liver and kidney metabolism during prolonged starvation. J Clin Invest 48:574–583
16. Guder WG (1981) Renal gluconeogenesis. Japan J Nephrol 23:539–543
17. Guder WG, Häussinger D, Gerok W (1987) Renal and hepatic nitrogen metabolism in systemic acid base regulation. J Clin Chem Clin Biochem 25:457–466
18. Gerok W (1987) Protein und Aminosäurestoffwechsel bei Leberkrankheiten. In Seidel D, Lang H (Hrsg) Funktion und Funktionsdiagnostik der Leber, Merck-Symposium 1985, Springer-Verlag, Heidelberg, pp 65–91
19. Thurau K, Boylan JW (1976) Acute renal success: the unexpected logic of oliguria in acute renal failure. Am J Med 61:308–315
20. Guder WG, Hallbach J (1988) Localization and regulation of the renal kallikrein kinin system: possible relations to renal transport function. Klin Wchschr 66:849–856

21. Guder WG, Morel F (1991) Biochemical characterisation of isolated nephron segments. In Windhager (ed) Handbook of Physiology, Sect. 8, Renal Physiology, Amer Physiol Soc, Washington, in press
22. Segal R, Fine LG (1989) Polypeptide growth factors and the kidney. Kidney Int 36, Suppl 27:S2–S10
23. Beck FX, Dörge A, Thurau K (1988) Cellular osmoregulation in the renal papilla. Klin Wchschr 66:843–848
24. Schmolke M, Beck FX, Guder WG (1989) Effect of antidiuretic hormone on renal organic osmolytes in brattleboro rats. Am J Physiol 257:F732–F737
25. Wirthensohn G, LeFrank S, Schmolke M, Guder WG (1989) Regulation of organic osmolyte concentrations in tubules from rat renal inner medulla. Am J Physiol 256:F128–F135

Diskussion

Heidland: Das sind wirklich aufregende Befunde, zu denen ich gratuliere! Wenn ich gleich fragen darf: was passiert denn beim gesunden Organismus, wenn die Aldose-Reduktase gehemmt wird und weniger Sorbitol in der Papille vorliegt? Wird dennoch ein Konzentrationseffekt erreicht?

Guder: Die Aldose-Reduktase-Hemmer als Therapeutikum werden ja in der Vorstellung eingesetzt, daß Sorbitol ein schädliches Produkt des Glukosestoffwechsels ist, das für unangenehme Nebenwirkungen beim Diabetiker verantwortlich ist. Zu dieser Zeit wußte man noch nichts von der physiologischen Rolle des Sorbitol-Stoffwechsels. Ich glaube, daß manche "Nebenwirkungen" des Aldose-Reduktase-Hemmers jetzt mit dieser Vorstellung erklärt werden können, denn die Nebenwirkungen treten charakteristischerweise an Grenzflächen zwischen Räumen verschiedener Osmolarität auf, in der Galle, im Gehirn und in der Niere. Ich glaube, daß wir sehr vorsichtig mit diesen Drogen umgehen müssen, um nicht durch Überdosierung physiologische Funktionen des Polyol-Pathways zu blockieren. Ich habe keine Arbeit gefunden über Konzentrierungsdefekte bei Aldose-Reduktase-Hemmer-Gabe; das scheint bisher nicht untersucht worden zu sein.

Schütterle: Können Sie etwas aussagen über die Beziehung von ADH, 3',5'-AMP, Phosphodiesterase und Sorbitol-Konzentrationen im Bereich der Papille?

Guder: Akute Gaben von ADH in vitro zu Zellen des Sammelrohrs steigern das zyklische AMP, erhöhen in der Mikroperfusion die Wasser-Rückresorption, haben aber keinen Effekt auf die organischen Osmolyte. Es ist bisher nicht gelungen, mit Vasopressin in vitro die Osmolyte zu steigern. Deshalb glauben wir, daß ein hyperosmolares Interstitium notwendig ist, um die beobachteten Effekte auszulösen.

Kattermann: Ich wollte zum Stichwort Polyol auch daran erinnern, daß das Enzym eine wesentliche Rolle spielt im Glukose-Fruktose-Gleichgewicht der Leber. Man hat früher die Aldose-Reduktase – ein unspezifisches Enzym, das alle Aldosen umsetzt, auch Pentosen und Tetrosen –

Guder: auch Galactose –

Kattermann: anders gesehen. Da wäre jetzt sehr interessant, die hepatischen Effekte solcher Hemmstoffe zu studieren. Man sollte vielleicht nicht nur die Niere im Auge behalten.

Eine zweite Frage zu den Ketonkörpern: Da gibt es eine Beobachtung, daß bei der diabetischen Ketoacidose die Harnsäure ansteigt. Wie kann man das mit dem Ketonkörperstoffwechsel im Tubulus in Relation bringen?

Guder: Zur letzten Frage bräuchten wir jetzt Herrn Lang aus Innsbruck, der dafür kompetent ist. Es scheint keine metabolische Wechselwirkung zu sein, sondern eine Transport-Konkurrenz. Die Harnsäure-Sekretion scheint gehemmt in Gegenwart organischer Säuren.

Kattermann: Wie werden Ketonkörper überhaupt im Tubulus behandelt?

Guder: Ketonkörper zeigen keine meßbare Sättigung ihrer Rückresorptions-Kapazität. Es wird unabhängig von der Konzentration ein bestimmter Prozentsatz rückresorbiert, so daß eine Ketonurie nicht auf einen spezifischen Defekt hinweist. Die Ketonkörper werden renal zum Teil metabolisiert, wobei hier dem aufsteigenden Teil der Henle'schen Schleife die Hauptrolle als Ketonkörper-metabolisierendes Organ zukommt. Auch dies wieder ähnlich wie im Herzmuskel, einem anderen "dauerarbeitenden" Gewebe.

Philipp: Wissen Sie, ob es Osmolyte eigentlich auch in anderen Organen gibt, die in Konzentrations-Vorgänge involviert sind, wie beispielsweise Colon oder Gallenblasenwand, Innenohr oder Augenflüssigkeit?

Guder: Die Thematik ist gerade im Aufgehen! Der klinisch bedeutsamste Befund scheint mir, daß organische Osmolyte im Gehirn nachgewiesen wurden und möglicherweise für verschiedene Formen des Hirnödems mitverantwortlich sind, weil sie bei Korrektur der extrazellulären Osmolarität zu langsam eliminiert werden. Das erklärt die Hirnödeme bei hypernatriämischen Syndromen, die zu rasch durch Infusionen korrigiert werden.

Eggstein: Ich habe zwei Verständnisfragen: muß man diese proximal tubuläre Triglycerid-Bildung als Schädigungszeichen ansehen? Wenn ja, schlägt sich das morphologisch oder symptomatisch nieder zum Beispiel in Form der Hypertriglyceridämie beim nephrotischen Syndrom?

Guder: Das ist eine sehr interessante Frage. Wir haben Befunde von einem Internisten Kemper von 1909, der mit der damals neuen Methode der Triglycerid-Messung fand, daß bei Diabetikern, die ja damals alle im Koma verstarben, bis zu 30% der Nierenrinde aus Triglyceriden besteht. So wie es eine Fettleber gibt, gibt es auch eine Nierenverfettung. Bei progredientem Hunger und experimentellem Diabetes kann man Fettröpfchen in proximalen Tubuluszellen nachweisen. Wir haben die Rate der Triglycerid-Bildung quantifiziert: sie ist gleich hoch wie die der Leber pro Gramm Gewicht. Was unsicher ist, ob Triglyceride sezerniert werden können. Hier gibt es widersprüchliche Befunde. Aber es ist interessant, daß in proximalen Tubuluszellen von Versuchstieren Apo-B und Apo-E synthetisiert wird. Es könnte also sein, daß in der Niere selbst ein Lipoprotein gebildet wird, das in den Feedback der Bildung der hepatische Lipoproteine involviert ist und damit die Aberration des Lipidstoffwechsels bei Nierenkrankheiten erklärt.

Eggstein: Gilt nicht auch für die Glukose-Neubildung, daß sie pro Gramm Gewebe gleich groß ist in der Leber und in der Niere?

Guder: Bei normalen Zuständen ist sie gleich hoch, bei Acidose ist sie um den Faktor 2 höher in der Niere als in der Leber – immer pro Gramm Gewebe.

Stolte: Wir haben gerade den Bogen zu den anderen Geweben geschlagen: Was wissen wir über das Signal? Ich komme darauf, weil bei Hyponatriämie so ein Trigger wahrscheinlich ist. Weiß man, was in der Niere selber als Signal bei solchen Situationen dient?

Guder: Bezogen auf die organischen Osmolyte?

Stolte: Ja.

Guder: Die Hypernatriämie wäre das Signal für die Anhäufung, die Hyponatriämie – oder der Übergang vom Konzentrieren zum Verdünnen – wäre der Reiz für einen gesteigerten Aus-Transport für organische Osmolyte. Wir konnten in in vitro-Untersuchungen zeigen, daß das Absinken der organischen Osmolyte nicht durch metabolischen Abbau bedingt ist. Sie werden erst nach erneuter Filtration im proximalen Tubulus verstoffwechselt, offenbar, um im Blut schwimmende Osmolyte abzubauen. In der Niere werden sie durch Freisetzung in das Lumen bei Übergang von hyperosmolar zu hypoosmolar freigesetzt. Das heißt, eine Kombination von Biosynthese-Regulation und Aus-Transport reguliert den aktuellen Spiegel in der Zelle.

Heidland: Wobei im Gehirn wohl die Verhältnisse different sein müssen, bei Hyponatriämie werden die idiogenen Osmole –

Guder: Nein, nein, auch bei Hypernatriämie werden sie angehäuft und kommen beim Ausgleich offenbar nicht schnell genug heraus. Dadurch schwellen die Zellen. Das ist im Moment die Vorstellung, aber es ist noch nicht genau untersucht.

Kopp: Eine klinische Frage, Herr Guder: Könnten sie sich vorstellen, daß das Phänomen, das wir immer bei der Dialyse des akuten Nierenversagens beobachten – das polyurisch ist und dann sofort nach der Dialyse anurisch oder oligurisch wird – vielleicht auch etwas mit den Osmolyten zu tun hat?

Guder: Ich glaube eigentlich nicht, daß wir hier die Störung der Papille suchen müssen. Die Mechanismen spielen sich vorher im Nephron ab. Im tubulo-glomerulären

Feedback – so bin ich zumindest "erzogen" in der Nähe von Herrn Thurau – würde ich eher eine Erklärung suchen.

Kopp: Das ist ein Effekt, der sich beim gut kompensierten Patienten, der während der akuten Dialyse Sauerstoff bekommt, also intensivmedizinisch bestens versorgt ist, innerhalb von drei Stunden ereignet.

Guder: Im Wesentlichen offensichtlich durch Insuffizienz der Henle'schen Schleife bei Überlastung durch Natrium aus dem defekten proximalen Tubulus. An der Macula densa ist die letzte Möglichkeit, das Glomerulum-Filtrat zu reduzieren, später lokalisierte Mechanismen würden keinen Feedback mehr auf das Glomerulum-Filtrat ausüben.

Nephrotoxizität

Moderator: F. Bidlingmaier

Nephrotoxizität:
Morphologie – Funktionsbeziehung

W. Pfaller, G. Gstraunthaler und P. Kotanko

Einleitung

Toxische Nierenschädigung, im Extremfall toxisches Nierenversagen, kann einerseits durch direkte chemische Wechselwirkung, wie bei Schwermetallen, durch Überempfindlichkeitsreaktionen, wie bei Methicillin, oder durch Entzündungsreaktionen im Bereich der Nierengefäße, wie bei Heroin, ausgelöst werden. Schädigungen der Nierenpapille verursachen der Abusus von bestimmten Analgetika oder deren kombinierte Verabreichung. Die kombinierte Anwendung von Pharmaka stellt überhaupt eine potentielle Ursache für toxische Nierenläsionen dar: z.B. werden die nephrotoxischen Effekte von Cephalosporinen bei gleichzeitiger Verabreichung mit Furosemid drastisch verstärkt [1].

Die Liste der Pharmaka und Xenobiotika, die Nierenepithelzellschädigung (und dieser Aspekt soll hier hauptsächlich behandelt werden) hervorrufen, ist lang und wird sicherlich zu keinem Zeitpunkt komplett sein. Die meisten dieser Substanzen schädigen Zellen, indem sie ein oder mehrere Enzymsysteme, meist SH-Gruppenhaltige Systeme, hemmen oder mit ihnen interferieren. Besonders betroffen sind dabei die in den Zellen des proximalen Nephrons gelegenen Enzyme, da proximale Nephronsegmente nicht nur 75% des Glomerulumfiltrates resorbieren, sondern auch noch mit dem größten Teil der 25% des Herzminutenvolumens, welches durch die Niere strömt, an ihrem basalen Zellpol in Kontakt kommen und beträchtliche Mengen an Pharmaka und xenobiotischen Substanzen aktiv in das Nephronlumen sezernieren. Zum Teil akkumulieren solche Substanzen in den Lysosomen der Zellen (Gentamycin) oder binden an spezielle intrazelluläre Proteine (Cadmium). Antikörper und Immunkomplexe binden oder sammeln sich im glomerulären Filter. Alle diese Effekte können zu akutem Nierenversagen führen [1].

Über die *quantitativen Zusammenhänge* zwischen Nephrotoxin-ausgelöstem Nierenversagen und den damit verbundenen morphologischen und metabolischen Veränderungen ist relativ wenig bekannt. Die meisten Untersuchungen beschränken sich entweder auf morphologische Techniken, um Ort, Zeitpunkt und Ausmaß einer Schädigung zu verifizieren [2], oder auf genaue Analysen des veränderten Funktionszustandes der Niere (glomeruläre Filtration, renaler Blutfluß, intratubulärer Druck, intratubulärer Harnstrom, Resorption und Sekretion von Elektrolyten und gelösten Substanzen), der das Auftreten morphologischer Veränderungen begleitet oder, in seltenen Fällen, diesem vorausläuft [3].

Hier soll versucht werden, an zwei tierexperimentellen Beispielen, nämlich dem $HgCl_2$- und dem Maleinsäure-induzierten Nierenversagen, zu zeigen, wie eng Struktur- und Funktionsänderung der Niere miteinander verknüpft sind und welche Möglichkeiten sich daraus für die Nephrotoxizitätsdiagnose ergeben.

Experimentalmodelle

1. $HgCl_2$-Modell [4]: Intoxikation mit 4 mg $HgCl_2$/kg Körpergewicht s.c. (Versuchstier: Ratte 300g ± 30g);
2. Maleinsäure-Modell [5]: Intoxikation mit 200mg/kg Körpergewicht i. p.

Sechs und 24 Stunden nach $HgCl_2$ bzw. 2 Stunden nach Intoxikation mit Natrium-Maleat bei 300 ± 30g schweren Ratten wurden Nierenfunktion und Morphologie untersucht.

Folgende Parameter wurden dabei gemessen:

1. Morphologische Parameter:
   Volumina von Zellorganellen (Mitochondrien, Lysosomen und intracellulären Vesikel), Oberflächen von Zellmembrandomänen (luminale Membran, basolaterale Membran, mitochondriale Innenmembran)
2. Biochemische Parameter:
   a) Enzymaktivitäten von Markerenzymen für die oben genannten morphologischen Kenngrößen. Mitochondrien: Cytochrom c-Oxidase (CCO); luminale Membran: akalische Phosphatase (AP); basolaterale Membran: Na^+-K^+-ATPase;
   b) Zu den oben genannten Untersuchungsintervallen wurden aus Nierenhomogenaten Mitochondrien isoliert und deren oxidative Phosphorylierungskapazität in Form der ADP: O Relation gemessen. Ferner wurden in einem Parallelansatz ATP und Glutathiongehalt (GSH) sowie die Ca^{++}-Konzentration in den geschädigten Nieren bestimmt ($HgCl_2$-Modell).
   c) Zusätzlich wurden die Aktivitäten von Enzymen nephronalen Ursprungs im Harn gemessen.
   Dabei wurden sowohl Enzymaktivitäten aus den verschiedenen subzellulären Kompartimenten, Zytosol (Lactatdehydrogenase, LDH) Lysosomen (N-Acetyl-β-D-glukosaminidase, NAG) und Mitochondrien (NAD-Isocitratdehydrogenase, NAD-ICDH), als auch ein Enzym ausschließlich proximalen Ursprungs, die Fructose-1,6-bisphosphatase (FBP), bestimmt, weiters Enzyme, die hauptsächlich in der Luminalmembran proximaler Tubulusepithelien lokalisiert sind: gamma-Glutamyltranspeptidase (gamma-GT), Leucinaminopeptidase (LAP) und alkalische Phosphatase (AP).
3. Nierenfunktionsparameter:
   Glomeruläre Filtrationsrate (GFR), renaler Plasmafluß (RPF; Maleat-Modell), fraktionelle Na^+-Ausscheidung und Produktion von Malondialdehyd.

Ergebnisse und Diskussion

Morphologisch-biochemische Korrelationen

Die morphologische Untersuchung 6 Stunden nach $HgCl_2$ zeigt qualitativ eine Abnahme des Bürstensaumes im proximalen S-2 und S-3-Segment, vereinzelt Vakuolisierung des apikalen Zellpoles und ein gehäuftes Auftreten von lysosomalen Anschnittsprofilen (Abb. 1). Dieser Effekt verstärkt sich nach 24 Stunden, wobei sich zusätzlich häufig subletal geschädigte und nekrotische Zellen, vornehmlich proximale Tubulusepithelzellen aus dem Bereich der Markstrahlen, finden [4]. Ähnliche Veränderungen verursacht Maleat. Prominenteste Veränderung ist hier eine enorme Vakuolisierung des apikalen Zellpoles in praktisch allen Segmenten des proximalen Nephrons, wobei allerdings die Vakuolisierung im späten S2-Segment am ausgeprägtesten ist. Die lysosomalen Anschnittsprofile erscheinen vergrößert und ihr Inhalt weniger elektronendicht. Im Gegensatz zur Intoxikation mit $HgCl_2$ finden sich nur sehr wenige nekrotische Zellen [5].

Diese qualitativ morphologischen Veränderungen gehen mit einer Einschränkung der Nierenfunktion einher (Abb. 2). die jeweils stark erhöhten Harnzeitvolumina bzw. die unter Maleat dramatisch erhöhte fraktionelle Na^+-Ausscheidung deutet auf verminderte Resorption entlang des proximalen Nephrons hin [6].

Eine sorgfältige Quantifizierung jener Zellstrukturen, die zumindest potentiell, an transepithelialen Transportprozessen beteiligt sind, mittels stereologischer Analyse, bestätigt diese Befunde (Abb. 3). So kommt es bereits 6 Stunden nach $HgCl_2$-Vergiftung zu einer Abnahme der luminalen Zellmembranoberfläche proximaler Tubuluszellen um 40%. Ebenso läßt sich bereits zu diesem Zeitpunkt eine massive Abnahme der basolateralen Zellmembran, dem Sitz der Na^+-K^+-ATPase, feststellen (–20%). Überraschenderweise ist nicht nur die Fläche dieser beiden zellulären "Transportbarrieren", sondern auch die Oberfläche der ATP generierenden mitochondrialen Innenmembranen etwa im gleichen Ausmaß reduziert (–30%). Alle genannten Effekte verstärken sich bei längerer Einwirkung von $HgCl_2$ (Abb. 3, 4) [4].

Zweistündige Einwirkung von Maleat reduziert die Fläche mitochondrialer Innenmembranen in allen Nephronsegmenten der Nierenrinde (Daten nicht gezeigt), führt aber zu keiner Flächenverminderung der luminalen und basolateralen Zellmembrandomänen (Abb. 3).

Maleat führt hingegen zu einer Umorganisation der volumetrischen Komposition der proximalen Tubuluszelle, die dadurch gekennzeichnet ist, daß der Volumenanteil apikal zellulärer Vakuolen um 50% zunimmt [5].

Alle aufgelisteten Befunde lassen sich durch von morphologischen Verfahren unabhängige biochemische Analysen bestätigen. Die Aktivitäten sowohl der AP, dem Leitenzym der Luminalmembran, als auch der Na^+-K^+-ATPase, dem Leitenzym der Basolateralmembran in Gewebehomogenaten $HgCl_2$-geschädigter Nieren, sind deutlich vermindert. Maleat hingegen beeinträchtigt die Aktivität dieser Enzymsysteme nicht (Abb. 3).

Aus $HgCl_2$- und Maleat-behandelten Nieren isolierte Mitochondrien weisen eine mehr als 50%ige Reduktion der ADP:0 Relation und eine Verminderung der Cytochrom c-Oxidase Aktivität auf, was nicht nur auf eine Einschränkung der oxidativen Phosphorylierungskapazität bzw. der Atmungsaktivität hinweist, sondern auch die

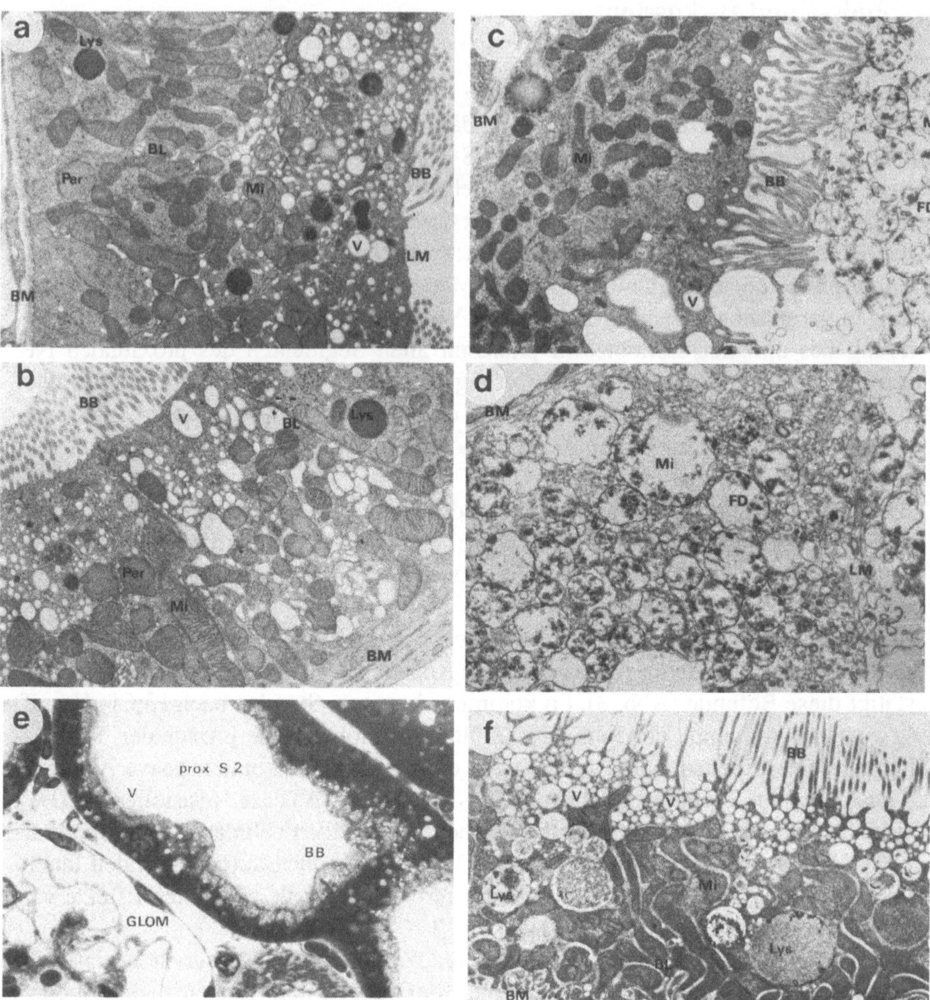

Abb. 1 a–f. Elektronenmikrographien von $HgCl_2$-geschädigten proximalen Nephronsegmenten. **a** S2-Segment (proximales Convolut) 6 Stunden nach $HgCl_2$, **b** S3 Segment (pars recta) 6 Stunden nach $HgCl_2$, **c** subletal geschädigte Nephronzelle des proximalen Convolutes 24 Stunden nach $HgCl_2$, **d** nekrotische proximale Tubuluszelle 24 Stunden nach $HgCl_2$ (4 mg/kg). Die Zelle zeigt zerrissene Plasmamembrandomänen, vesikuliertes endoplasmatisches Reticulum bzw. intrazelluläre Membranen und geschwollene Mitochondrien mit elektronendichten Präzipitaten. Proximale S2 Zellen nach Maleat, **e** lichtmikroskopische Aufnahme. Unterhalb des Bürstensaumes ist deutlich eine "Vakuolisierungszone" zu erkennen, die etwa 50% des gesamten Zellvolumens einnimmt. **f** Elektronenmikroskopische Ansicht einer proximal tubulären Maleatschädigung. *BB*: Mikrovilli des Bürstensaumes; *LM*: luminale Plasmamembran; *BL*: basolaterale Plasmamembran; *Lys*: Lysosom; *Per*: Peroxisom; *V*: Vakuolen; *BM*: Basalmembran; *GLOM*: Glomerulum; *Mi*: Mitochondrien; *FD*: flokkulente Verdichtungen in Mitochondrien

GLOMERULÄRE FILTRATION „GFR"
[ml·min⁻¹ · gNiere⁻¹]
1,5
1,0
0,5

FRAKTIONELLE Na⁺ AUSSCHEIDUNG „FE Na"
[%]
25
20
15
10
5
6h 24h
KONTR. HgCl₂ MALEAT

Abb. 2

MEMBRANOBERFLÄCHEN (% DER KONTROLLEN)
LUMINAL- MEMBRAN
100%
BASO-LATERAL-MEMBRAN
100%
MARKER – ENZYMAKTIVITÄTEN
ALKALISCHE PHOSPHATASE
100%
NaK-ATP-ase
100%
6h 24h
KONTR. HgCl₂ MALEAT

Abb. 3

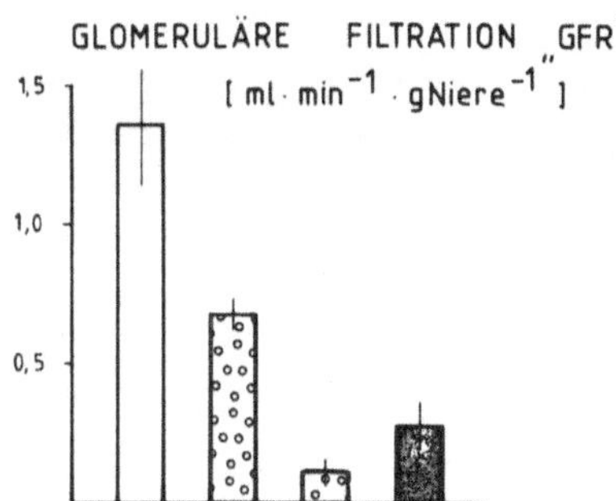

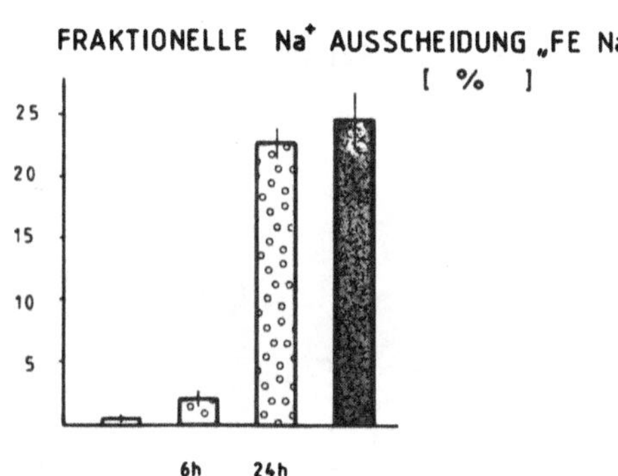

   W. Pfaller et al.

MITOCHONDRIEN CRISTAEMEMBRANOBERFLÄCHE

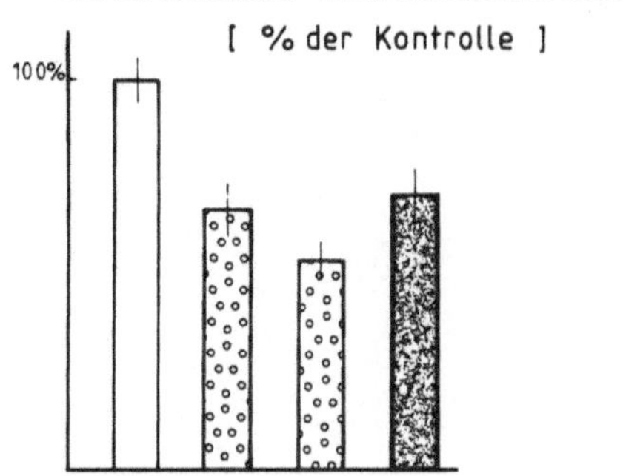

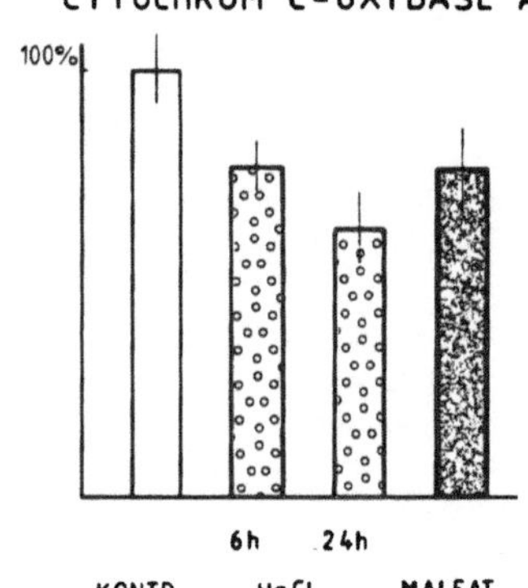

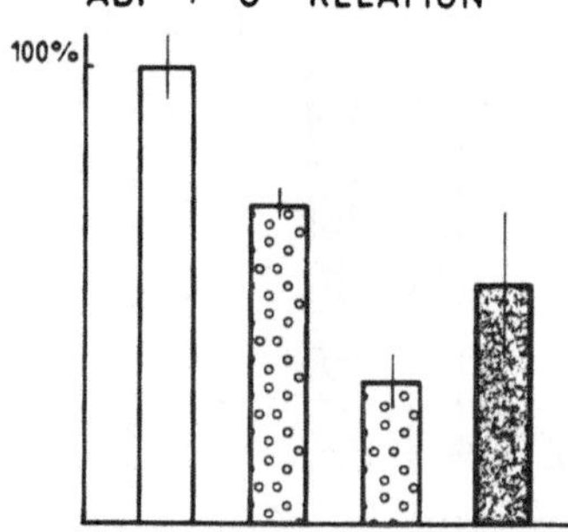

Abb. 4

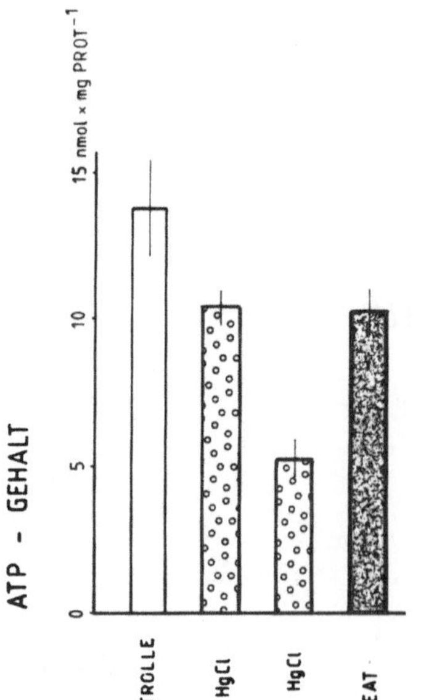

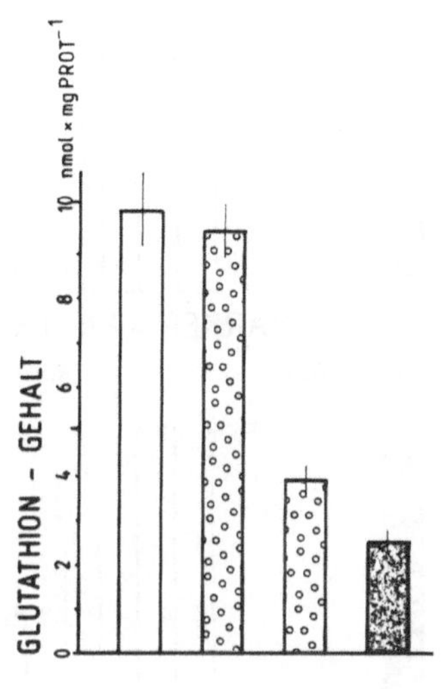

Abb. 5. ATP- und Glutathiongehalt der Niere
bei experimentellem Nierenversagen

Abnahme der mitochondrialen Innenmembranfläche glaubhaft belegt (s. Abb. 4). Dies findet seinen Niederschlag in einem um z. T. über 50% verringertem renalen ATP-Gehalt nach Intoxikation mit den beiden Substanzen (Abb. 5).

Den in beiden Nephrotoxizitätsmodellen nachgewiesenen, vorwiegend an proximalen Tubuluszellen auftretenden Schäden, kann auch noch ein Korrelat in Form ausgeschiedener Enzymaktivitäten zugeordnet werden. Entsprechend der beträchtlichen lysosomalen und zytoplasmatischen Zellschäden finden sich erhöhte Harnenzymaktivitäten für NAG, LDH, Pyruvatkinase, Glutathion-S-Transferase und FBP (Abb. 6, 7). Dieses Glukoneogenese-Enzym weist auf Schädigung des proximalen Nephrons, da nur dort renale Glukoneogenese lokalisiert ist [7].

Da beide Nephrotoxizitätsmodelle zu keiner feststellbaren Veränderung der glomerulären Basalmembran führen, ist auszuschließen, daß die gemessenen Harnenzymaktivitäten aus dem Blutplasma stammen.

Ein Vergleich der quantitativ morphologischen Daten mit den ausgeschiedenen Harnenzymaktivitäten zeigt deutlich, daß vor allem die Aktivitäten jener Enzyme im Harn ansteigen, die aus geschädigten Zellkompartimenten stammen (Abb. 6, 7).

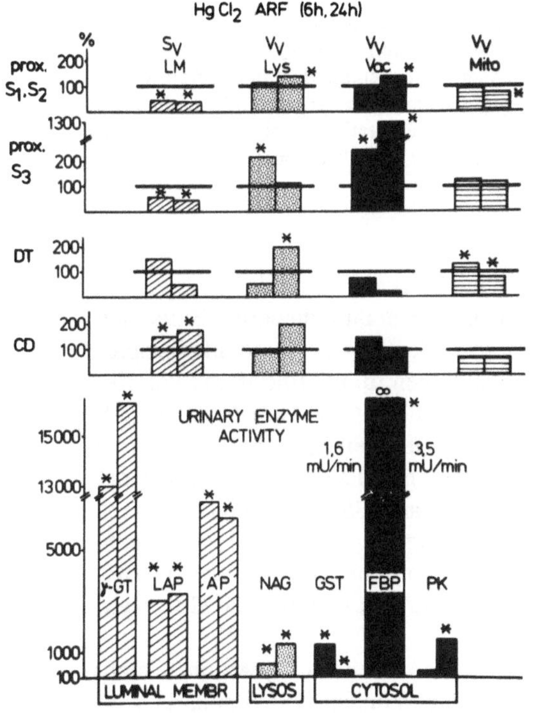

Abb. 6. Volumens- (*Vv*) und Oberflächendichten (*Sv*) von Zellorganellen und Zellmembrandomänen (Säulendiagramme) von proximalen, distalen und Sammelrohrsegmenten 6 und 12 Stunden nach HgCl₂ im Vergleich zu Harnenzymaktivitäten aus Bürstensaum, Lysosomen und Zytosol von Nierenepithelzellen

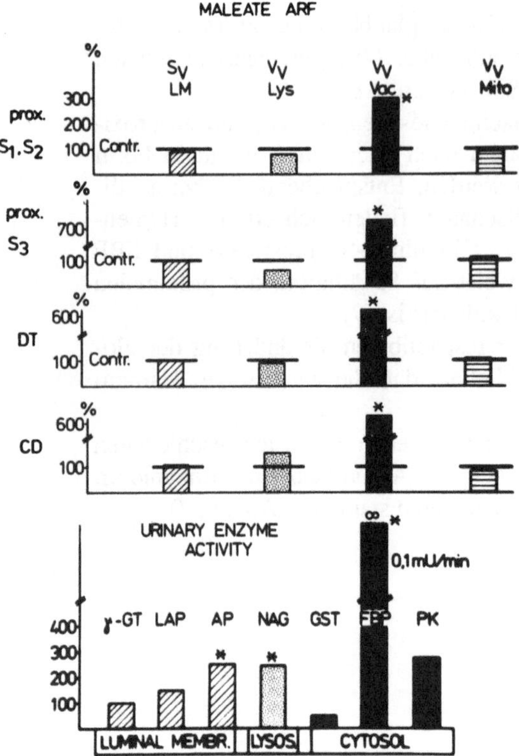

Abb. 7. Gleiche Darstellung wie in Abb. 6: 2 Stunden nach Maleatintoxikation. Sämtliche Änderungen sind in % der Kontrollen (= 100%) angegeben. Im Falle der quantitativ morphologischen Meßwerte sind die Kontroll-Werte durch einen Querbalken gekennzeichnet. ∞ bedeutet, daß unter Kontrollbedingungen keine Enzymaktivität meßbar ist. * kennzeichnet statistisch signifikante Unterschiede gegenüber den Kontrollen

Mechanismen der Nephrotoxizität

Welche Mechanismen liegen diesen nephrotoxischen Effekten zugrunde?

$HgCl_2$ bindet an SH-Gruppen-haltige Proteine und auch an reduziertes Glutathion (GSH), das als Substrat der Glutathionperoxidase Zellen gegen Autooxidationsprozesse schützt und im Rahmen von Konjugationsreaktionen für die Entgiftung von Xenobiotika sorgt [8, 9]. Hg^{++} vermindert ferner den zellulären GSH-Gehalt (s. Abb. 5), indem es durch Bindung an mitochondriale SH-Gruppen-haltige Proteine die NAD(P)H/NAD(P) Relation verkleinert [10] und bei gleichzeitiger Hemmung der Glutathionreduktase [11] die Regeneration von GSH aus GSSG verhindert. Durch Bindung von Hg^{++} an Membranproteine und Hemmung der Na^+-K^+-ATPase erhöht sich rasch die intrazelluläre Na^+ und später die Ca^{++}-Konzentration [4], was die oxidative Phosphorylierung reduziert. Fehlendes ATP verringert überdies die GSH Synthese [12].

Daraus folgt, daß die im aeroben Stoffwechsel entstehenden O_2-Anionen nicht ausreichend zu H_2O_2 und H_2O verstoffwechselt werden können [13]. Verstärkt wird dieser Effekt durch Hemmung der Superoxiddismutase, der Glutathionperoxidase und der Katalase [11]. Bindung von Hg^{++} an mitochondriale Proteine depolarisiert die mitochondriale Innenmembran [10] und vermindert dadurch ebenfalls die ATP Produktion. ATP verbrauchende Reaktionen führen zur Akkumulation von Hypoxanthin [14], welches in Gegenwart von Xanthinoxidaseaktivität zusätzlich O_2^--Anionenradikale bildet. Diese reaktiven O_2-Spezies starten Radikalkettenreaktionen und führen zur Peroxidation von Lipiden und Proteinen [15], was durch intrarenale Akkumulation des Lipidperoxidationsproduktes Malondialdehyd belegt wird [11]. Dies erklärt den substantiellen Verlust von zellulärem Membranmaterial [4]. Maleat hemmt in den verwendeten Konzentrationen den Tricarbonsäurezyklus [16], weil es mit Coenzym A zu Maleyl-CoA reagiert, wodurch es zu einer Hemmung der Oxidation von α-Ketoglutarat zu Succinyl-CoA und von Pyruvat zu Acetyl-CoA kommt [17], was zur Abnahme des ATP-Gehaltes der Zellen führt. Auf diese Weise und durch direkte Interaktion aufgrund seiner SH-Reaktivität depletiert Maleat den intrarenalen Glutathiongehalt und hemmt Glutathionperoxidase und Superoxiddismutase [11], was wiederum Radikalkettenreaktionen und Lipidperoxidation nach sich zieht. Erhöhte Ausscheidung von Malondialdehyd durch die Niere in vivo belegt dies [18]. Lipidperoxidation im Maleatmodell scheint vor allem auf das mitochondriale Kompartiment beschränkt zu sein, da es nur dort zu einem quantifizierbaren Verlust von Membranmaterial kommt [4].

Mechanismen der Enzymurie
Bleibt noch die Frage zu beantworten, wie es zur Freisetzung von Enzymen in den Harn kommt, und in welchem Zusammenhang dieses Phänomen mit den eben aufgezeigten Mechanismen steht? Die intrazelluläre ATP-Konzentration kontrolliert Exozytoseprozesse, wobei hohes ATP die Exocytose hemmt und niedriges ATP diese stimuliert [19]. Dies würde die Freisetzung von Enzymen mit der Präferenz für lysosomale Enzyme (NAG) gegenüber zytosolischen (FBP, PK, GST, LDH) und mitochondrialen (NAD-ICDH, Glutamatdehydrogenase) erklären [5]. Inwieweit dieser Mechanismus noch durch den erhöhten Einstrom von Na^+ und Ca^{++} und einer damit verbundenen Volumenzunahme der Zelle verstärkt wird, ist unbekannt.

Die eben geschilderten zellulären Mechanismen scheinen nicht nur für diese beiden Schadstoffe zuzutreffen, vielmehr finden sich nahezu identische renale Schädigungsmuster bei einer ganzen Reihe anderer Toxine sowie bei ischämischer Schädigung während der initialen Reperfusionsphase. Immer, wenn zelluläre Energiegewinnung und/oder Antioxidationsschutzmechanismen beeinträchtigt werden, scheint die beschriebene Kette von Ereignissen in Gang gesetzt zu werden, die im Extremfall zum Zelltod führt. Die dabei auftretenden Funktionsänderungen lassen sich jeweils eindeutigen Strukturänderungen zuweisen. Allerdings sei eingeräumt, daß die Erkennung derartiger Struktur – Funktionskorrelation oft mit beträchtlichem analytischem Aufwand verbunden ist und oft mit der "Auflösung" der uns zur Verfügung stehenden Methoden nicht feststellbar ist.

Die Behauptung, daß jeder biologischen Funktion eine eindeutige morphologische, d. h. strukturelle, Basis zuordenbar ist, gilt somit auch für gestörte biologische Funktionen.

Literatur

1. Porter GA (1982) Nephrotoxic Mechanisms of Drugs and Environmental Toxins. Plenum Medical Book Company, New York London
2. Ganote CE, Reimer A, Jennings RB (1975). Acute mercuric chloride toxicity. An electron microscopic and metabolic study. Lab Invest 31:633–651
3. Thurau K, Mason J, Gstraunthaler G (1985) Experimental acute renal failure. In: The Kidney: Physiology and Pathophysiology (Seldin DW, Giebisch G, eds) Raven Press, New York
4. Pfaller W (1982) Structure function correlation on rat kidney. Adv Anat Embryol Cell Biol 70:1–121
5. Pfaller W, Joannidis M, Gstraunthaler G, Kotanko P (1989) Quantitative morphologic changes and urinary enzyme activity pattern in sodium-maleate-induced renal injury. Renal Physiol Biochem 12:56–64
6. Günther R, Silbernagl S, Deetjen P (1979) Maleic acid induced aminoaciduria, studied by free flow micropuncture and continuous microperfusion. Pflügers Arch 382:109–114
7. Ross BD, Guder WG (1982) Heterogeneity and compartmentation in the kidney. In: Metabolic compartmentation (Sies H, ed) Academic Press, London (1982), pp 363–409
8. Reed DJ, Beatty PW (1980) Biosynthesis and regulation of glutathione: toxicological implications. In: Reviews in biochemical toxicology (Hodgson E, Bend JR, Philpot RM, eds) Elsevier/North Holland, New York
9. Jones DP, Sundby GB, Ormstad K, Orrenius S (1979) Use of isolated cells for study of drug metabolism. Biochem Pharmacol 28:929–1004
10. Chavez E, Holguin JA (1988) Mitochondrial calcium release by Hg^{2+}. J Biol Chem 236:3582–3587
11. Gstraunthaler G, Pfaller W, Kotanko P (1983) Glutathione depletion and in vitro lipid peroxidation in mercury and maleate induced acute renal failure. Biochem Pharmacol 32:2969–2972
12. Jones DP, Stead AH, Moldeus P, Orrenius S (1978) Glutathione and Glutathine conjugate metabolism in isolated liver and kidney cells. In: Proceedings in life sciences: Functions of glutathione in liver and kidney (Sies H, Wendel A, eds) Springer-Verlag Berlin, Heidelberg New York pp 194–200
13. Wendel A (1980) Glutathione peroxidase. In: Enzymatic basis of detoxication. Vol I. (Jakoby WB, ed) Academic Press, New York, London, Toronto, Sidney, San Francisco, pp 333–348
14. Osswald H, Schmitz HJ, Kemper R (1977) Tissue content of adenosine, inosine and hypoxanthine in the rat kidney after ischemia and postischemic recirculation. Pflügers Arch 371:45–49
15. Halliwell B, Gutteridge JMC (1986) Oxygen free radicals and iron in relation to biology and medicine: some problems and concepts. Arch Biochem Biophys 246:501–520
16. Angielski S, Rogulski J (1962) Effect of maleic acid on the kidney. I. Oxidation of Krebs cycle intermediates by various tissues of maleate intoxicated rats. Acta Biochem Pol 9:357–364
17. Rogulski J, Pacanis W, Adamowicz W, Angielski S (1974) On the mechanism of maleate action on rat kidney mitochondria: effect on oxidative metabolism. Acta Biochem Pol 21:403–413
18. Joannidis M, Bonn G, Pfaller W (1989) Lipid peroxidation, an initial event in acute renal failure. Renal Physiol Biochem 12:47–55
19. Vilmart-Seuwen J, Kersken H, Stürzl R, Plattner H (1986) ATP keeps exocytosis sites in a primed state but is not required for membrane fusion. An analysis with paramecium cells in vivo and in vitro. J Cell Biol 103:1279–1288

Diskussion

Guder: Herr Pfaller, ich wollte noch einmal Herrn Angielski's Befunde zum Mechanismus der Maleat-Intoxikation einfügen: er hat gezeigt, daß die primäre Reaktion eine CoA-Ester-Bildung der Maleinsäure ist über die Acetoacetyl-CoA-Transferase, ein Enzym, das in der Niere gegenüber allen anderen Organen die höchste Aktivität zeigt. Und da Maleyl-CoA nicht weiter verstoffwechselt werden kann, bildet es ein "CoA-Trap". Alle CoA-abhängigen Reaktionen, einschließlich der Fettsäure-Oxidation und des Zitronensäure-Zyklus, kommen zum Erliegen. Wenn jetzt noch gleichzeitig der Sauerstoff hoch ist, tritt der von Ihnen erwähnte Mechanismus ein. Würden Sie dem zustimmen?

Pfaller: Ja, das ist völlig richtig. Es kommt noch etwas hinzu. Nach meinen Diskussionen mit Angielski ist auch nicht auszuschließen, daß bei diesen SH-reaktiven Substanzen, wie Maleat, auch Thiol-Radikale eine Rolle spielen. Es gibt praktisch keine experimentellen Befunde darüber.

Kramer: Könnte man die relative Beteiligung der Hydroxyl-Radikale an dem Schaden dadurch finden, daß man die Nieren mit einer zellfreien Lösung perfundiert? Denn Sie brauchen ja wohl die Anwesenheit von Leukozyten, um die stark reaktiven Sauerstoff-Spezies zu bilden.

Pfaller: Ich habe in der Hitze des Gefechts – oder besser gesagt der Präsentation – einen wichtigen Aspekt unterschlagen: immer dann, wenn kein ATP erzeugt wird, der Stoffwechsel aber weiterläuft und das vorhandene ATP verbraucht wird, entsteht aus ATP Hypoxanthin. Solange Xanthin-Oxidase in der Zelle vorhanden ist – und es ist praktisch in jeder Zelle vorhanden – generiert dieses Enzym zusätzlich Superoxyd-Anionen-Radikale. Das gilt für den Fall des Quecksilbers genauso, wie für die Maleinsäure-Intoxikation. Es bedarf für die lokale Zellschädigung keiner Leukozyten.

Kramer: Haben Sie den Tieren auch Mannitol gegeben? Das ja ein Radikalfänger ist?

Pfaller: Beim Maleinsäure-Modell habe ich es nicht versucht; ich weiß auch nicht, ob es dazu Daten gibt. Bei Quecksilber kann es die Schädigung geringfügig bessern, wenn Sie während der ganzen Phase nach Verabreichung des Toxins Mannitol geben.

Guder: Ich möchte noch auf die Frage von Herrn Kramer antworten. Der gesamte Enzym-Besatz für die Peroxyd-Bildung ist im proximalen Tubulus vorhanden; es bedarf also keiner Granulozyten dazu. Vor allem im S3-Segment, das auch in den meisten Nephrotoxizitätsmodellen das sensitivste ist.

Pfaller: Es kommt noch ein System dazu, das Radikale produzieren kann, das Mixed Function Oxidation System. Je nachdem, was es oxydiert, können dort im Rahmen der Xenobiotica-Metabolisierung große Mengen an Radikalen entstehen, z.B. bei Acetaminophen oder ähnlichen Substanzen.

Guder: Und zum Mannitol möchte ich noch sagen, daß Mannitol naturgemäß in die proximale Tubuluszelle nicht hineinkommt, und eine Antioxidans-Wirkung daher auch nur sehr begrenzt ausüben kann. So erklären sich viele Fehlversuche mit Mannitol.

Pfaller: Außerdem muß man bei allen diesen Scavenger-Systemen im Kopf behalten, daß diese abhängig von den Bedingungen auch Radikale bilden können.

Schleicher: Ein Hinweis noch zum Malon-dialdehyd: Sie haben ja gezeigt, daß die Produktion doch durchaus respektabel ist, aber die – wenn ich es richtig verstanden habe – av-Differenz nicht weiter nachzuweisen war.

Pfaller: Ja, diese war im Fall von Maleat nicht signifikant von Null verschieden.

Schleicher: Ich meine nur, das würde einen nicht wundern, wenn die Protein-Konzentration so hoch war. Denn das Malon-dialdehyd wird sehr schnell von Lysin-Gruppen gebunden. Das ist ja hochreaktiv und bleibt dann dort hängen als Schiff'sche Base. Vielleicht sollte man das, wenn man ^{14}C-Vorläufer hat, viel besser sehen.

Pfaller: Die TBA-Reaktion für Malon-dialdehyd ist ohnehin sehr problematisch. Wir haben damals das Malon-dialdehyd als MDA-TBA Komplex HPLC-mäßig verifiziert, um sicher zu sein, was wir messen. Da gibt es so viele Hydrolyseprodukte, die mit TBA Reaktionen verursachen, daß man vom photometrischen MDA-nachweis mit TBA lieber die Finger lassen sollte. Aber für beide Modelle (Quecksilber und Maleat) gibt es mittlerweile auch den Beleg, daß Äthan und Pentan produziert wird. Wobei man allerdings noch nicht sicher weiß, ob diese Lipid-Peroxidations-Endprodukte primär nur aus der Niere kommen, oder sekundär durch Lipo-Peroxi-Intermediate woanders entstanden sind. Das ist ein bisher unbeantwortetes Problem.

Stolte: Wenn ich es richtig verstanden habe, haben Sie doch eine Beeinflußung, oder Erniedrigung, der glomerulären Hämodynamik mit Quecksilber. Habe ich das richtig abgeleitet? Ich frage aus einem bestimmten Grund: ich würde gerne wissen, ob Sie eine Vorstellung haben, warum?

Pfaller: Das ist, glaube ich, für alle, die sich mit Nierenversagen, in welcher Form auch immer, beschäftigen, das große Fragezeichen: kommt es zuerst zur Zellschädigung und produziert diese dann ein Feedback-Signal, was immer das auch ist, oder gibt es vorher ein vasoaktives Geschehen, das dem ganzen überlagert ist oder parallel läuft – ich glaube, das harrt noch einer Beantwortung. Wir haben zwar gehofft, mit dem geschilderten Ansatz eine Antwort zu finden, aber diese Hoffnung wurde nicht erfüllt. Bis zur endgültigen Klärung dieser Frage wird sicher noch viel Harn den Tubulus hinunterfließen.

Nephrotoxizität:
Die Rolle der klinisch-chemischen Diagnostik

D. Maruhn und S. Hahnemann

Einleitung

Die Intention dieses Beitrages ist, den Stellenwert der klinisch-chemischen Diagnostik für die Erfassung von nephrotoxischen *Frühveränderungen* einer kritischen Würdigung zu unterziehen. Die klassischen Parameter (Kreatinin, Harnstoff, qualitative Harnanalyse, Säure-Basen-Haushalt) zeichnen sich durch eine zu geringe Sensitivität aus. Das Serum-Kreatinin steigt auf Werte ≥ 2 mg/dl, wenn die Funktionsreserve der Niere nach Ausfall von 50–75% der Nephrone nahezu erschöpft ist.

Nephrotoxizität wurde in der Vergangenheit von Klinikern über den Anstieg des Serum-Kreatinins definiert. Die zufällige Anlistung von Definitionsversuchen (Tabelle 1) belegt die willkürliche Klassifikation.

Unter dem Sammelbegriff Nephrotoxizität werden inzwischen alle Störungen der funktionellen, biochemischen und/oder strukturellen Integrität der Niere durch exogene chemische oder biologische Noxen zusammengefaßt. Je nach ihrer toxischen Wirkung lassen sich die Stoffe mehreren Gruppen zuordnen. Direkt toxische Substanzen lassen sich von immunologisch-sensibilisierenden Stoffen unterscheiden. Ferner können Kumulation oder sonstige sekundäre Effekte eine Störung der Nierenfunktion auslösen. Intraindividuell wird das Ausmaß der nephrotoxischen Schädigung von einer Vielzahl modifizierender Faktoren (z.B. Harnflußrate, Harn-pH, renale Durchblutung, vorbestehende Nierenerkrankung) beeinflußt.

Tabelle 1. Nephrotoxizität

"Klinische" Definition anhand der Serumkreatinin-Konzentrationen:

- Anstieg um mindestens 20% oder 0,3mg/dl
  (Older 1976)
- Anstieg um mindestens 0,4 mg/dl (Basiswert < 3 mg/dl)
  bzw. um mindestens 0,9 mg/dl (Basiswert > 3 mg/dl)
  (Smith 1977)
- Anstieg um mindestens 1,0 mg/dl
  (Mudge 1980)
- Anstieg um mindestens 0,5 mg/dl, BUN über 20
  und/oder persistierende Proteinurie
  (Reed 1981)
- Anstieg um mindestens 20%
  (Sethi 1981)

NEPHROTOXIZITÄT: Stellenwert der klinischen Chemie

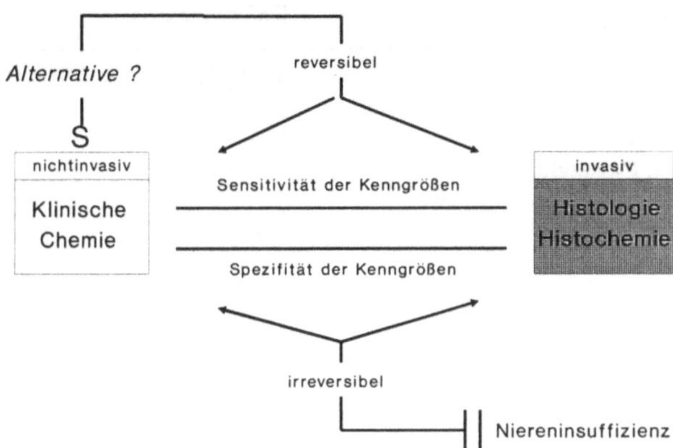

Abb. 1. Nephrotoxizität: Stellenwert der klinischen Chemie

Die Inzidenz der toxischen Nephropathie ist nur annähernd zu bestimmen, da nicht immer ein Kausalzusammenhang hergestellt wird. Die klinische Inzidenz beträgt für Aminoglykoside 10–25%, für Analgetika 2,5–25% und für Radiokontrastmittel < 1% (cave: Risikopopulationen $\cong$ 100%) [18].

Unumstritten ist die sozioökonomische Bedeutung der Nephrotoxizität. Erwähnt wird exemplarisch, daß weltweit jährlich ein Zuwachs von 500.000 Patienten mit terminaler Niereninsuffizienz zu verzeichnen ist. Die Hämodialysekosten belaufen sich derzeit auf US $ 63.000 pro Patient und Jahr [18].

Umfangreiche Untersuchungen belegen die morphologische, biochemische und funktionelle Heterogenität der Niere [21]. Eine nephrotoxische Substanz induziert eine polymorphe Schädigung einzelner Nephronsegmente. Störungen der Homöostase können mit pharmakologischen Effekten verwechselt werden [1]. Als Goldstandard für den Nachweis einer Kaskade zellulärer und subzellulärer Veränderungen dient im Frühstadium die Nierenbiopsie, die eine differenzierte Beurteilung mit histologischen Verfahren (Licht-, Elektronen-, Immunfluoreszenzmikroskopie, Immunhistochemie) ermöglicht. Sensitivität und Spezifität histologischer bzw. klinisch-chemischer Kenngrößen können bei irreversiblen Nierenschäden als gleichwertig eingeschätzt werden (Abb. 1). Um eine analoge Wertigkeit auch bei reversiblen Frühveränderungen zu erreichen, wurden in den vergangenen Jahren eine Vielzahl von möglichen Parametern identifiziert, ein Anlistung erfolgt in Tabelle 2. Ein Anspruch auf Vollständigkeit kann nicht erhoben werden, vielmehr imponiert das komplexe Spektrum. Die Bedeutung dieser Kenngrößen für Prävention, Diagnostik und Prognose kann nur bedingt beurteilt werden, da systematische, vergleichende klinische Studien häufig fehlen. Der epidemiologische Einsatz der Frühmarker ist bisher nur in wenigen Studien dokumentiert [3]. Auf der Basis dieser Daten wird eine globale Bewertung der Möglichkeiten des klinisch-chemischen Nachweises von Frühschäden verschiedener Nephronsegmente versucht (Abb. 2).

Tabelle 2. Nephrotoxizität: Frühveränderungen

Nephronsegmente	Kenngrößen	References[a]
Glomerulus	HMW-Proteine	3, 10, 12
	Albumin	3, 6
	IgG, Transferrin	3, 6
	Kallikrein, Prostaglandine ($\downarrow$)	6
	N-Acetyl-β-D-glucosaminidase	5
	beta-Galactosidase	5, 6
	alkal. Phosphatase	6
	GMB-Antigene	3, 12, 13
	anti-GMB-Antikörper	3, 12, 13
Proximaler Tubulus	LMW Proteine	3, 10, 12
	α_1-Microglobulin	4, 10
	β_2-Microglobulin	27, 3, 4
	Retinolbindendes Protein RPB	3, 4, 12
	Ligandin	5, 6
	Lysozym (Muramidase)	3, 4
	Bürstensaumantigen	17, 3
	N-Acetyl-β-D-glucosaminidase	3
	Glucosidasen	5
	alkal. Phosphatase	5
	intestinale APh	26
	Alaninaminopeptidasen	5
	bas. Glutathion-S-transferase	2, 8
	gamma-Glutamyltransferase	
Distaler Tubulus	Tamm-Horsfall-Protein	6
	Kallikrein, Prostaglandine ($\downarrow$)	7, 12
	alkal. Phosphatase	5
	Lactatdehydrogenase	5
	saure Glutathion-S-Transferase	8
Sammelrohr/Papille	Osmolalität	5
	alkal. Phosphatase	5
	N-Acetyl-β-D-glucosaminidase	5, 24
	Glucosidasen	5

[a] exemplarische Angabe

Folgende Nachweismöglichkeiten werden konstatiert:

- proximaler Tubulus   →   gut   =   +
- distaler Tubulus   →   zufriedenstellend =   (+)
- Glomerulus   →   zufriedenstellend =   (+)
- Interstitium   →   fraglich   =   ?
- Sammelrohr/Papille   →   unzureichend   =   −

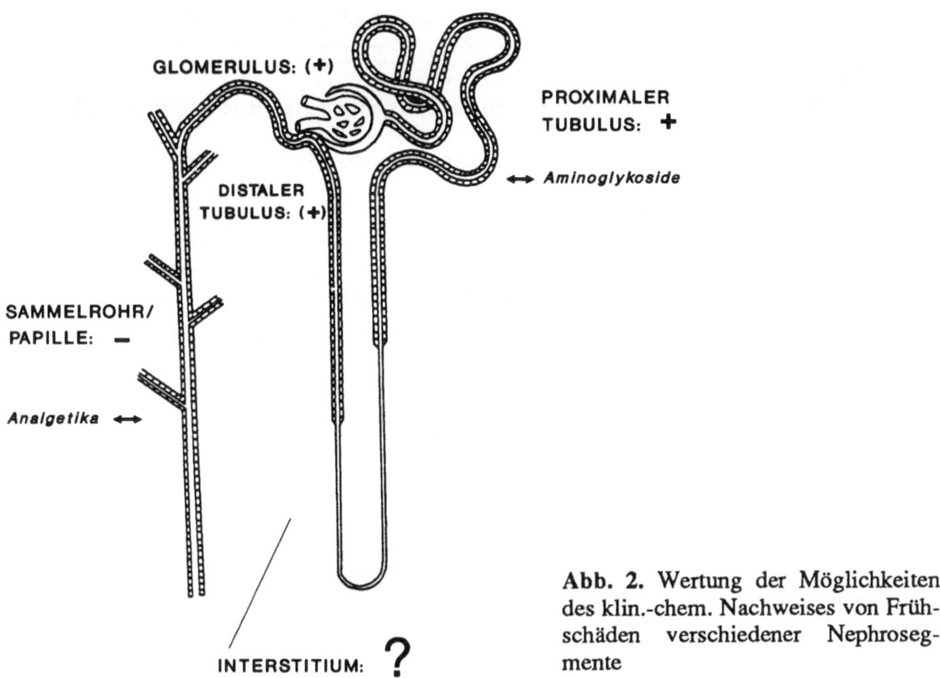

Abb. 2. Wertung der Möglichkeiten des klin.-chem. Nachweises von Frühschäden verschiedener Nephrosegmente

Der derzeitige klinische Stellenwert der Laboratoriumsmedizin, d. h. ihre Möglichkeiten und Grenzen, wird am Beispiel der Aminoglykosid-Nephropathie (Positivbeispiel: Tabelle 3) und der Analgetika-Nephropathie (Negativbeispiel: Tabelle 4) aufgezeigt.

Die Aminoglykosid-Nephropathie ist tierexperimentell gut reproduzierbar und entspricht einer toxischen, dosisabhängigen Tubulusläsion. Der Ablauf morphologischer und biochemischer Veränderungen nach geringen therapeutischen Dosen konnte im wesentlichen, wie in Tabelle 3 zusammenfassend dargestellt, aufgeklärt werden [25, 27]. Danach induzieren Aminoglykoside zunächst eine Zunahme sekundärer Lysosomen, die häufig sogenannte Myeloidkörper, d. h. lamelläre Strukturen dicht gepackter Membranen, enthalten. Bürstensaummembranen werden teilweise zerstört, das Zytoplasma der proximalen Tubuli erscheint nunmehr vakuolisiert. Zellfragmente treten in das Tubuluslumen über.

Glomeruli und distale Tubuli werden weniger deutlich alteriert. Frühzeichen sind somit eine Enzymurie, die auf der Abstoßung von Bürstensaumenzymen und der Freisetzung lysosomaler Enzyme basiert, und beispielsweise eine β_2-Mikroglobulinurie aufgrund tubulärer Reabsorptionsstörungen.

Im Gegensatz dazu lassen sich Frühveränderungen bei der Analgetika-Nephropathie (Tabelle 4) nicht erfassen. Die jahrelange Einnahme hoher Dosen von Mischanalgetika kann zu einer chronischen interstitiellen Nephritis führen, wie zahlreiche Statistiken belegen. Klinisch ist die schubweise Entstehung von Papillennekrosen kennzeichnend, die Hämaturie und Kolikschmerzen auslösen. In diesem Stadium sind im Ausscheidungsurogramm Kelchdeformierungen und sonographisch Verkalkungen

Tabelle 3. Positivbeispiel: Aminoglykosid-Nephropathie nach geringen therapeutischen Dosen

---

Schicksal des Arzneimittels

Glomeruläre Filtration und partielle Bindung an den Bürstensaum (geringe Affinität, große Kapazität)

Aufnahme in Lysosomen (intralysosomale Konzentration $\geq$ 10 g/l)

Frühveränderungen (0 bis 6 Tage)
Anhäufung von Phospholipiden in Lysosomen, Vergrößerung der Lysosomen, Hemmung der lysosomalen Phospholipasen und Sphingomyelinase, Abnahme der Reabsorption von exogenen Proteinen (Lysozym, β_2-Microglobulin), Abstoßung von Bürstensaumenzymen und Freisetzung von lysosomalen Enzymen (z. B. NAG)[a].

Folgeschäden (nach 6 Tagen)
degenerative Läsionen, fokale Nekrosen
Zunahme der Phospholipidexkretion, Proteinurie, hypoosmotische Polyurie, Abnahme GFR, Zunahme Serum-Kreatinin und -Harnstoff[a]

Regenerative Läsionen
tubuläre Zellproliferation und -entdifferenzierung, Tubulusdilatation, interstitielle Zellproliferation (Fibroplasten), fokale Infiltration von Entzündungsstellen

---

[a] Nachweis durch klinische Chemie

Tabelle 4. Negativbeispiel: Analgetika-Nephropathie

Analgetika-Abusus über

Tage bis Wochen	=>	akutes Nierenversagen
Wochen bis Monate	=>	interstitielle Nephritis
Jahre	=>	Analgetika-Nephropathie

Pathogenetische Hypothese
Primär ist eine Papillennekrose, aus der sich sekundär eine chronisch interstitielle Nephritis entwickelt.

Entstehung der Papillennekrose
– metabolische Aktivierung durch Prostaglandinhydroperoxidase, mit Verminderung der Markdurchblutung durch Hemmung der renalen Prostaglandinsynthese
– direkte toxische Schädigung der Vasa recta mit konsekutiver Ischämie
– Kombination beider Mechanismen $\rightarrow$ Markdurchblutung mit niedrigen pO_2-Drucken an der Papillenspitze $\rightarrow$ Vulnerabilität der Markkegel

Tiermodelle unzureichend!

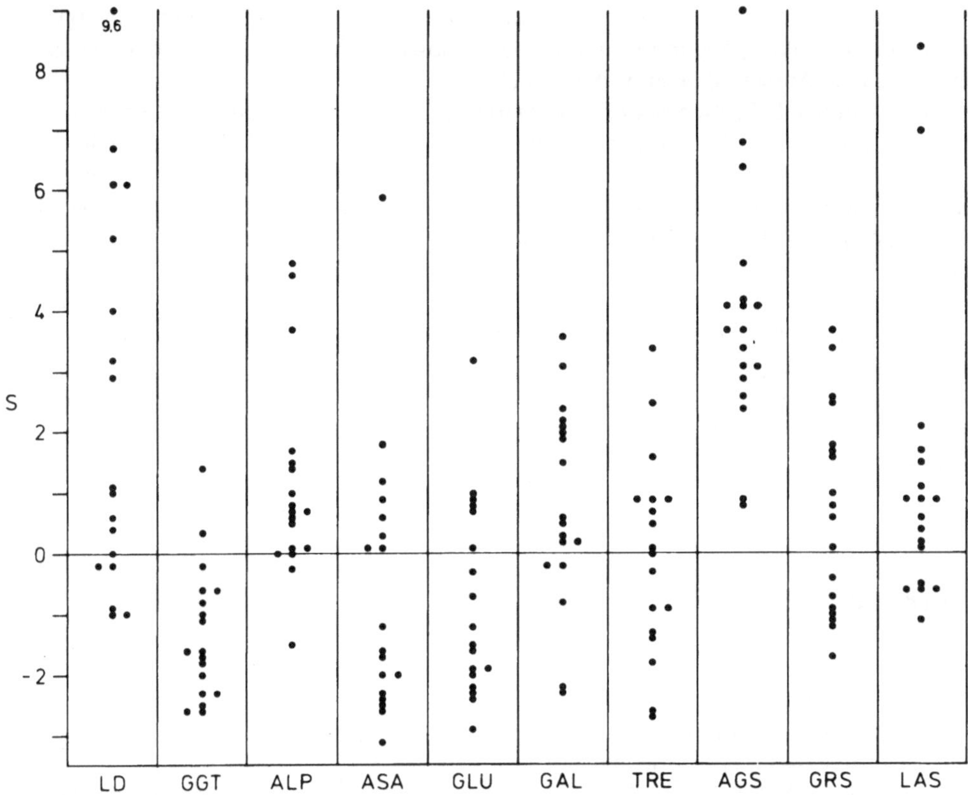

Abb. 3. Negativbeispiel: Analgetika-Nephropathie. Harnenzym-Exkretion bei Patienten mit Analgetika-Nephropathie

im Papillenbereich nachweisbar. Frühveränderungen, die erste Hinweise auf Störungen der funktionellen/biochemischen Integrität der Nephrone ergeben, konnten bisher mit nichtinvasiven diagnostischen Methoden nicht erfaßt werden. Nur gelegentlich wird eine Einschränkung der Konzentrationsfähigkeit (Osmolalität) und/oder eine fragliche Störung des Elektrolythaushaltes (Hyponatriämie, Hypocalcämie) beobachtet. Harnenzymbestimmungen (Abb. 3) lieferten selbst bei klinisch gesicherter Analgetika-Nephropathie keine konsistenten Ergebnisse [14].

Schlußbemerkung

Klinisch-chemische Parameter können prinzipiell nephrotoxische Schäden nachweisen oder ausschließen. Da die klassischen Kenngrößen (Kreatinin, Serum-Harnstoff, qualitative Harnanalyse) sich als unzureichend erwiesen haben, Frühveränderungen zu identifizieren, müssen sensitivere Suchprogramme eingesetzt werden. Ein vielversprechender Vorschlag liegt vor [10], durch Bestimmung von Gesamtprotein, IgG, Albumin, α_1-Mikroglobulin (Serum und Urin) sowie N-Acetyl-β-D-glucosaminidase erscheint eine Ausschlußdiagnostik möglich.

Sogenannte lokalisationsspezifische Marker existieren nur für diskrete Nephronabschnitte. Insgesamt unbefriedigend ist die Situation für Sammelrohr/Papille sowie für immunologisch mediierte nephrotoxische Schäden. Ausreichend große, prospektive Studien zur Sensitivität und Spezifität der identifizierten Kenngrößen (s. Tabelle 2) fehlen noch [3, 18]. Die prognostische Bedeutung von transitorischen biochemischen oder morphologischen Befunden (z. B. Harnenzymexkretionen) ist abklärungsbedürftig [11, 12, 13]. Unter Berücksichtigung der Enzymverteilungsmuster entlang des Nephrons wird die diagnostische Bedeutung von singulären Enzymerhöhungen zusätzlich eingeschränkt [5, 15, 20].

Obwohl die Klinische Chemie mit ihren nichtinvasiven Verfahren eine zunehmende Bedeutung erlangt, muß nach wie vor die Histologie als Goldstandard angesehen werden.

Literatur

1. Bach PH (1989) Detection of chemical induced renal injury: the cascade of degenerative morphological and functional changes that follow the primary nephrotoxic insult and evaluation of these changes by in-vitro methods. Toxicol Lett 46:237–249
2. Bäckman L, Appelkvist EL, Ringdén O, Dallner G (1989) Urinary Levels of Basic Glutathione Transferase as an Indicator of Proximal Tubular Damage in Renal Transplant Recipients. Transplant Proc 21:1514–1516
3. Bernard A, Lauwerys R (1989) Epidemiological application of early markers of nephrotoxicity. Toxicol Lett 46:293–306
4. Dati F, Lammers M (1989) Immunochemical Methods for Determination of Urinary Proteins (Albumin and alpha$_1$-Microglobulin) in Kidney Disease. J Intern Fed Clin Chem 1:68
5. Dubach UC; LeHir M, Gandhi R (1988) Use of urinary enzymes as markers of nephrotoxicity. Toxicol Lett 46:193–196
6. Fowler JSL (1982) Micro-, Middle and Macromolecules in Blood and Urine. In: Bach PH, Bonner FW, Bridges JW, Lock EA (eds) Proceedings – Nephrotoxicity (Assessment and Pathogenesis), John Wiley & Sons Publishers, Chister UK :66
7. Girolami JP, Bascands JL, Pécher C, Cabos G, Moatti JP, Mercier JF, Haguenoer JM, Manuel Y (1989) Renal Kallikrein Excretion as a Distal Nephrotoxicity Marker during Cadmium Exposure in Rats. Toxicology 55:117–129
8. Harrison DJ, Kharbanda R, Scott Cunningham D, McLellan LI; Hayes JD (1989) Distribution of glutathione S-transferase isoenzymes in human kidney: basis for possible markers of renal injury. J Clin Pathol 42:624–428
9. Hartmann HG, Braedel HE, Jutzler GA (1985) Detection of Renal Tubular Lesions after Abdominal Aortography and Selective Renal Arteriography by Quantitative Measurements of Brush-Border Enzymes in Urine. Nephron 39:95–101
10. Hofmann W, Guder WG (1989) A Diagnostic Programme for Quantitative Analysis of Proteinuria. J Clin Chem Clin Biochem 27:589–600
11. Jevnikar AM, Finnie KJC, Dennis B, Plummer DT, Avila A, Linton AL (1988) Nephrotoxicity of High- and Low-Osmolality Contrast Media. Nephron 48:300–305

12. Lauwerys RR, Bernard A (1987) Early Detection of the Nephrotoxic Effects of Industrial Chemicals: State of the Art and Future Prospects. Am J Industr Med 11:275–285
13. Lauwerys RR, Bernard A (1989) Preclinical detection of nephrotoxicity: description of the tests and appraisal of their health significance. Toxicol Lett 46:13–29
14. Maruhn D – Unveröffentlichte Ergebnisse
15. Maruhn D (1985) Enzymurie – Gibt es differentialdiagnostische Muster? In: Mitteilungen der Arbeitsgemeinschaft für Klinische Nephrologie, Band XIV
16. Mudge GH (1980) Nephrotoxicity of urographic radiocontrast drugs. Kidney Int 18:540–552
17. Mutti A, Alinovi R, Bergamaschi E, Fornari M, Franchini I (1988) Monoclonal Antibodies to Brush Border Antigens for the Early Diagnosis of Nephrotoxicity. In: The Target Organ and the Toxic Process, Springer Verlag, Arch Toxicol Suppl 12:162–165
18. NN (1989) Consensus statement on the health significance of nephrotoxicity. Toxicol Lett 46:1–12
19. Older RA, Miller JP, Jackson DC, Johnsrude IS, Thompson WM (1976) Angiographically induced renal failure and its radiographic detection. Am J Roentgenol 126:1039–1045
20. Reed MD, Vermeulen MW, Stern RC, Cheng PW, Powell SH, Boat TF (1981) Are Measurements of Urine Enzymes Useful during Aminoglycoside Therapy? Pediatr Res 15:1234–1239
21. Ross BD, Guder WG (1982) Heterogeneity and Compartmentation in the Kidney. In: Sies H (ed) Metabolic Compartmentation, Academic Press: 363–409
22. Sethi K, Diamond LH (1981) Aminoglycoside Nephrotoxicity and its Predictability. Nephron 27:265–270
23. Smith CR, Baughman KL, Edwards CQ, Rogers JF, Lietman PS (1977) Controlled Comparison of Amikacin and Gentamicin. N Engl J Med 296:349–353
24. Stonard MD, Gore CW, Oliver GJA, Smith IK (1987) Urinary Enzymes and Protein Patterns as Indicators of Injury to Different Regions of the Kidney. Fundament Appl Toxicol 9:339–351
25. Tulkens PM (1989) Nephrotoxicity of aminoglycoside antibiotics. Toxicol Lett 46:107–124
26. Verpooten GF, Nouwen EJ, Hoylaerts MF, Hendrix PG, De Broe ME (1989) Segment-specific localization of intestinal-type alkaline phosphatase in human kidney. Kidney Int 36:617
27. Walenkamp GHIM, Vree TB, Guelen PJM, Jongman-Nix B (1983) Interaction between the renal excretion rates of β_2-microglobulin and gentamicin in man. Clin Chim Acta 127:229–238

Diskussion

Brandis: Ich würde Sie gerne einmal fragen, ob man eigentlich von Nephrotoxizität sprechen kann, wenn wir z.B. N-Acetylglucosaminidase erhöht messen bei Aminoglykosid-Behandlung. Wir haben eine langjährige Serie bei Früh- und Neugeborenen gemacht, die ja regelmäßig dieses Medikament bei Sepsis bekommen. Wir machen eine Spiegel-Bestimmung, wir finden bei allen eine Exkretionssteigerung, und die geht auch wieder zurück. Wir haben nie funktionelle Veränderungen gesehen, wenn wir es 5, 6 Tage geben. Die Bindung an die Phospholipide ist der Effekt des Medikaments, und es kommt zu einer lysosomalen Enzymexkretion. Aber ist das eigentlich Nephrotoxizität? Sagt das überhaupt etwas aus in der Prognose, daß dann später möglicherweise, wenn man das Medikament wiederholt geben muß, oder lange geben muß, oder unbemerkt zu hoch gibt, dann toxische Effekte, also eine Funktionsverschlechterung, zu erwarten sind?

Maruhn: Das ist natürlich eine kritische Frage, der wir uns stellen müssen. Ich beziehe mich auf die Untersuchungen der Gruppe von Gibey und Dupond in Frankreich (Clin. Chim. Acta *116*, 25–34 (1981)), die meiner Meinung nach – in einem allerdings kleinen Kollektiv – den prädiktiven Wert der N-Acetylglucosaminidase-Exkretionsraten bei Gentamicin-behandelten Patienten zeigen konnten. Wobei der wichtige Punkt war, daß sie in ihre Bewertung einmal den Basiswert des Individuums und zum zweiten die Steilheit des Anstiegs einbezogen haben. Wenn der Basiswert des Patienten über 200 µmol/Tag (Spaltung von Methylumbelliferyl-N-acetylglucosaminid) lag und innerhalb von 3 bis 4 Tagen ein pathologischer Wert von 1.500 µmol/Tag erreicht wurde, dann war im weiteren Verlauf eine Funktionseinschränkung zu beobachten (11 von 11 Patienten). Bei den Patienten, die dieses Doppelkriterium nicht erfüllten, war die Entwicklung einer Funktionseinschränkung unwahrscheinlich. Für mich war die Konsequenz: wenn man entsprechende Kriterien definiert a) wie hoch ist die Ausgangslage und b) wie schnell geht der Wert in die Höhe, kann man vielleicht tatsächlich eine prädiktive Aussage über die Wahrscheinlichkeit einer späteren Funktionsstörung machen.

Stolte: Ein mehr allgemeiner Aspekt, Herr Maruhn: Ich weiß nicht, muß man denn so "entweder – oder" formulieren? Ich beschäftige mich ja nun auch seit einiger Zeit mit der Frage der Nephrotoxizität. Ist z.B. nicht eher die Frage zu stellen: bis wo führt uns die Klinische Chemie, oder was ist möglich mit der Histologie? Man könnte doch auch anders herum argumentieren: die Histologie kommt ja sehr häufig erst am Ende des Flurs, und es könnte ja viel interessanter sein, sich so zu orientieren: was gibt es noch an anderen Technologien? Es gibt neuere bildgebende Verfahren, wo wir z.B. mit der NMR-Spektroskopie sehr wohl – gerade, was die Frage der Kaskade der Ereignisse betrifft – in der Toxikologie was sagen können.

Maruhn: Ich stimme Ihnen voll zu, Herr Stolte. Meine Rolle war, etwas zur Klinischen Chemie zu sagen, und wie Sie gesehen haben, habe ich mich schon schwer getan, dieses Thema überhaupt in einer vernünftigen Zeit abzuhandeln, um Sie nicht über Gebühr zu strapazieren. Also die neueren Technologien – zumindest sind sie mir durch unsere persönlichen Kontakte bekannt – erscheinen mir sehr vielversprechend. Ich glaube schon, daß wir getrost in die Zukunft schauen können, mit und ohne Klinische Chemie. Ich wollte es auch nicht ganz negativ dargestellt haben wollen.

Heidland: Zur Problematik der Funktionsprüfung der Papillen möchte ich auf den DAVP-Text hinweisen, als ergänzende Möglichkeit. Herr Schüttgen hat sich ja sehr eingehend damit beschäftigt. Theoretisch könnten wir den Patienten morgens DAVP-Nasentropfen anbieten und nach zwei Stunden die Konzentrationsleistung als Osmolarität bestimmen. Das wäre nach meiner Vorstellung die einzige Möglichkeit, die sich heute klinisch anbietet.

Maruhn: Das würde ich unterstützen, Herr Heidland, daß man daran geht, einen Stimulus zu setzen, um eine Funktionsantwort auszulösen. Aber ohne daß man das intensiviert, ist, so glaube ich, unsere Batterie an Testverfahren noch ziemlich dünn. Ich kann mich aus dem persönlichen Bereich zuerst einmal nur auf das Tierexperiment berufen, und da haben uns alle diese Parameter im Stich gelassen. Wir haben erst etwas gemerkt, als der Schaden dann nach vielen Wochen manifest war. Keiner der Parameter, die wir routinemäßig longitudinal messen, hat uns irgend ein Signal gegeben.

Guder: Ich wollte Herrn Brandis Recht geben: zusätzlich zu der Problematik, daß bei Enzymurien nach Gaben von Medikamenten die Entscheidungsgrenze: "was ist gefährlich für den Patienten und was nicht" noch nicht festgelegt wurde – dazu sollte unter anderem solch ein Treffen dienen – ist unsere Misere, daß wir keinen Kliniker finden, der heute bei einer Enzymurie als einzigem Symptom eine Punktion zur Verifizierung des Schadens durchführen würde. Das macht man eben nur, wenn deutliche, lehrbuchhafte Schäden vorliegen. D.h. wir finden in der Humanpathologie selten einen Partner, der zufällig von dem Patienten auch eine Nierenpunktion hat – aus anderen Gründen. Deshalb ist es sehr schwer, hier den Goldstandard Histologie anzuwenden, um neue diagnostische Kriterien zu prüfen ...

Maruhn: und ihren Stellenwert zu definieren.

Simane: Es wurde auch schon die Rolle der Klinischen Chemie bzw. der Harnenzyme bei der Entwicklung von neuen Substanzen erwähnt, d.h. bei der klinischen Prüfung. Ist die Aussagekraft solcher Tests ausreichend, um bei den sogenannten gesunden Probanden eine Nierenschädigung oder Nierenerkrankung auszuschließen?

Maruhn: Für den Ausschluß einer Nierenerkrankung ziehen wir sie regelmäßig heran, um auch sicher zu sein, daß nicht diskrete, noch nicht durch eine Funktionseinschränkung angezeigte Schäden beim Probanden vorhanden sind. Aber ich darf auch sagen, daß wir bei allen Neuentwicklungen das Instrument der Harnanalytik – ich möchte das nicht auf die Enzyme beschränken, denn wir machen eine ganze Batterie – regelmäßig einsetzen. Die Fragestellung in der klinischen Pharmakologie ist ganz eindeutig, daß wir früh erkennen müssen, ob sich überhaupt etwas ereignet. Welche Konsequenzen wir daraus ziehen und wie wir es bewerten, ist ein zweiter Schritt. Aber wir setzen dieses Instrument regelmäßig ein und entscheiden dann auf der Basis aller vorliegenden Befunde: was tun wir jetzt? Und da haben wir eine günstige Voraussetzung: wir kennen ja die Variabilität der Enzym-Exkretion oder der anderen Parameter über die Zeit beim Gesunden. Und wir haben ja auch Kontrollgruppen in einem randomisierten Vergleich parallel am selben Tag laufen. Und wir haben eine günstige Voraussetzung für die statistische Evaluation.

Akutes Nierenversagen und Transplantation

Moderator: F. Bidlingmaier

Pathomechanismen des akuten Nierenversagens

K. Thurau

Das akute Nierenversagen ist zunächst einmal klinisch definiert; es charakterisiert einen bestimmten Funktionszustand. Meist setzt dieses Geschehen relativ schnell ein und ist klassischerweise reversibel. Es ist charakterisiert durch ein niedriges Glomerulumfiltrat, ein Fehlen der Konzentrierungsfähigkeit und eine relativ hohe Natriumkonzentration im Urin. Das Harnvolumen sagt über das Vorliegen eines akuten Nierenversagens weniger aus, es kann niedrig (oligurisch), auch normal und höher (polyurisch) sein. Als Folge des niedrigen Filtrats kommt es zur Retention von harnpflichtigen Substanzen im Blut. Diese Befunde sind äußerst monoton, unabhängig davon, welche pathogenetischen Faktoren das Nierenversagen verursacht haben und dadurch auf primär sehr unterschiedliche zelluläre Mechanismen eingewirkt haben. Ich werde in dieser kurzen Darstellung versuchen, weniger auf die zellulären Mechanismen als auf die intrarenalen Funktionsveränderungen einzugehen, die zu diesem recht monotonen Funktionszustand der Niere und somit des Einzelnephrons führen, unabhängig von der Vielzahl der auslösenden Mechanismen. Auf einige Aspekte möchte ich in dieser Darstellung besonders eingehen: Einmal die Mechanismen, die am Tubulus diesen Funktionszustand bedingen. Es besteht Einigkeit darüber, daß die Phänomenologie des akuten Nierenversagens Ausdruck von Prozessen ist, die primär an den tubulären Zellen und weniger am Glomerulum ablaufen [1]. Des weiteren bedingt die zelluläre Heterogenität im Verlauf eines Nephrons Besonderheiten, die eine bedeutsame Rolle erlangen. Schließlich werde ich kurz auf therapeutische Konzepte aus diesen Erkenntnissen eingehen.

Wie aus Abb. 1 zu ersehen ist, besteht die Hauptarbeit der Tubuluszellen in einem hohen Umsatz von extrazellulärer Flüssigkeit, der energetisch durch vorrangig membrangebundene Elektrolyttransporte sowohl in resorptiver als auch sekretorischer

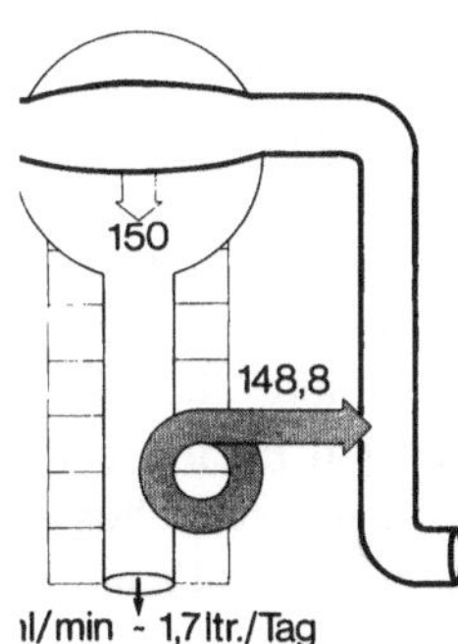

Abb. 1. Flüssigkeitsumsatz (ml pro min) in beiden Nieren des Menschen

Richtung unterhalten wird. Demgegenüber handelt es sich energetisch gesehen bei der glomerulären Filtration nicht um eine Leistung der Niere sondern des Herzens durch Vermittlung über den arteriellen Druck. Die Niere stellt für die Filtration nur die Strukturen bereit. Im Vordergrund unserer Betrachtungen muß daher die tubuläre Funktion stehen. Diese ist im Detail klinisch jedoch nur schwer erfaßbar und quantifizierbar. Die dominierende resorptive Funktion läßt sich jedoch experimentell quantifizieren. Eines der dazu benutzten Verfahren ist die Mikropunktionstechnik, bei der man oberflächliche Tubuli punktiert, zwischen zwei gefärbten Öltröpfchen eine zu resorbierende Flüssigkeitsmenge injiziert und das Verschwinden dieser Flüssigkeit auf dem Tubulus anhand des Zusammenrückens der Öltropfen mißt (Split droplet technique [2]). In allen experimentellen Modellen des akuten Nierenversagens ist die tubuläre Resorptionskapazität entsprechend dem Schädigungsgrad verringert. Mit dieser Technik kann die Frage untersucht werden, an welcher Stelle Noxen auf den Tubulus wirken und so zu segmentalen Störungen der Nephronfunktion führen.

Eine andere Analysetechnik, die Elektronenstrahlmikroanalyse hat sich als äußerst nützliche Methode herausgestellt zur Lokalisierung von zellulären Funktionseinschränkungen entlang des Nephronverlaufes. Mit diesem Verfahren lassen sich an Schnitten von schockgefrorenem Nierengewebe die Elektrolytkonzentrationen in definierten Zellen des Tubulus quantifizieren.

Dieses Verfahren ist zur Lokalisation zellulärer Schädigungen beim Nierenversagen besonders geeignet, da die intrazelluläre Elektrolytzusammensetzung ein besonders empfindliches Schädigungssignal darstellt. Eine Veränderung der intrazellulären Elektrolyte tritt wesentlich früher auf als morphologisch faßbare Veränderungen [3]. Nach 20 min Ischämie ist in den proximalen Tubuluszellen die Natriumkonzentration bereits auf 100 mmol/kg angestiegen, begleitet von einer entsprechenden Abnahme der K^+-Konzentration. Dagegen zeigt der distale Tubulus zu diesem Zeitpunkt noch keine Veränderungen (Abb. 2). Erst nach 60 min Ischämie werden am distalen Tubulus Zeichen der Schädigung deutlich. Diese Ergebnisse zeigen, daß distale Tubuluszellen, verglichen mit proximalen Tubuluszellen, wesentlich resistenter gegenüber Hypoxie sind. Auch die Zellen des Nierenmarks zeigen eine unterschiedliche Empfindlichkeit gegenüber Hypoxie. Besonders sensibel ist die pars recta des proximalen Tubulus (absteigender, dicker Schleifenschenkel). Solche Analysen lassen sich nicht nur nach Hypoxie, sondern auch nach Schädigung durch verschiedene nephrotoxische Substanzen durchführen [4]. Auf diese Weise läßt sich der primäre Schädigungsort feststellen, der schließlich zu dem Bild des akuten Nierenversagens führt.

Eine besondere Rolle scheint Adenosin bei der Entstehung des Nierenversagens zu spielen. In der Niere führt Adenosin im Gegensatz zu anderen Gefäßgebieten zur Vasokonstriktion [5]. Die Befunde sprechen dafür, daß Adenosin in der Niere die vasokonstriktorische Komponente Angiotensin II über eine Reninaktivierung stimuliert [5]. Diese Mechanismen bedingen, daß die durch hypoxische Schädigung in der Niere vermehrt freigesetzten Adenosinmengen zusätzlich zur Minderdurchblutung führen. Die Frage der daraus sich ableitenden Hypoxanthin- und Radikalbildung über die Xanthinoxidase ist im Zusammenhang mit dem akuten Nierenversagen noch nicht geklärt. Zusätzlich kommt hinzu eine intrazelluläre Azidose, die Bildung von Phospholipidabbauprodukten sowie der Anstieg des intrazellulären Kalziums, alles Phäno-

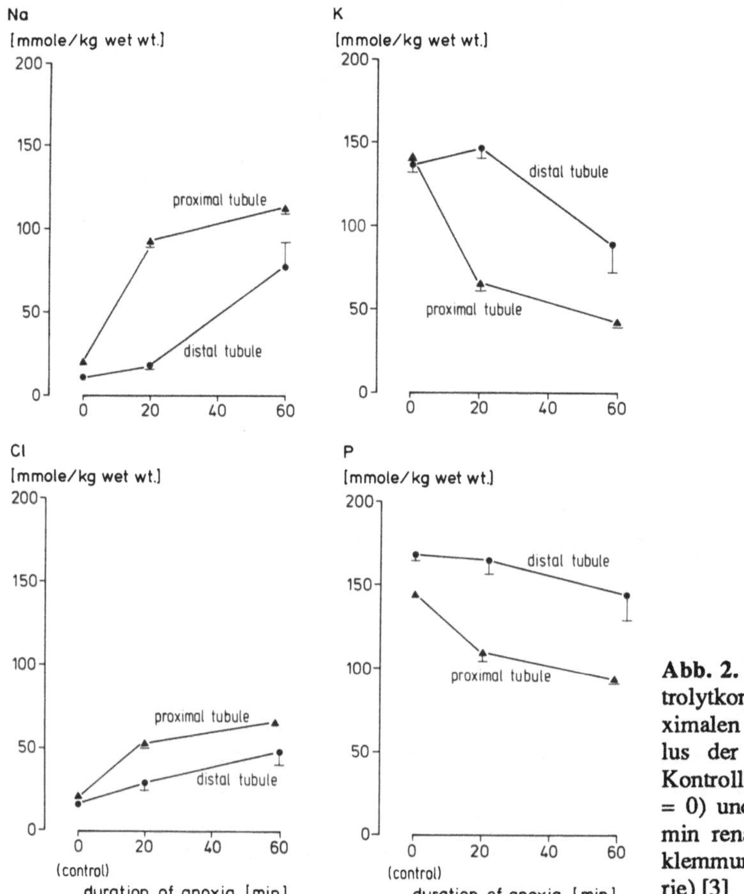

Abb. 2. Intrazelluläre Elektrolytkonzentration im proximalen und distalen Tubulus der Rattenniere unter Kontrollbedingungen (Zeit = 0) und nach 20 bzw. 60 min renaler Ischämie (Abklemmung der Nierenarterie) [3]

mene, die schließlich einen Zusammenbruch des zellulären Energie- und Funktionsstatus bedingen.

Wie kommt es zu der beim akuten Nierenversagen stets nachweisbaren Verminderung des glomerulären Filtrats bei primärer, tubulärer Schädigung, die hier in Würzburg Wollheim als erster richtig als akute tubuläre Insuffizienz bezeichnet hat [6]? Es gibt auch an der nicht geschädigten Nieren eine Regulation des Glomerulumfiltrats, die an die Funktion des Tubulus gebunden ist. Ort dieser Interaktion ist eine spezifische Struktur am Ende der Henle'schen Schleife, die macula densa, die über den juxtaglomerulären Apparat mit dem Glomerulum gekoppelt ist (Abb. 3).

Bei diesem tubulo-glomerulären Rückkopplungsmechanismus zur Einstellung des Glomerulumfiltrates [7] dient die NaCl-Konzentration in der Tubulusflüssigkeit an den macula densa-Zellen als Signal für die Intaktheit der tubulären Resorptionskapazität. Eine niedrige NaCl-Konzentration signalisiert hohe Resorptionskapazität, was zu der Einstellung des normalerweise hohen Glomerulumfiltrates führt. Bei Schädigung der tubulären Resorptionsfunktion steigt die NaCl-Konzentration an der macula densa an und führt über die Aktivierung des Renin-Angiotensin-Systems im jux-

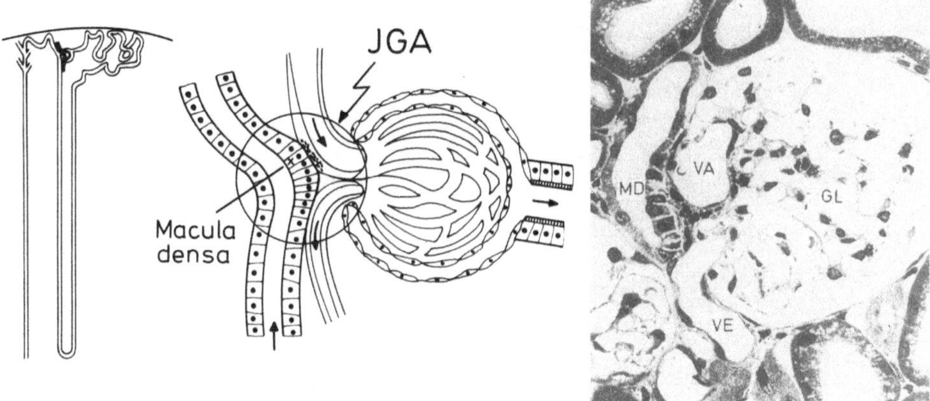

Abb. 3. Juxtaglomerulärer Apparat (JGA). Räumliche Zuordnung zwischen Tubulus am Ende der Henle'schen Schleife und glomerulärem Gefäßpol des gleichen Nephrons. *Links:* Einzelnephronanordnung. *Mitte:* Schematische Darstellung des Kontaktes zwischen Tubulusstruktur und Gefäßpol. *Rechts:* Histologisches Bild des JGA's. *MD* = Macula densa; *VA* = vas afferens; *VE* = vas efferens; *GL* = Glomeruläre Kapillaren

taglomerulären Apparat zu einer Konstriktion der glomerulären Arteriolen, und somit zu einer Abnahme von glomerulärer Durchblutung und Filtratbildung.

Dieser tubulo-glomeruläre Rückkopplungsmechanismus spielt in einer bestimmten Phase des akuten Nierenversagens eine entscheidende Rolle, um einen Volumenverlust über die Niere zu verhindern, der andernfalls bei tubulärer Schädigung der Resorptionsfunktion eintreten würde, wenn das Filtrat zu hoch bliebe [8].

Würde beispielsweise das Glomerulumfiltrat bei 125 ml/min normal hoch bleiben und die tubuläre Resorptionskapazität nur auf 100 ml/min vermindert sein (Differenz 25 ml/min), würde es pro Tag zu einem Volumenverlust mit dem Urin von fast 35 l kommen. Insofern handelt es sich bei der Anpassung des Filtrates an einen geschädigten Tubulus um einen volumenkonservierenden Mechanismus (tubuloglomeruläre Balance).

Dies ist in Abb. 4 schematisch dargestellt. Die Folge der intrarenalen Reduktion des Glomerulumfiltrats sind schließlich die in der Klinischen Chemie beobachteten Anstiege der Serumkonzentrationen von Harnstoff und Kreatinin. Etwa 50% des Filtrats unterliegt diesem Steuerungsmechanismus. Dies scheint mir ein klinisch wichtiger Punkt, der selten beachtet wird: Eine Abnahme des Glomerulumfiltrates um 50% (Verdopplung der Kreatininkonzentration im Plasma) hat kaum therapeutische Konsequenzen, obwohl sie anzeigt, daß die resorptive Funktion des Tubulusepithels bereits schon auf die Hälfte abgefallen ist. Meist bedarf es noch stärkerer Filtrateinschränkungen, damit therapeutische Konsequenzen entstehen.

Das klinische Bild eines akuten Nierenversagens folgert aus den Zusammenhängen zwischen tubulärer Insuffizienz und Filtrateinschränkung: relativ hohe Natriumausscheidung als Ausdruck der tubulären Schädigung und hohes Plasmakreatinin als Ausdruck der Filtratanpassung.

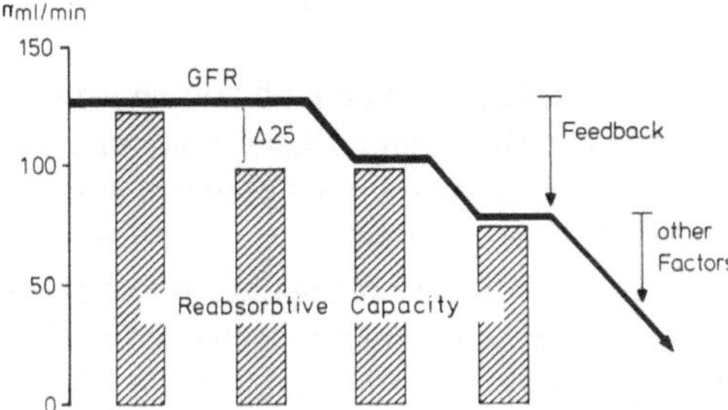

Abb. 4. Beziehung zwischen Glomerulumfiltrat *(dicke Linie)* und Abnahme der tubulären Resorptionskapazität *(Säulen)* als Folge tubulärer Insuffizienz. Bei normaler Nierenfunktion *(linker Teil)* beträgt die Resorptionskapazität etwa 124 ml/min, was die Einstellung eines hohen Filtrates von 125 ml/min ermöglicht. Die Differenz von 1 ml (Unterschied zwischen Säulenhöhe und Filtrat) ist identisch mit dem Harnvolumen. Bei einer leichten tubulären Insuffizienz mit einer Einschränkung der tubulären Resorptionskapazität auf 100 ml/min würde bei unverändert hohem Filtrat von 125 ml ein Volumenverlust von 25 ml/min als Harn erfolgen (35 ltr pro Tag). Durch Reduktion des Filtrats (Neueinstellung der tubulo-glomerulären Balance) auf das der verminderten Resorptionskapazität angepaßte niedrige Niveau (101 ml/min) wird der Volumenverlust verhindert. Bis zu einer Filtrathalbierung ist diese Balance-Einstellung vornehmlich durch die Funktion des tubulo-glomerulären Rückkoppelungsmechanismus bedingt. Bei stärkerer Filtratreduktion kommen zusätzliche Faktoren ins Spiel, die zu einer weiteren Abnahme der Nierenfunktion führen

Bei Regeneration der tubulären Epithelfunktion und seiner Resorptionskapazität sinkt die Natriumkonzentration im Urin und auch das Filtrat steigt wieder an, wie es aus der Abnahme des Kreatinins zu beobachten ist. Im allgemeinen kann man sagen, daß eine Natriumkonzentration im Urin über 40 mmol/l, besonders bei Oligurie, eine tubuläre Insuffizienz anzeigt.

Tabelle 1 faßt diese Vorstellungen über die intrarenalen Phänomene beim akuten Nierenversagen in ihren Sequenzen zusammen: Primär kommt es zu einer zellulären

Tabelle 1. Primäre Ursachen und daraus sich ergebende Folgeerscheinungen bei der akuten tubulären Insuffizienz

Auslösende Ursachen	Folgeerscheinungen	Klinischer Befund
Hypoxie	Aktivierung des tubulo-	Abnahme von Filtrat
Ischaemie	glomerulären Rückkop-	und Durchblutung
Nephrotoxische	pelungsmechanismus	Retention harnpflichtiger
Substanzen	Vasokonstriktion	Substanzen
	Zellschwellung	Abnahme von Konzentrie-
"Zellschädigung"	Permeabilitätserhöhung	rungs- und Ver-
	von Zellmembranen	dünnungsfähigkeit
(ganzes Nephron oder	Interstitielles Oedem	Anstieg der fraktionellen
einzelne Nephronsegmente)	Tubulus-Zylinder	Na^+-Ausscheidung und
	Vasculäre Congestion	der Na^+-Konzentration
	Blutgerinnung	im Harn

Schädigung, Ödeme und Vasokonstriktion führen zu einer Verminderung der Filtration bei hoher Natriumausscheidung.

Abschließend darf ich noch kurz zu der Frage Stellung nehmen, ob und an welcher Stelle man in diese Mechanismen therapeutisch eingreifen kann. Bisher muß man sich noch darauf beschränken, daß man den allgemeinen Zustand des Organismus durch symptomatische Therapie optimiert z. B. den Säure-Basen-Haushalt, die Elektrolyte und den Stoffwechsel und durch Dialyse, um damit Zeit für eine spontane Regeneration der Tubulusfunktion zu gewinnen. Wie auch bei anderen Organgeweben handelt es sich um Zeitabläufe meist von 8–14 Tagen, bis sich eine Reversibilität des akuten Nierenversagens einstellt. Diese ist aber nicht die Folge einer kausalen Therapie des akuten Nierenversagens, sondern Folge der Spontanheilung der Tubuluszellen.

In letzter Zeit hat es jedoch auch Versuche gegeben, gezielt in die gestörte Zellfunktion beim akuten Nierenversagen einzugreifen. Eine japanische Gruppe war die erste, welche durch den Versuch, ATP in die Tubuluszelle einzuschleusen, die Erholungsphase des akuten Nierenversagens beschleunigen konnte [9, 10]. Seitdem gab es weltweit Bemühungen, diese Therapieform durch Adeninukleotidinfusion zu optimieren.

Infundiert man im Tierexperiment im Anschluß an eine einstündige Ischämie der Niere (Nierenarterienabklemmung) ATP-MgCl$_2$ oder Adenosin in niedrigen, nicht-konstriktiven Dosen in die Nierenarterie, dann lassen sich in den folgenden Tagen gegenüber nicht behandelten Nieren Verbesserungen in der Tubulusfunktion (fraktionelle Na$^+$-Resorption, osmotische Konzentrierungsfähigkeit) und damit verbunden einen beschleunigten Wiederanstieg des Glomerulumfiltrates nachweisen (Abb. 5). Dieses Prinzip ist jedoch beim Menschen wegen der hämodynamischen Nebenwirkungen nicht anzuwenden, kann also nur ein konzeptioneller Ansatz für eine zukünftige Therapieentwicklung gelten. Das Ziel einer kausalen Therapie muß es sein, die zellulären Funktionseinschränkungen des Tubulus gezielt zu beheben, um dadurch die Reversibilität des akuten Nierenversagens zu beschleunigen. Eine solche kausal ausgerichtete Therapie würde auch dazu beitragen, daß weniger Fälle von akutem Nierenversagen in ein chronisches Nierenversagen übergehen.

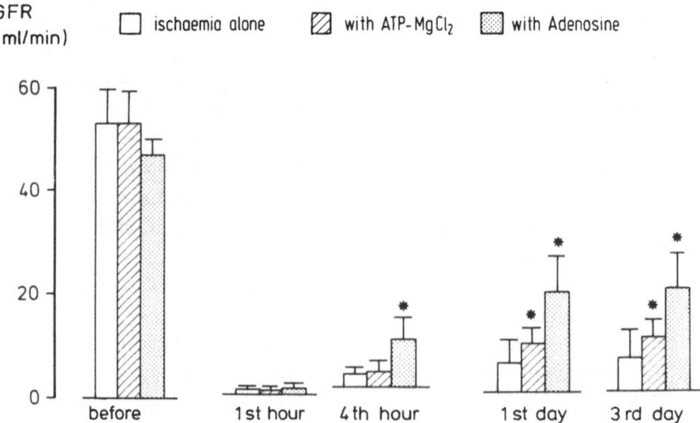

Abb. 5. Postischämisches Verhalten des Glomerulumfiltrates bei Infusion von ATP-MgCl$_2$ oder Adenosin in die Nierenarterie [11]

Bei der Vielzahl von pathogenetischen Faktoren, die das Bild eines akuten Nierenversagens erzeugen können, wie Hypoxie, Pharmaka, Metall-Ionen, organische Lösungsmittel, etc. muß man davon ausgehen, daß unterschiedliche zelluläre Prozesse primär gestört werden (Energiebereitstellung, Membranstrukturen, Enzymaktivitäten etc.). Eine optimale Kausaltherapie müßte im Idealfall diese unterschiedlichen Stoffe berücksichtigen. Dies ist ansatzweise heute erst in sehr beschränktem Umfang möglich[1]. Es ist vorauszusehen, daß sich in der Zukunft eine starke Differenzierung in der Kausaltherapie des akuten Nierenversagens entwickeln wird.

Unbeschadet dieser Zukunftsaspekte sollte man m.E. jedoch auch heute bei dem Entstehen eines akuten Nierenversagens zeitig genug therapeutisch tätig werden und nicht abwarten, bis das Plasma-Kreatinin auf 3–5 mg/dl angestiegen ist. Dieser Kreatininanstieg deutet an, daß die Niere, d.h. der Tubulusapparat nur noch zu etwa 25% funktioniert. Dies ist bereits eine schwere Funktionseinschränkung und sicherlich für den Beginn einer Therapie sehr spät.

---

[1] Zu Calmodulin-Antagonisten und PEP-Pathway gibt es bisher keine Befunde in Bezug zum akuten Nierenversagen. Zur Veränderung des Zytoskeleton bei ischämischer Nierenschädigung liegen neuere Befunde vor, die eine ausgedehnte Zerstörung von Mikrofilamenten und eine diffuse Verteilung der Aktin-Immunofluoreszens zeigen, die normalerweise in der apikalen Region der proximalen Tubuluszellen lokalisiert ist. Der Verlust der Zellpolarität wird durch eine Umverteilung von membrangebundenen Enzymsystemen dokumentiert, die normalerweise nur in der basolateralen oder der apikalen Membran lokalisiert sind. Die Normalisierung der Zellpolarität benötigt nach einer 50 min Ischämie etwa eine Woche.

Literatur

1. Bohle A, Jahnecke J, Meyer D and Schubert GE Morphology of acute renal failure: comparative data from biopsy and autopsy. Kidney Int 10:S9, 1976
2. Gertz KH Transtubuläre Natriumchloridflüsse und Permeabilität für Nichtelektrolyte im proximalen und distalen Konvolut der Rattenniere. Pflügers Arch Ges Physiol 276:336–356, 1963
3. Mason J, Beck F, Dörge A, Rick R and Thurau K Intracellular electrolyte composition following renal ischemia. Kidney Int 20:61–70, 1981
4. Matsuda O, Beck F, Dörge A and Thurau K Electrolyte composition of renal tubular cells in gentamicin nephrotoxicity. Kidney Int 33:1107–1112, 1988
5. Thurau K Renal hemodynamics. Am J Med 36: 698–719, 1964
6. Wollheim E Tubuläre Insuffizienz. Int Nierensymp Würzburg "Glomeruläre und tubuläre Nierenerkrankungen", Stuttgart: Thieme, 1962
7. Thurau K and Mason J The intrarenal function of the juxtaglomerular apparatus. In: Thurau K (ed) Kidney and Urinary Tract Physiology. Series One, Vol 6, MTP Int Review of Science, Butterworths, London; University Park Press, Baltimore 357–389, 1974
8. Thurau K, Boylan JW Acute renal success: The unexpected logic of oliguria in acute renal failure. Am J Med 61:308–315, 1976

9. Osias MB, Siegel NJ Postischemic renal failure. Accelerated recovery with adenosine tri-phosphate-magnesium chloride infusion. Arch Surg 112:729, 1977
10. Hirasara H, Kobayashi H, Ohtake Y, Odaka M, Sato H Effects of ATP-MgCl$_2$ or ATP-Na$_2$ administration on renal function and renal cellular metabolism following renal ischemia. Circ Shock 10:105, 1983
11. Dienemann H, Hesse U, Brechtelsbauer H, Mason J, Thurau K Ischaemic renal failure in conscious dogs: Enhanced recovery with ATP-MgCl$_2$ and adenosine. Europ Surg Res 16, Suppl 1:39, 1984

Diskussion

Silbernagl: Wir hatten gestern über die Bedeutung von Furosemid bei der Behandlung des akuten Nierenversagens diskutiert. Furosemid würde die Zellen des aufsteigendes Schenkels der Henle'schen Schleife metabolisch entlasten können. Gleichzeitig unterbricht Furosemid den tubuloglomerulären Feedback. Man müßte Furosemid nur zeitig genug zusammen mit Flüssigkeitsersatz für den diuresebedingten Volumenverlust geben. Was meinen Sie dazu?

Thurau: Bei der Diskussion über die Wirkung von Furosemid auf den aufsteigenden Schleifenschlenkel wird m.E. diesem eine zu stark betonte Bedeutung für das akute Nierenversagen zuerkannt. Neuere Untersuchungen von Herrn Beck in unserem Institut zeigen, daß der absteigende Schleifenschenkel sogar noch empfindlicher als der aufsteigende Schenkel z.B. auf Hypoxie reagiert. Zudem sind die Argumente hinsichtlich einer "metabolischen Entlastung" des aufsteigenden Schenkels durch Furosemid und damit einer Schutzfunktion dieser Substanz keineswegs schlüssig. Dagegen ist die Möglichkeit einer positiven Filtratbeeinflussung durch Furosemid reel, da Furosemid in der Tat die macula densa-Empfindlichkeit auf NaCl in der Tubulusflüssigkeit herabsetzt. Diese Wirkung des Furosemid wird besonders dann auftreten, wenn die zellulären Schädigungen und damit das Nierenversagen relativ gering sind bzw. es sich um eine sehr frühe Phase des Nierenversagens handelt. Zweifellos ist mit einem erhaltenen bzw. weniger eingeschränkten Filtrat auch eine bessere tubuläre Stromstärke verbunden, was der Ausbildung von Zylindern entgegenwirkt.

Grundsätzlich sollte man aber nicht das Heil einer initialen Therapie des akuten Nierenversagens in der Normalisierung des Glomerulumfiltrates sehen, denn die Verminderung des Filtrates ist ja eine Folge der primären tubulären Schädigung. Erst wenn der zelluläre Defekt der Tubuli behoben ist, kann von den Tubuli auch wieder ein hohes, normales Filtrat resorbiert und "bearbeitet" werden.

Gressner: Ich darf noch einmal den Aspekt der Cytoprotektion aufgreifen: Sie haben erwähnt, daß es zum intrazellulären Anstieg von Kalzium kommt, und soviel ich weiß, greift ja die Kalzium-Erhöhung durchaus kausal in den Pathomechanismus der Zellnekrose ein. Meine Frage: wieweit ist es möglich, durch Interferenz mit dem Kalzium-Stoffwechsel der Zelle eine Cytoprotektion zu erreichen; zum Beispiel durch Arzneimittel wie Nifedipin, Chlorpromazin oder Verapamil; durch Kalzium-Antagonisten, durch Interferenz mit dem PEP-Pathway oder Calmodulin-Antagonisten? Daran anschließend noch eine weitere Frage: Wie sieht es mit der protektiven Wirkung von Dimethyl-prostaglandin E2 auf die post-ischämische Tubulusnekrose aus?

Thurau: Ich bin Ihnen sehr dankbar, daß Sie diese Fragen noch aufgegriffen haben. Das intrazelluläre Kalzium steigt in der Tat bei den verschiedensten Schädigungsarten an. Es gibt eine Vielzahl von Untersuchungen experimenteller Art, den Einstrom von Kalzium bei Schädigung durch Kanal-Inhibitoren zu verhindern, um damit eine Zellprotektion zu erreichen. Die Befunde sind nicht negativ, aber auch nicht durchgängig positiv. Dies ist nicht verwunderlich, da dem recht monotonen Bild des akuten Nierenversagens ganz unterschiedliche Pathomechanismen zugrunde liegen. Man kann gar nicht erwarten, daß mit einer einzelnen Therapieform bei der Vielzahl der zellulären Schädigungsarten (Anoxie, Gifte, Lösungsmittel, Antibiotika etc.) ein einheitlicher Erfolg erzielt werden kann. Ca^{++}-Kanalblocker gehören zweifellos in das Arsenal therapeutischer Möglichkeiten (s. a. Fußnote auf S. 123).

Guder: Ich möchte noch einmal auf das diagnostische Dilemma in der Krisensituation des akuten Nierenversagens eingehen: in den Hunde-Untersuchungen, die Sie zeigten, haben wir damals versucht, ob wir durch Analyse des Urins eine Früherkennung erreichen können; dabei haben sich leider die Harnenzyme als ungeeignet erwiesen. Es war kein Unterschied zwischen geschädigten und behandelten geschädigten Tieren zu erkennen; die funktionellen Parameter, die Herr Thurau zeigte, waren noch das Beste!

Wir haben in den letzten Jahren in unserer Klinik aber ein Kollektiv von 20 akuten Nierenversagen gesammelt. Dabei hatten wir das große Glück, daß wir die Urine der Tage vor dem Auftreten des akuten Nierenversagens noch hatten. Der Zeitpunkt, an dem das Nierenversagen vom Kliniker bemerkt wurde, war der, an dem das Kreatinin um 0,5 mg/dl anstieg. Das wurde definiert als der Zeitpunkt, "an dem die Kliniker aufmerksam werden". Wir haben dann die Urine der 4 zurückliegenden Tage untersucht, um festzustellen, ob irgend eines der Harnproteine oder -Enzyme ansteigt. Zusammenfassend muß ich sagen, daß alle Proteine nichts brachten, bis auf das α_1-Mikroglobulin, das wir durch Herrn Weber aus Göttingen kennengelernt haben, welches als einziges Protein die tubuläre Insuffizienz bereits signifikant einen Tag vor dem Kreatinin-Anstieg im Serum angezeigt hat. Hieraus ergibt sich vielleicht eine zukünftige, neue Warngröße für das drohende Nierenversagen.

Thurau: Jeder Ansatz zur Erfassung eines frühen Indikators ist von größter Bedeutung zur Früherkennung eines akuten Nierenversagens – was eine unerlässliche Voraussetzung für eine erfolgreiche Therapie ist!

Silbernagl: Darf ich Herrn Guder noch fragen: haben Sie – um den Gedanken von Herrn Thurau aufzugreifen – während dieser Zeit auch das Natrium im Urin gemessen?

Guder: Ja, wir haben das Natrium gemessen. Die Na-Konzentration war absolut nicht verwendbar, weil alle Patienten unter Infusionstherapie – mit 4 bis 6 Litern pro Tag – standen und dadurch das Natrium immer niedrig war. Ebenso war die freie Wasser-Clearance erst dann pathologisch verändert, wenn das Kreatinin schon angestiegen war. Alle bekannten Parameter gingen entweder parallel mit dem Kreatinin oder stiegen erst später an.

Heidland: Es ist hochinteressant, Herr Guder, daß Sie in diesen Fällen eine erhöhte Ausscheidung von α_1-Mikroglobulin gemessen haben. Aber es hat sich inzwischen doch gezeigt, daß prinzipiell jeder größere Eingriff zu einer tubulären Proteinurie führt und daß wir wohl nicht diskriminieren können, welche Subgruppe ins Nierenversagen einmünden wird.

Guder: Darf ich das kurz kommentieren: ich hatte vielleicht nicht klar gesagt, daß das Vergleichskollektiv polytraumatisierte, frisch operierte Patienten waren. Die Differenzierungsgrenze zwischen beiden Kollektiven war nicht die obere Normalgrenze, sondern war um den Faktor 4 höher. Daß heißt, alle Patienten hatten eine tubuläre Proteinurie; aber innerhalb des Kollektivs waren die beiden Gruppen signifikant verschieden.

Heidland: Ich bezog mich jetzt nur auf daß α_1-Mikroglobulin im Urin.

Guder: Das ist immer erhöht in diesem Zustand. Die Normalgrenze liegt bei etwa 16 mg/Tag; bis zu 600 mg/Tag haben wir gemessen; ab 100 mg/Tag steigt die Wahrscheinlichkeit des kommenden Nierenversagens auf 80%.

Kramer: Die metabolische Verknüpfung von Adenosin mit Vasokonstriktion und Abnahme der GFR – ebenso wie der Feedback – erklären sicher die initiale Abnahme von Nierendurchblutung und glomerulärer Filtrationsrate. Könnten Sie, Herr Thurau, vielleicht noch dazu Stellung nehmen wie es in der Folge rasch zu einer fast völligen Normalisierung der Nierendurchblutung kommt? Denn die GFR bleibt ja erniedrigt. Irgendwie müssen mit der wieder normalisierten Nierendurchblutung auch die Glomeruli durchblutet werden: was ist die Ursache für die sistierende GFR?

Thurau: In derjenigen Phase des akuten Nierenversagens, die mit einer klinisch noch nicht ins Gewicht fallenden Filtratabnahme verbunden ist, aber trotzdem schon eine ausgeprägte Schädigung der Niere anzeigt (z.B. Halbierung des Filtrats), laufen Durchblutung und Filtrat häufig parallel. Es gibt aber in der Tat auch Situationen, besonders bei stärkerer Schädigung, wo die funktionelle Abstimmung zwischen den Strömungswiderständen der afferenten und efferenten Glomerulumarteriolen durchbrochen ist. Dann können Filtrat und Durchblutung stark dissoziiert sein.

Gressner: Darf ich mich kurz an die Frage von Herrn Kramer anhängen: es gibt ein neu beschriebenes vasoaktives Peptid, "Endothelin" genannt, weil es unter anderem auch von den Endothelzellen des Glomerulums produziert wird. Dieses Peptid ist hochpotent vasokonstriktorisch und vermindert die glomeruläre Filtrationsrate. Ist es im Pathomechanismen des akuten Nierenversagens involviert?

Thurau: Dieses Thema ist experimentell von mehreren Gruppen aufgegriffen worden, ohne daß man heute schon eine Hypothese über eine Beteiligung des Endothelins an dem Zustandekommen des reduzierten Funktionszustandes bei akutem Nierenversagen formulieren könnte.

Das akute Nierenversagen:
Ursachen, Diagnostik, klinischer Verlauf

A. Heidland und M. Teschner

Das akute Nierenversagen (ANV) resultiert aus einer abrupten und anhaltenden Abnahme der glomerulären Filtrationsrate (GFR) [1]. Am häufigsten ist das akute intrinsische Nierenversagen mit Tubulusschädigung (Synonym: akute Tubulusnekrose), das überwiegend zirkulatorisch/ischämisch (sog. 'Schockniere') und im Rahmen einer Sepsis auftritt bzw. durch Nephrotoxine wie nicht-steroidale Antiphlogistika oder Antibiotika ausgelöst wird. Diese Formen des ANV sind nicht unmittelbar reversibel nach Beseitigung der auslösenden Ursache, sondern erst nach Ablauf von einer bis mehreren Wochen. Differentialdiagnostisch davon abzugrenzen ist die prärenale Azotämie oder das 'funktionelle akute Nierenversagen'. Hier kommt es ebenfalls zu einer plötzlichen Verschlechterung der Nierenfunktion mit Akkumulation von Stickstoff-Endprodukten. Letzteres ist aber Folge einer funktionellen Erniedrigung der glomerulären Filtrationsrate; der Tubulusapparat ist morphologisch intakt, nach Behebung der Ursache (z. B. Volumenkontraktion) ist die prärenale Azotämie unmittelbar reversibel [2].

Darüberhinaus kann das klinische Bild des akuten Nierenversagens auch durch postrenale Abflußbehinderungen sowie primär renoparenchymatöse Erkrankungen verursacht werden (z. B. akute interstitielle Nephritis, akute Glomerulonephritis). Eine Synopsis der wichtigsten Syndrome mit akuter Abnahme der glomerulären Filtrationsrate ist der Tabelle 1 zu entnehmen.

Tabelle 1. Akute GRF-Abnahme: Die 6 wichtigsten Syndrome

- Prärenale Azotämie durch Hypoperfusion
  (funktionelles ANV)
- Akutes intrinsisches Nierenversagen (AINV)
  mit Tubulusschädigung
  (ATN, lower nephron nephrosis)
- Akute tubulo-interstitielle Nephritis (ATIN)
- Akute Glomerulonephritis/Vasculitis
- Akute renovaskuläre Obstruktion
- Obstruktive Uropathie (postrenal)

M. Brezis et al. [1]

Die Ätiologie und Pathogenese
der funktionellen Azotämie
sowie des manifesten akuten
zirkulatorischen/ischämischen Nierenversagens

Die strenge Unterscheidung beider Krankheitsbilder ist nicht ganz gerechtfertigt, die Übergänge zwischen beiden sind fließend. Zentral auslösendes Ereignis bei beiden ist die renale Mangelperfusion, z. B. infolge eines erniedrigten arteriellen Systemdruckes mit Unterschreitung der für die glomeruläre Filtration kritischen Schwelle des Filtratdruckes (die wichtigsten Ursachen einer renalen Mangelperfusion s. Tabelle 2). Zunächst induziert der reduzierte renale Perfusionsdruck eine kortikale Hypoperfusion. Ihr klinisches Korrelat ist die prärenale Azotämie; sie ist nach Behebung der renalen Mangelperfusion unmittelbar reversibel. Besteht sie aber weiter, so kommt es neben der kortikalen auch zu einer medullären Hypoperfusion mit resultierender medullärer Ischämie [3]. Das Nierenmark ist ausnehmend vulnerabel gegenüber ischämischer Schädigungen und hier besonders der dicke aufsteigende Schenkel der Henle'schen Schleife. Letzterer operiert nämlich ständig an der Grenze zur Anoxie, ein Preis, den wir für die Fähigkeit bezahlen, unseren Primärharn so effektiv zu konzentrieren [4]. Die morphologische Konsequenz der medullären Ischämie ist die ischämische Läsion des Tubulusapparates, klinisches Korrelat das manifeste zirkulatorisch/ischämische Nierenversagen. Traditionell werden für die Auslösung und Unterhaltung der akuten Tubulusnekrose noch weitere pathogenetische Mechanismen diskutiert; ihnen liegen überwiegend tierexperimentelle Befunde zugrunde: Die Vasokonstriktion der präglomerulären Arteriolen und die Reduktion der glomerulären Filtrationsfläche durch Kontraktion der Mesangialzellen werden z. B. auch als Ursache der Erniedrigung der glomerulären Filtrationsrate vermutet, mediiert z. B. durch lokale Vasokonstriktoren wie Thromboxan, Angiotensin II oder wie neuerdings vermutet, Endothelin [5]. Gemäß der Theorie der tubulären Obstruktion fällt die glomeruläre Filtrationsrate infolge okkludierter tubulärer Lumina [6], z. B. bedingt durch ödematöse oder desquamierte nekrotische Tubuluszellen. Die Hypothese der unkontrollier-

Tabelle 2. Ursachen der Hypoperfusion

- Intravasale Volumendepletion
  renal, gastrointestinal, kutan, "Third space"
- Vermindertes HMV
  schwere Herzinsuffizienz, low output syndrome
- Selektiv erhöhter renaler Gefäßwiderstand
  Sepsis, Leberversagen, Kollaps, Hypercalcämie
- Renovaskuläre Obstruktion
  Arterienembolie/Thrombose
- Erhöhte Blutviskosität
  Multiples Myelom, Macroglobulinämie, Polyzythämie
- Aggravation einer Hypoperfusion durch Prostaglandinsynthese-Hemmer und ACE-Inhibitoren

Modifiziert nach M. Brezis et al. [1]

ten tubulären Rückdiffusion beschreibt ein Leck zwischen Tubuluslumen und Interstitium. Bei erhaltener glomerulärer Filtrationsrate wäre die renale Detoxikation dadurch aufgehoben, daß glomerulär filtrierte Harnsoluta bei defektem Tubulusapparat ungehindert in das Interstitium zurückdiffundieren [7]. Schließlich stellt die Theorie der verminderten Permeabilität des glomerulären Filters glomeruläre Störungen als Ursache der Erniedrigung der GFR bei manifestem akuten Nierenversagen in den Vordergrund. Letztlich ist aber die pathogenetische Relevanz aller dieser Faktoren für die Manifestation und Persistenz der akuten Tubulusnekrose noch nicht sicher geklärt.

Akutes Nierenversagen durch Nephrotoxine

Eine Vielzahl von Substanzen (s. Tabelle 3) kann bei entsprechender Disposition ein nephrotoxisch bedingtes ANV auslösen [1]. Eine bedeutende Rolle spielen dabei z. B. nicht-steroidale Antiphlogistika. PGE_2 und PGI_2 werden im Nierenmark synthetisiert und stellen wesentliche Protektoren des Nierenmarkes vor ischämischen Läsionen dar [8]. Die Blockade ihrer Synthese kann entsprechend deletäre Folgen haben. Bei entsprechender Disposition wie vorbestehende Nierenerkrankung und Herz- bzw. Leberinsuffizienz besteht die große Gefahr einer akuten Tubulusnekrose nach Gabe von nicht-steroidalen Antiphlogistika (NSAID). Das NSAID-assoziierte Syndrom des akuten Nierenversagens ist aber das Paradebeispiel dafür, wie schwierig seine Einteilung ist, können diese Substanzen doch neben der akuten Tubulusnekrose auch eine akute interstitielle Nephritis [9] sowie sogar postrenale Abflußbehinderungen via Papillennekrosen verursachen (s. Tabelle 4).

Wenn auch nicht tabellarisch erwähnt, so sollen unter den medikamentös ausgelösten Formen des ANV auch diejenigen erwähnt werden, die unter Behandlung mit ACE-Inhibitoren auftreten. Betroffen sind vor allem Patienten mit renovaskulärer Hypertonie. In einer Studie von Kleinknecht et al. [10] machen sie ca. 32% der medikamentös-bedingten ANV aus (Antibiotika 35%, NSAID 25%). Von Bedeutung ist auch das kontrastmittelinduzierte nephrotoxische ANV (nach Kleinknecht ca. 15% der medikamentös-bedingten ANV), betroffen sind ebenfalls Risikopatienten wie solche mit Diabetes mellitus, Herzinsuffizienz, Nierenerkrankung bzw. Plasmozytom. Die Pathogenese ist offen, diskutiert werden neben einer direkten Tubulotoxizität des Kontrastmittels eine akute Tubulusblockade [11] durch Aggregation von Kontrastmittel mit physiologisch/unphysiologischen Urinbestandteilen im Tubulussystem. Alternativ wird z. B. auch ein Kontrastmittel-induzierter Abfall des glomerulären Ultrafiltrationskoeffizienten, also eine Schädigung der Glomerulusmembran durch Kontrastmittel, erwogen [12].

Neben exogenen Nephrotoxinen kommen auch endogene (besonders Hämoglobin, Myoglobin) als Ursache eines nephrotoxischen ANV in Betracht. So kann eine Hämolyse (Transfusionszwischenfall mit Hämoglobinurie) ein tubulo-toxisches ANV auslösen.

Die Rhabdomyolyse mit konsekutiver Myoglobulinurie galt ursprünglich als pathogenetischer Teilaspekt des traumatischen ANV mit erheblicher Muskelschädigung.

Tabelle 3. Ursachen des exogenen toxischen ANV

Antibiotika	Chemotherapeutika/ Immunsuppressiva	Schwermetalle
Aminoglykoside	Cis-Platin	Gold
Cephalosporin	Methotrexat	Thallium
Sulfonamide	Cyclosporin A	Hg
	Gamma Interferon	
Kontrastmittel	Organische Solventien	Verschiedenes
Diatrizoate	Glykole	Dextrane
Isothalamate	halogenierte Hydro-carbone	Mannitol
Analgetica und NSAIDs	Giftstoffe	
Aspirin	Insektizide	
Indomethacin	Herbizide	
Acetaminophen	Thallium	
	Tetrachlorwasserstoff	

Tabelle 4. NSAIDs-assoziierte Syndrome des ANV

- Renale Hypoperfusion
  vermindertes effektives BV, präexist. Nephropathie,
  LE
- Akute tubuläre Nekrose (ischämisch, toxisch)
  anurisches NV
  oligurisches NV
  polyurisches NV
- Nephritis
  interstitielle Nephritis
  interstitielle Nephritis + nephrot. Syndrom
  nephrotisches Syndrom
  Glomerulonephritis
- Papillennekrose

Heute wird zunehmend die Bedeutung des myoglobinurischen ANV ohne evidentes Muskeltrauma erkannt, also das ANV im Rahmen einer sog. non-traumatischen Rhabdomyolyse. Gefährdet sind besonders Alkoholiker im Alkoholentzugsdelir, Sportler nach exzessiver körperlicher Belastung (Marathonläufer), Drogenabhängige (Heroin, Kokain), Patienten nach generalisierten zerebralen Krampfanfällen und solche mit vorbestehender eingeschränkter Nierenfunktion unter überdosierter Therapie mit Lipidsenkern (Clofibrat) (Tabelle 5) [13]. Prädisponierender Faktor dieser Formen des myoglobinurischen ANV ist ebenfalls die Volumenkontraktion.

Tabelle 5. Ursachen der Rhabdomyolyse

- Direkte Muskelschädigung
- Exzessive Muskelaktivität
  Sport, Krämpfe, Delirium, Status asthmaticus
- Ischämie
  Kompression, Gefäßverschluß
- Metabolische Störungen
  Diabetisches Koma,
  $\downarrow K^+$, $\downarrow Na$, $\downarrow PO_4^-$, $\uparrow Na^+$
- Medikamente
  Clofibrat, Lovostatin
- Toxine
  Äthanol, Äthylenglykol, Heroin, Kokain
- Infektionen
  Tetanus, Legionärskrankheit, infektiöse Mononucleose, Influenza
- Genetische Störungen
  Abnormer KH-Metabolismus, Carnitinmangel
- Verschiedenes
  Idiopathisch,
  Temperaturextreme

Primär renale parenchymatöse Erkrankungen als Ursache des ANV

Neben der akuten Glomerulonephritis, die einen akuten Abfall der glomerulären Filtrationsrate durch Obliteration von Kapillarschlingen, Reduktion der Kapillarpermeabilität und infiltrierende Entzündungszellen verursacht, kann auch eine akute interstitielle Nephritis eine rapide Verschlechterung der Nierenfunktion erklären. Die vielfältige Ätiologie dieser Erkrankung ist der Tabelle 6 zu entnehmen [14]. Wie erwähnt, kann ein wichtiger Auslöser dieser Form des ANV die Gabe von nicht-steroidalen Antiphlogistika sein. Als Ursache einer akuten interstitiellen Nephritis kommt auch eine Hanta-Virus-Infektion in Frage, sie sollte differentialdiagnostisch erwogen werden, wenn gleichzeitig ein fieberhafter Infekt mit Myalgien vorliegt und vor Erkrankungsbeginn ein Kontakt mit potentiell das Virus übertragenden Nagetieren nachweisbar ist [15].

Voraussetzung für das Auftreten eines postrenalen ANV ist die partielle oder komplette bilaterale Obstruktion (bzw. unilaterale bei Einnierigkeit). Der Abfall der GFR entsteht durch die Abflußbehinderung in den ableitenden Harnwegen. Häufigste Ursache sind Prostataerkrankungen und gynäkologische Tumoren im kleinen Becken (Tabelle 7). Differentialdiagnostisch davon abzugrenzen sind Formen des ANV, die durch beidseitigen Verschluß der Nierenarterien bzw. Nierenvenen entstehen, da sie oft durch eine plötzliche Anurie gekennzeichnet sind.

Tabelle 6. Ursachen der akuten tubulointerstitiellen Nephritis (TIN)

Medikamente
    Antibiotika (β-Lactam Derivate)
    Sulfonamide
    NSAIDs
    Verschiedene (Diuretica, Allopurinol, Cimetidin)

Infektionen

    Direkt – z.B. Strept., Hanta-Virus
    Indirekt – systemisch, Pneumonie

Systemkrankheiten

    Metabolisch (Urat, Oxalat, Calcium)
    Schwermetalle
    Multiples Myelom

Idiopathisch

G. Eknoyan [14]

Tabelle 7. Ursachen des Postrenalen ANV

Obstruktionen der Ureter

    extraureteral, Tumoren der Cervix u. Prostata,
    retrop. Fibrose
    intraureteral, Harnsäurekristalle, Blutkoagel,
    Konkremente, Papille, Fungus

Blasenausgangsobstruktion

    Steine, Carcinom, Infektion, Prostatahypertrophie
    Funktionell: Neuropathie der Blase

Urethraobstruktion

    Congenitale Klappe, Striktur, Phimose
    Tumor

Klinischer Verlauf

Grundsätzlich kann die akute Verschlechterung der Nierenfunktion klinisch mit einer normalen (> 400 ml/d, non-oligurisches ANV), einer verminderten Diuresemenge (100–400 ml/d, oligurisches ANV) oder Anurie (< 100 ml/d) einhergehen. Das zirkulatorische-ischämische ANV verläuft meist oligurisch. Nach einer Latenz von einer bis mehreren Wochen ist ein täglich steigendes Urinvolumen mit Diuresemengen bis zu 5 l/d und mehr (polyurische Phase) Ausdruck der Restitution des Tubulusapparates mit nachfolgender Normalisierung der Nierenfunktion. Neben dem nephrotoxisch ausgelösten tubulären ANV verläuft auch meist das ANV auf dem Boden einer akuten allergischen interstitiellen Nephritis non-oligurisch. Letztere kann auch durch systemische Manifestationen wie Hautexanthem, Arthralgien und Fieber charakterisiert sein. Die erhaltene Diurese bei non-oligurischem ANV ermöglicht die Aufrechterhaltung der Volumen- und Elektrolythomöostase, so daß gemäß einer Studie von Anderson [16] die Dialysefrequenz sehr viel seltener ist als bei der oligurischen Verlaufsform und ANV-typische Komplikationen wie Störungen des Wasser- und Elektrolythaushaltes wie Hyperkaliämie und fluid lung sehr viel seltener auftreten. Neben urämisch bedingten Komplikationen wie die urämische Gastritis mit Übelkeit und Erbrechen, hämatologischen Komplikationen wie die renale Anämie und hämorrhagische Diathese wird besonders die negative Stickstoffbilanz bei oligurischem ANV gefürchtet, ein Befund, der häufig im Rahmen des septischen, postoperativen bzw. – traumatischen ANV auftritt. Die Folgen des sog. Hyperkatabolismus sind Wundheilungsstörungen und eine Verschlechterung des Immunstatus. Am eindrucksvollsten ist klinisch oft der Verlust der Skelettmuskulatur, der durch progredienten Untergang der Atemhilfsmuskulatur mit konsekutiver Verschlechterung der Bronchialtoilette zu erheblicher Pneumoniegefährdung dieser Patienten beiträgt. Nicht zuletzt aufgrund der geringer ausgeprägten Katabolie ist wohl die Prognose des non-oligurischen ANV erheblich günstiger als die des oligurischen ANV. Zu berücksichtigen ist natürlich ferner, daß das oligurische ANV häufig nur ein Teilsymptom eines Multiorganversagens mit infauster Prognose ist, und somit die Mortalität erheblich von der Grundkrankheit (z. B. Sepsis) abhängt.

Diagnostik des akuten Nierenversagens

Ausdruck des abrupten Abfalls der Nierenfunktion ist ein progredienter Anstieg der Nierenretentionswerte, wobei die Geschwindigkeit des Anstiegs von BUN und Kreatinin von der Verlaufsform des ANV abhängt. Beim nicht-katabolen non-oligurischen ANV müssen wir mit einem täglichen Anstieg des BUN-Wertes um 10–20 mg/dl, des Kreatinins um 0,5–1 mg/dl rechnen, beim katabolen oligurischen ANV mit einem täglichen BUN-Anstieg um 20–100 mg/dl und einem Kreatininanstieg um größer 2 mg/dl. So lassen sich aufgrund des BUN/Kreatinin-Verhältnisses im Plasma gewisse diagnostische Rückschlüsse ziehen (s. Abb. 1). Eine gegenüber dem Kreatinin überproportionale Erhöhung des BUN-Wertes (BUN-/Kreatinin-Verhältnis größer 20) kann auf eine funktionelle Oligurie hindeuten, nachdem Harnstoff bei Volumenkontraktion vermehrt tubulär reabsorbiert wird. Darüberhinaus gilt es als Hinweis für eine katabole Stoffwechsellage bei oligurischem ANV [17]. Ein niedriges BUN-/Kreatinin-Verhältnis wird bei Rhabdomyolyse angetroffen aufgrund des erhöhten Kreatinanfalls bei Muskelzerfall. Als biochemischer Hinweis für eine Definition der Proteinreserven bei katabolem ANV gelten niedrige Plasmaspiegel von Totalprotein, Albumin, Transferrin, C_3 und Somatomedin C [18].

Zur differentialdiagnostischen Abgrenzung funktioneller Oligurie versus manifestes intrinsisches ANV können Untersuchungen der Harnkonzentration (spezifisches Gewicht, Urinosmolarität) sowie Analysen der Urin-Natrium-Konzentration hilfreich sein. Bei der funktionellen Oligurie sind tubuläre Kompensationmechanismen intakt, also die Urin-Natrium-Konzentration niedrig (kleiner 20 mmol/l) und die

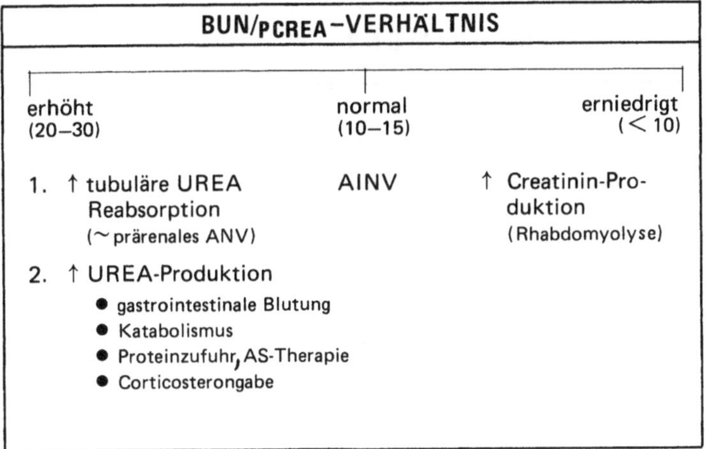

Abb. 1. Diagnostische Aussagen des Verhältnisses der Harnstoff- und Kreatinin-Konzentrationen im Blut

Urinosmolarität (größer 500 mOsmol/kg) und das spezifische Gewicht (größer 1020) hoch. Das manifeste ANV dagegen geht mit isoosmolarem Serum und Urin und erhöhter Urin-Natrium-Konzentration einher. Die funktionelle Exkretion des filtrierten Natriums (FENa) gilt darüberhinaus als wichtige Entscheidungshilfe bei der Diskrimination: Funktionelle Oligurie versus akute Tubulusnekrose. Sie wird berechnet nach folgender Formel:

$$\text{FENa} = \frac{\text{UNa x Pcr}}{\text{PNa + Ucr}} \times 100$$

Gemeint sind die Konzentrationen von Natrium bzw. Kreatinin im Urin bzw. Plasma. Ein FENa kleiner 1% gilt als Hinweis für eine funktionelle Oligurie, die akute Tubulusnekrose weist dagegen Werte um 3% auf [19]. Die diagnostische Aussagekraft dieser Parameter wird allerdings durch eine Vielzahl von störenden Faktoren gemindert wie vorbestehende Nieren-, Herz- und Lebererkrankungen und eine diuretische Therapie. Das spezifische Gewicht des Harns wird zusätzlich durch eine Glukosurie bzw. Proteinurie sowie durch Kontrastmittel und Mannitol verfälscht.

In der Diagnostik des ANV unerläßlich sind darüberhinaus subtile Urinuntersuchungen. Die Unterscheidung eines tubulären und unselektiv glomerulären Proteinuriemusters erfolgt qualitativ mit Hilfe der SDS-Elektrophorese bzw. besser quantitativ nephelometrisch am Behring-Nephelometer 100. Das Ergebnis weist auf proximal-tubuläre Resorptionsstörungen bei akuter Tubulusnekrose (tubuläre Proteinurie) bzw. auf schwere glomeruläre Permeabilitätsstörungen (glomeruläre Proteinurie, z.B. bei rapid progressiver Glomerulonephritis) hin. Differenzierte Untersuchungen des Harnsediments (s. Abb. 2) können darüber hinaus weitere diagnostische Rückschlüsse auf die zugrundeliegende Erkrankung bei ANV eröffnen. So weisen besonders glomerulär konfigurierte Erythrozyten im Harn neben Erythrozytenzylindern auf eine

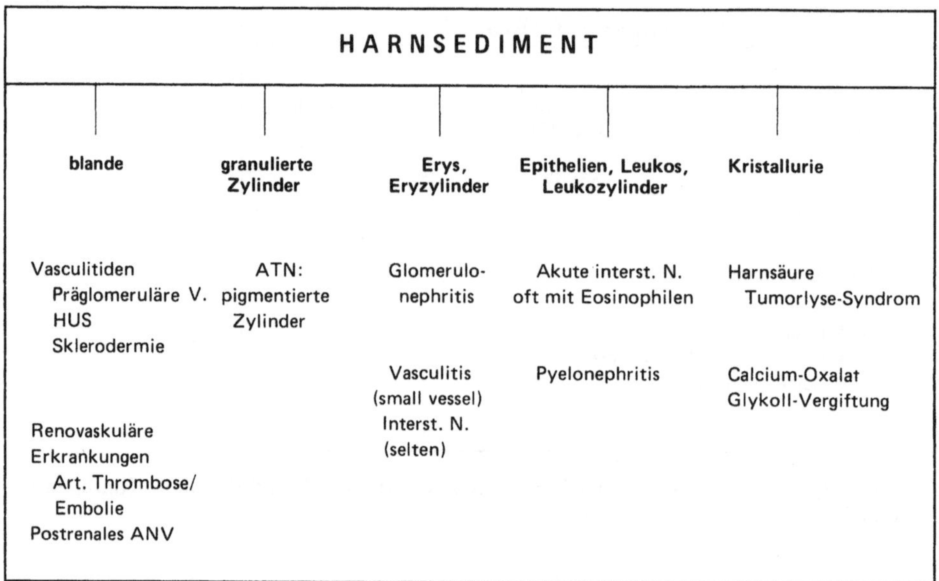

Abb. 2. Differenzierende Untersuchung des Harnsedimentes

Glomerulonephritis hin. Eine Eosinophilurie deutet auf eine akute interstitielle Nephritis.

Eosinophile im Harn werden üblicherweise nachgewiesen mit Wright's Stain, bei dem sich die eosinophilen Granula dunkelblau anfärben. Eine bessere differentialdiagnostische Abgrenzung zwischen akuter interstitieller Nephritis und akuter Tubulusnekrose gelingt gemäß neueren Studien von Nolan et al. [20], wenn das Harnsediment mit dem sog. Hansel's Stain gefärbt wird, bei dem eosinophile Granula leuchtend rot angefärbt werden und dadurch gut erkennbar sind.

Neben Harnuntersuchungen und der blutchemischen Basisdiagnostik wie Nierenretentionswerte und Serumelektrolyte sollten im Serum auch nach Indizes möglicher das ANV auslösende Grundkrankheiten gefahndet werden. Dazu gehören z. B. CK, Myoglobin und Haptoglobin (Rhabdomyolyse, Hämolyse). Typische blutchemische Stigmata der Rhabdomyolyse sind darüberhinaus bei erheblicher Hyperphosphatämie und Hypokalzämie die Hyperurikämie. Immunologische Marker einer Kollagenose wie Antikörper gegen Doppelstrang-DNA als Hinweis für einen Lupus erythematodes und Autoantikörper gegen zytoplasmatisches Antigen von Granulozyten und Monozyten (ACPA) als Hinweise auf eine dem ANV zugrundeliegende renale Vaskulitis müssen ebenfalls bestimmt werden.

Als bildgebendes Verfahren steht am Anfang der Diagnostik die Sonographie der Nieren, hilfreich z.B. bei der Diagnose des postrenalen ANV ('Harnstauungsniere'). Der Verdacht auf Verschluß der A. renalis oder Thrombose der V. renalis als Ursache des ANV rechtfertigt perfusionsszintigraphische Verfahren.

Ein schweres Versäumnis besteht darin, die histologische Diagnostik eines ungeklärten ANV zu verschleppen. Ergeben die o.g. diagnostischen Maßnahmen keine sichere differentialdiagnostische Abgrenzung, so muß zum Ausschluß z.B. einer glomerulären Erkrankung eine Nierenpunktion durchgeführt werden, hängt doch der Erfolg der Behandlung ganz entscheidend vom Zeitpunkt des Therapiebeginns ab.

Zusammenfassend stellt die Diagnostik des akuten Nierenversagens eine Herausforderung für jeden nephrologisch orientierten Kliniker dar; dabei ist eine enge Kooperation mit einem entsprechend versierten Klinischen Chemiker unabdingbare Voraussetzung.

Literatur

1. Brezis M, Rosen S, Epstein FH: Acute renal failure. In: The Kidney, Brenner BM, Rector FC (eds) Saunders WG, Philadelphia, 3rd edition, 1986, 735–799
2. Conger JD, Anderson RJ: Acute renal failure including cortical necrosis. In: Textbook of Nephrology, Massry SG, Glassock RJ (eds) Williams & Wikins, 1988, Vol 1, Chapter 49
3. Anderson RJ, Schrier RW: Clinical spectrum of oliguric and non-oliguric acute renal failure. In: Brenner BM and Stein JH (eds) Acute renal failure, Curchill Livingstone, New York, 1980
4. Brezis M, Rosen S, Silva P, Epstein FH: Renal ischemia: a new perspective. Kid Int 26:375–383 (1984)
5. Kon Y, Hoshioka T, Fogo A, Ichikawa I: Endothelin may be the vasoconstrictor causing the persistant glomerular hyperperfusion in post-ischemic kidneys. Proc Am Soc Nephrol p 262 A (1988)
6. Donohoe JF, Venkatachalam MA, Bernard DB, Levinsky NG: Tubular leakage and obstruction after renal ischemia. Structural-functional correlations. Kidney Int 13:208–222 (1978)
7. Olikver J, Mac Dowel M, Tracy A: The pathogenesis of acute renal failure, associated with traumatic and toxic injury: renal ischemia, nephrotoxic damage and the ischemic episode. J Clin Invest 30:1307–1440 (1951)
8. Brezis M, Rosen S, Stoff JS, Spokes K, Silva P, Epstein FM: Inhibition of prostaglandin synthesis in rat kidney perfused with and without erythrocytes: implications for analgetics nephropathy. Min Elect Metab 12:326–332 (1986)
9. Heidbreder E, Schaefer RM, Götz R, Heidland A, Romen W: Akutes Nierenversagen nach Einnahme von antipyretischen Analgetika. Med Welt 37:297–302 (1986)
10. Kleinknecht D, Fleury D, Vanhille Ph: Drug-related acute renal failure in the late 1980's: A preventable disease linked to tissues. In: Book of Abstracts – Treatment of renal failure, Genf (1989)
11. Rambausek M: Röntgenkontrastmittel-induziertes akutes Nierenversagen bei Diabetikern. Therapiewoche 35:5276–5286 (1985)
12. Vari RC, Natarajan LA, Whitescarver SA, Jackson BA, Ott CE: Induction, prevention and mechanisms of contrast-media-induced acute renal failure. Kid Int 33:699–707 (1988)
13. Gabow P, Kaehny WP, Kelleher S-P: The spectrum of rhabdomyolysis. Medicine 61:125–152 (1982)
14. Eknoyan G: Tubulo interstitial nephropathies. In: Textbook of Nephrology, Massry SG, Glassock RJ (eds) Williams & Wikins, 1984, 668–677
15. Zeier M, Andrassy K, Waldherr R, Ritz E Akutes Nierenversagen durch Hantavirus: Fallbeobachtung in der Bundesrepublik. Dt Med Wschr *111*, 207–210 (1986)
16. Anderson R, Limos SL, Berno AS, Hemrich WL, Miller TR, Gabow, RW Schrier PR: Non-oliguric acute renal failure. New Engl J Med *296*, 1134–1138 (1977)

17. Hörl WH, Stepinski J, Gantert C, Hörl M, Heidland A: Evidence for the participation of proteases on protein catabolism during hypercatabolic renal failure. Klin Wschr 59:751–753 (1981)
18. Unterman TG, Vazquez KM, Slas AJ, Martyn PA: Nutrition and somatomedin. Am J Med 78:228–234 (1985)
19. Espinel CH, Gregory AW: Differential diagnosis of acute renal failure. Clin Nephrol 13:73–77 (1980)
20. Nolan CR, Anger MS, Kelleher SP: Eosinophiluria: a new method of detection and definition of the clinical spectrum. New Engl J Med 315:1516–1519, 1986

Diskussion

Kramer: Ich möchte gerne etwas zur Nomenklatur sagen: Sie haben in einem der letzten Bilder die prärenale Azotämie von dem akuten intrinsischen Nierenversagen getrennt. Ich möchte das gerne unterstützen und meine, daß wir vielleicht überhaupt von der prärenalen Azotämie anstelle vom prärenalen Nierenversagen sprechen sollten, weil dieses ja eigentlich mit einer vollen Funktionsfähigkeit der Niere einhergeht. Die Niere konzentriert hoch, sie produziert nur wenig Urin, aber die Funktion der Niere ist ja völlig in Ordnung. Ich würde Sie gerne darin unterstützen, daß man sagt: prärenale Azotämie und nicht prärenales Nierenversagen.

Heidland: Bei der prärenalen Azotämie ist die Morphologie und die Konzentrationsleistung der Niere intakt. Wir müssen aber gewahr sein, daß die glomeruläre Filtrationsrate via kortikaler Hypoperfusion deutlich eingeschränkt ist. Die überwiegende Harnstofferhöhung im Vergleich zum Kreatinin resultiert aus einer verlangsamten Passagezeit des Harns im tubulären System.

Silbernagl: Herr Heidland, Sie hatten sich etwas vorsichtig ausgedrückt: Wie gut sind Diuretika beim akuten Nierenversagen? Die Idee war ja – zumindest von physiologischer Seite her – nicht, primär die Diurese zu steigern, sondern die Idee war, mit Furosemid die empfindlichen Zellen der Henle'schen Schleife von ihrer vielen Arbeit zu entlasten, damit sie nicht in die Knie gehen. Dieses Konzept klang immer sehr schön: Könnten Sie Ihre klinischen Erfahrungen mit Furosemid-Behandlung von akutem Nierenversagen noch einmal kurz skizzieren?

Heidland: Ein Schutz der Sauerstoff-empfindlichen Zellen des aufsteigenden Schenkels der Henle'schen Schleife zur energetischen Entlastung kann nur erzielt werden, wenn Schleifendiuretika präventiv, d. h. vor der potentiellen Noxe, appliziert werden. Dies versucht man in der Klinik z. B. zur Prävention des Kontrastmittel-induzierten ANV. Aber auch nach erfolgter Schädigung, d. h. in der inzipienten oder sogar manifesten Phase des ANV, werden Schleifendiuretika eingesetzt mit dem Ziel, die oligurische Verlaufsform in die nicht-oligurische zu konvertieren. Bei der letzteren ist die Volumen- und Elektrolythomöostase leichter zu erzielen und auch der Verlauf des ANV günstiger als bei der oligurischen Form. Bei einer Auswertung von 100 Patienten mit traumatisch bzw. chirurgisch bedingtem manifesten akuten Nierenversagen (meist kombiniert mit Multiorganversagen) aus unserem Würzburger Klinikum (Hörl et al. 1989) zeigte sich, daß die simultane Gabe von höher dosiertem Furosemid und Dopamin bei 27 Patienten eine Polyurie induzierte; bei 52% dieser Kranken kam es zur Normalisierung der Nierenfunktion. Dagegen trat bei 57 Kranken, die sich als Furosemid-refraktär erwiesen hatten, nur in 26% der Fälle später eine Besserung der Nierenleistung. Bei 16 Kranken, die keine Diuretikatherapie erhalten hatten, wurde lediglich in 25% eine Wiedererlangung der renalen Funktion beobachtet. Diese Ergebnisse könnten für den Wert der Diuretikatherapie bei manifestem ANV sprechen. Letztlich bleibt aber immer unklar, ob die verbesserte Nierenleistung Folge der Diuretikatherapie ist oder aber Ausdruck eines gutartigen Verlaufs des Nierenversagens.

Guder: Sie haben sehr eindrucksvoll gezeigt, wie man verschiedene Formen des akuten Nierenversagens differenzieren kann. Der Nephrologe sieht das Nierenversagen ja meistens, wenn es schon im Vollbild ist. Wir sind häufig konfrontiert mit der Frage, wie wir ein drohendes Nierenversagen erkennen. Das heißt, der Kliniker, vor allem der Intensivmediziner, möchte schon eingreifen, bevor das Risiko zu groß ist. Was würden Sie für ein Programm empfehlen – das ja dann täglich gemacht werden müßte – um ein drohendes Nierenversagen zu erkennen – von der Kreatininbestimmung abgesehen?

Heidland: Als frühestes Zeichen kann bislang allein der Anstieg der harnpflichtigen Substanzen herangezogen werden, was ein regelmäßiges Monitoring voraussetzt.

Pfaller: Ich habe nur einen Kommentar zum Furosemid: Soweit ich mich erinnere, gibt es zwei Arbeiten von Thiel, tierexperimentelle Arbeiten, der Furosemid vor dem Auslösen des postischämischen Nierenversagens gegeben hat und damit die Schwere des Nierenversagens tatsächlich mitigieren konnte. Ich glaube, daß, wenn immer ein Reperfusionsschaden ausgelöst wird, abgesehen von den ersten paar Sekunden nach Beginn der Reperfusion, jedes Manöver wirkungslos ist.

Heidland: Das Dilemma in der Klinik ist, daß wir die Patienten erst sehen, wenn die Noxe gesetzt ist und wir damit nicht mehr prophylaktisch intervenieren können.

Stolte: Ich wollte in der gleichen Richtung wie Herr Pfaller fragen: Bei der Studie, die Sie zitiert haben, ist doch Furosemid wahrscheinlich nicht prophylaktisch gegeben worden ...

Heidland: Die kombinierte Furosemid-Dopamin-Behandlung im Würzburger Krankengut erfolgte nicht prophylaktisch, sondern in der Phase des manifesten Nierenversagens.

Stolte: Das ist der entscheidende Punkt: Dann kann man es auch gar nicht erwarten. Das zweite: Die Vorstellungen sind von klinischer Seite postuliert worden, insbesondere von Anderson und Schrier (1977).

Diagnostische Strategien bei Abstoßungsreaktionen nach Nierentransplantation

E. Heidbreder, R. Götz und A. Heidland

Jede allogene Organtransplantation stellt einen schwerwiegenden Eingriff in die immunologische Autonomie des Empfängers dar. Nur mit aggressiven Pharmaka läßt sich der Wirtsorganismus überlisten, das Transplantat für unbestimmte Zeit zu akzeptieren. Doch immer wieder kommt es im weiteren Verlauf nach der Transplantation intermittierend zu sogenannten Abstoßungsreaktionen, die die Transplantatfunktion erheblich gefährden.

Immunologische Abläufe bei Allotransplantation

Die immunologische Integrität des Organismus wird durch ein Netzwerk interagierender Zellen gewährleistet, die mit Hilfe verschiedener Botenstoffe (Lymphokine) intensiv kommunizieren (22). Ihre Fähigkeit, zwischen Selbst und Nicht-Selbst zu unterscheiden, löst nach Antigenkontakt im allgemeinen und Organtransplantation im besonderen den ersten Schritt in einer komplizierten Abwehrreaktion aus: Monozyten/Makrophagen erkennen in der transplantierten Niere die allogene Tubuluszelle als fremdes Antigen, es wird nach intrazellulärer Verarbeitung (processing) als Fremdantigen den Helfer-Lymphozyten (TH-Zellen) präsentiert. Sog. passenger-Leukozyten – bei der Transplantation mit dem Fremdorgan übertragen – exprimieren HLA-Antigene (Klasse I und II) in hoher Konzentration und reagieren mit Empfänger-eigenen Antigenen. Verschiedene Antigen-reaktive Zellen sind für die Sensibilisierung des Organismus gegen das Fremdgewebe verantwortlich (Abb. 1), die Helfer-T-Zellen (TH-Zellen), Suppressor-T-Zellen (TS-Zellen) und zytotoxische T-Zellen (TC-Zellen).

Nach der Antigenerkennung (sog. Induktionsphase) laufen parallel komplexe Aktivierungsprozesse ab. Durch alloantigene Stimulation (via HLA-Klasse II-Antigen) werden TH-Zellen (T_4-Zellen) aktiviert, die ein nicht-antigenspezifisches Zytokin oder Signalstoff bilden, das Interleukin 2 (IL 2) sowie die Stimulation von zytotoxischen Vorläufer-T-Zellen (T_8-Zellen) über HLA-Klasse I-Antigene fördern. Diese Differenzierung und Proliferation sind die Merkmale der zentralen Phase. Durch Expression spezifischer Interleukin 2-Rezeptoren auf aktivierten H- und C-Zellen wird eine klonale Proliferation rezeptortragender Zellen der T- und C-Reihe in Gang gesetzt.

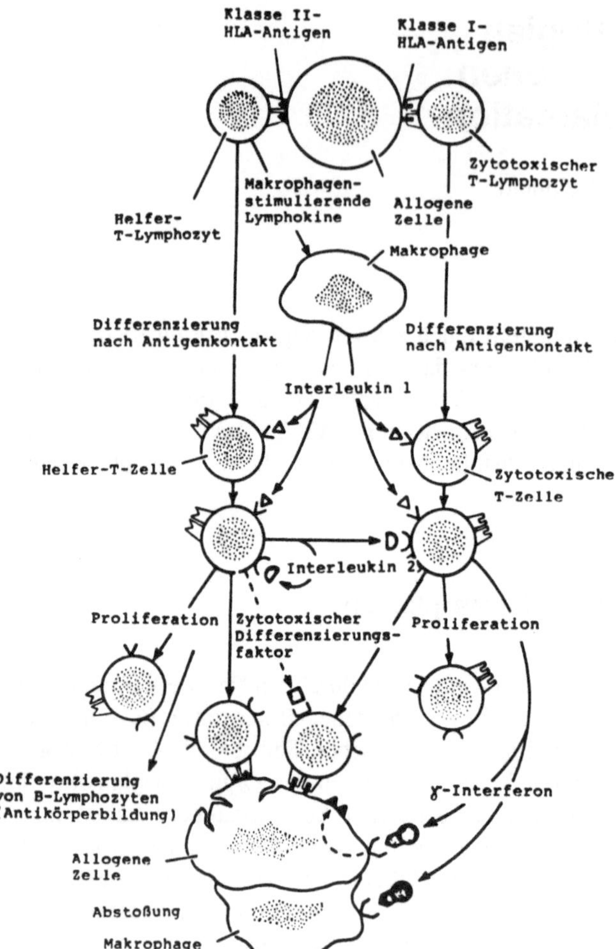

Abb. 1. Ablauf der Transplantaterkennung und -abstoßung [22]

Die aktivierten TH-Zellen setzen Lymphokine zur Aktivierung beispielsweise von Makrophagen, cytotoxischen T-Zellen und zur klonalen Expansion von Antigen-aktivierten T- und B-Zellen frei. An der Bildung des zytotoxischen Differenzierungsfaktors, der Freisetzung von Gamma-Interferon mit konsekutiver Aktivierung von Makrophagen und B-Zell-growth factors sowie der Induktion und klonalen Expansion von Effektorzellen ist das Interleukin 2 unmittelbar beteiligt.

In der dritten oder efferenten Phase (auch Effektorphase genannt) wandern lytisch wirksame cytotoxische T-Effektorzellen in das Transplantat ein, es werden unspezifische Eliminationssysteme (sog. Amplifikationsmechanismen) wie das Komplement-, Kinin- und Gerinnungssystem aktiviert, und es werden nicht-sensibilisierte lymphoide Zellen, O-Zellen, K-Zellen, Makrophagen und Granulozyten aktiviert. Bei hyperakuter Abstoßung werden von Plasmazellen, die im Rahmen der T-B-Kooperation aus B-Zellen entstanden sind, Antikörper abgegeben und an die Transplantatzellen gebunden.

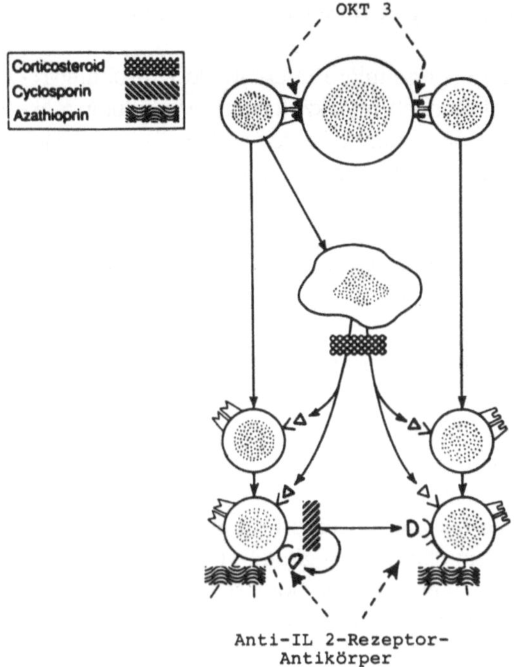

Abb. 2. Angriffspunkte der immunsuppressiven Therapie auf verschiedenen Stufen der Abstoßungskaskade (entsprechend Abb. 1)

Die unumgängliche immunsuppressive Therapie (Abb. 2) erfordert sorgfältige labordiagnostische Überwachung der Folgen der Immunsuppression und der Nebenwirkungen der eingesetzten Substanzen. Zu den Folgen zählen vor allem die Schwächung der Infektabwehr mit der Gefahr viraler, bakterieller und fungaler Infektionen, zu den Nebenwirkungen vor allem die nephrotoxische Wirkung des seit wenigen Jahren weltweit eingesetzten Ciclosporin A (CsA).

Formen der Abstoßung

Die Abstoßungsreaktion stellt eine immunologische Reaktion des Empfängers auf ein Fremdgewebe bzw. ein Fremdorgan dar, deren Häufigkeit einerseits von der Antigendifferenz (ABO-System, HLA-System) abhängt, andererseits von der medikamentösen Immunsuppression modifiziert wird. Unmittelbare Folgen sind ein Funktionsverlust und/oder sogar die morphologische Destruktion des Transplantats durch immunkompetente Zellen.

Folgende Formen der Abstoßungsreaktionen werden unterschieden: Die akute und die chronische Abstoßungsreaktion.

Die *hyperakute* Abstoßung ist gegen präformierte cytotoxische Antikörper gegen Blutgruppen- oder HLA-Antigene auf T-Lymphozyten des Spenders gerichtet, sie tritt innerhalb von 24 Stunden nach Transplantation ein und geht mit dem Verlust des Transplantats ('blue kidney') einher. Sie ist sehr selten, da bereits vor Transplantation in vitro ihr mögliches Auftreten durch den sog. Crossmatch-Test erkannt werden kann.

Die *akute* Abstoßung tritt als vaskuläre oder zelluläre interstitielle Abstoßungsreaktion auf. Die vaskuläre Form (gelegentlich auch als akzelerierte Abstoßungsreaktion bezeichnet) manifestiert sich in der Regel innerhalb der ersten 30 Tage nach Transplantation, nachdem das Organ zunächst seine Funktion aufgenommen hat. Die Nierenfunktion verschlechtert sich rasch bis zur Dialysepflichtigkeit und alle therapeutischen Maßnahmen greifen in der Regel nicht. Angiographisch zeigt sich eine schlechte Durchblutung der cortikalen Gefäße. Histologisch ist sie durch eine Arteriitis und Arteriolitis mit Nekrosen und Thrombosen im arteriellen, arteriolären und glomerulär-kapillären Gefäßbett gekennzeichnet.

Bei der zellulären Abstoßungsreaktion, der klassischen Form der akuten Abstoßung, finden sich ein interstitielles Ödem, Infiltrate aus mononukleären Zellen, einzelnen Eosinophilen und Neutrophilen, die Immunfluoreszenz ist negativ. Sie ist – im Gegensatz zur vaskulären Abstoßung (Häufigkeit ca. 10–15%) – die weitaus häufigere Form (ca. 85%) und meist gut behandelbar.

Die *chronische* Abstoßung tritt Monate bis Jahre nach erfolgreicher Transplantation auf. Sie ist durch einen stetigen Kreatininanstieg, begleitet von Hypertonie und einer Proteinurie (< 2 g/24 Std.), gekennzeichnet. Immunologische Prozesse spielen eher eine untergeordnete Rolle. Sie ist irreversibel und führt schließlich zum Funktionsverlust des Transplantats.

Untersuchung der Transplantatfunktion

Für die Brauchbarkeit diagnostischer Tests gelten als wichtige Forderung der frühzeitige Nachweis der Abstoßungsreaktion und die genaue Differenzierung zwischen Abstoßungsreaktion und anderen Ursachen des Transplantatversagens ebenso wie das Erstellen des Untersuchungsergebnisses noch am gleichen Tag und die Validität des Ergebnisses trotz eingeschränkter Nierenfunktion.

Die Diagnostik der Transplantatfunktion stützt sich auf Verfahren wie technische und nuklearmedizinische Methoden sowie auf Blut- und Urinanalytik und die Nierenbiopsie.

Als technische Verfahren sind vor allem die Röntgenuntersuchung (konventionell, mit Kontrastmittel), die konventionelle und die Duplex-Sonographie sowie die Computertomographie und die Kernspintomographie hervorzuheben. Als nuklearmedizinische Verfahren haben sich folgende Tests besonders gut bewährt: die Analyse der Durchblutung des Transplantats (^{99}mTc-DTPA-Funktionsscintigraphie) und der exkretorischen Organfunktion (^{131}J-o-Hippurat); ferner lassen sich Struktur und Funktion der ableitenden Harnwege mit der ^{99}mTc-DTPA-Funktionsscintigraphie gut untersuchen. In der Abstoßungsdiagnostik hat sich die ^{111}Indium-Thrombozyten-Scintigraphie als aussagekräftig erwiesen.

Unter den Blutparametern sind an erster Stelle die harnpflichtigen Substanzen zu erwähnen. Die Harnuntersuchung hat eine überragende Bedeutung [5, 8, 17, 20], vor allem die Analyse zellulärer Elemente (Zytodiagnostik einschließlich Immunzytologie) und die Proteinuriediagnostik (glomeruläre und tubuläre Proteinurie). Weiterhin sind die Differenzierung von Harnproteinen, die Harnenzymanalytik, die Bestimmung von Lymphokinen, des Thromboxan B2, die fraktionelle Natriumausscheidung sowie die bakteriologische Untersuchung und die Pilz- und Virusdiagnostik hervorzuheben.

An letzter Stelle im Untersuchungsgang steht die Nierenbiopsie [11, 26]. Durch die feingewebliche Untersuchung gelingt in der Regel eine gute Differenzierung zwischen Abstoßungsreaktion und CsA-Schädigung der Niere. Wegen der nicht ungefährlichen Methode in der Hand des Ungeübten, der Belastung für den Patienten und auch zahlreicher Kontraindikationen verlangt die Nierenbiopsie eine klare Indikationsstellung. Alternativ wird in vielen Transplantationszentren die Feinnadelaspirationsbiopsie eingesetzt [9, 23, 28].

Klinischer Verlauf der Nierentransplantation

Nach erfolgreicher operativer Implantation des Fremdorgans ist der weitere Verlauf durch ein relativ stereotypes Bild gekennzeichnet. Mannigfache diagnostische und therapeutische Probleme können in dieser sog. Nachsorgephase auftreten.

Zwei Funktionstypen der Organfunktion lassen sich unterscheiden (Abb. 3):

1. Rasche Aufnahme der Transplantatfunktion: Das Organ arbeitet regelrecht, die Nierenfunktion wird sich rasch normalisieren (untere Kurve der Abb. 3),
2. Primäre Oligo-Anurie: Das Transplantat kann Tage bis Wochen in Funktionslosigkeit verharren, bis endlich die Diurese einsetzt. Ist das Transplantat weiterhin funktionslos, ist es irreversibel geschädigt und es muß explantiert werden (NX, obere Kurve der Abb. 3).

Der weitere Verlauf ist weitgehend unbestimmt und wird im wesentlichen von mehreren Faktoren, die auch differentialdiagnostische Probleme aufwerfen, bestimmt. Solche, die Transplantatfunktion intermittierend oder auch irreversibel beeinflussende Faktoren sind (1) immunologischer Natur (Abstoßungsreaktion), (2) direkte Folgen

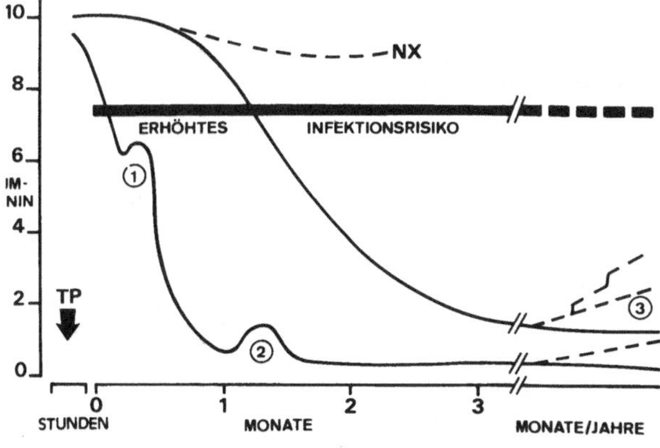

Abb. 3. Verlauf der Transplantatfunktion nach erfolgreicher Operation. Details s. Text. *NX* = Explantation der Niere, *TP* = Transplantation. Die umrandeten Ziffern 1, 2 und 3 bezeichnen jeweils den typischen Zeitpunkt einer Abstoßungsreaktion. *1* = frühe zelluläre Abstoßungsreaktion *2* = späte zelluläre Abstoßungsreaktion *3* = chronische Abstoßungsreaktion

der Immunsuppression (potentiell nephrotoxische Schäden durch Ciclosporin A) sowie (3) die systemische Schädigung der Immunabwehr (bakterielle, virale und fungale Infektionen).

Im folgenden werden drei Standardsituationen nach Nierentransplantation besprochen, die primäre Oligo-Anurie sowie die zelluläre Abstoßungsreaktion in der Frühphase und der Spätphase. Besonderes Augenmerk liegt dabei auch auf dem unterschiedlichen diagnostischen Gang und der häufig schwierigen Differentialdiagnose.

Primäre Oligo-Anurie

Dem initialen Transplantatversagen (Abb. 4) können verschiedene Ursachen zugrundeliegen, am häufigsten ist es *ischämisch* bedingt. Durch eine prolongierte Ischämie des Transplantats treten schwere metabolische und schließlich strukturelle Schäden auf, in deren Verlauf die Tubuluszellen nekrotisch zugrunde gehen (akute Tubulusnekrose). Ein *immunologisches* Geschehen (akute Abstoßungsreaktion) sowie *infektiöse* Prozesse (Transplantatinfektion) sind eher selten, größere Bedeutung dagegen haben *mechanische* (Obstruktion durch Clots, Stenosen, Hämatome, Lymphozele) und *nephrotoxische* (Ciclosporin A) Ursachen.

Besonders die medikamentöse Polypragmasie in dieser Initialphase, in der häufig potentiell nephrotoxische Pharmaka wie Furosemid, Aminoglykosidantibiotika, Amphothericin B mit dem Ciclosporin A kombiniert werden, kann die vulnerable Nierenfunktion erheblich alterieren.

Bei der akuten Tubulusnekrose handelt es sich um eine reversible, ischämisch bedingte Beeinträchtigung der Nierenfunktion unmittelbar nach Transplantation; die typische Oligo-Anurie geht in der Regel ohne Einschränkung des Allgemeinbefindens oder einer Änderung des Lokalbefundes einher. Ihre Bedeutung liegt in der fortgesetzten Dialysepflichtigkeit, in der schlechteren Transplantatprognose sowie in der Tatsache, daß sie eine simultane akute Abstoßungsreaktion maskieren kann.

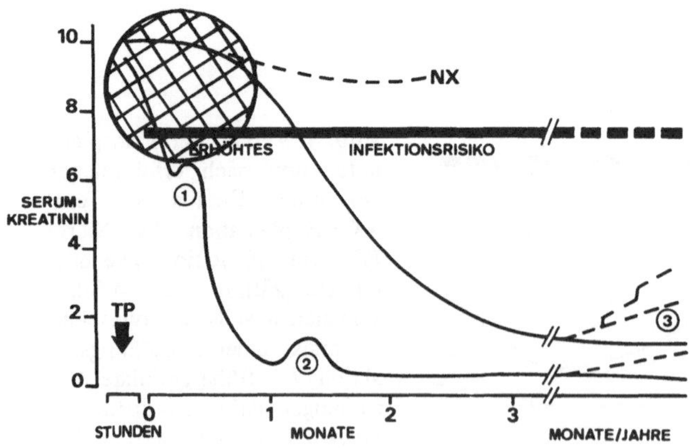

Abb. 4. Initiales Transplantatversagen mit primärer Oligo-Anurie, der Zeitraum dieser Störung ist durch den schraffierten Kreis gekennzeichnet. Details s. Text. Erläuterungen der Großbuchstaben und der Ziffern s. Abb. 3

Tabelle 1. Diagnostik bei primärer Oligo-Anurie

---

^{99m}mTc-DTPA-Funktionsszintigramm
Jod-o-Hippurat
Ultraschall-Kontrolluntersuchung
Monitoring der CsA-Spiegel
Nierenbiopsie
Urinanalytik erst nach Abklingen der Oligurie möglich

Die Diagnostik muß sich in dieser Phase auf vorwiegend technische Untersuchungen stützen, Urinuntersuchungen sind – soweit möglich – von geringer Aussagekraft, ebenso bieten Blutuntersuchungen wenig Anhaltspunkte. Die Diagnostik in dieser Phase ist in Tabelle 1 zusammengefaßt.

Eine Kasuistik mag diese diagnostisch schwierige Situation verdeutlichen (Abb. 5). Bei einem 39jährigen Dialysepatienten bestand initial eine Oligo-Anurie. Die routinemäßig am folgenden Tag durchgeführte nuklearmedizinische Untersuchung ergab eine gute Perfusion des Transplantats, am 11. postoperativen Tag zeigte eine erneute nuklearmedizinische Untersuchung eine schlechte kapilläre Perfusion, weshalb am folgenden Tag eine Nierenbiopsie durchgeführt wurde. Histologisch fand sich ein akutes Nierenversagen ohne Hinweise auf eine Abstoßungsreaktion. Am 21. Tag setzte die Diurese ein, ohne daß die harnpflichtigen Substanzen, insbesondere das Kreatinin, absanken. Am 37. Tag stellte sich erneut eine Oligurie bei schlechter

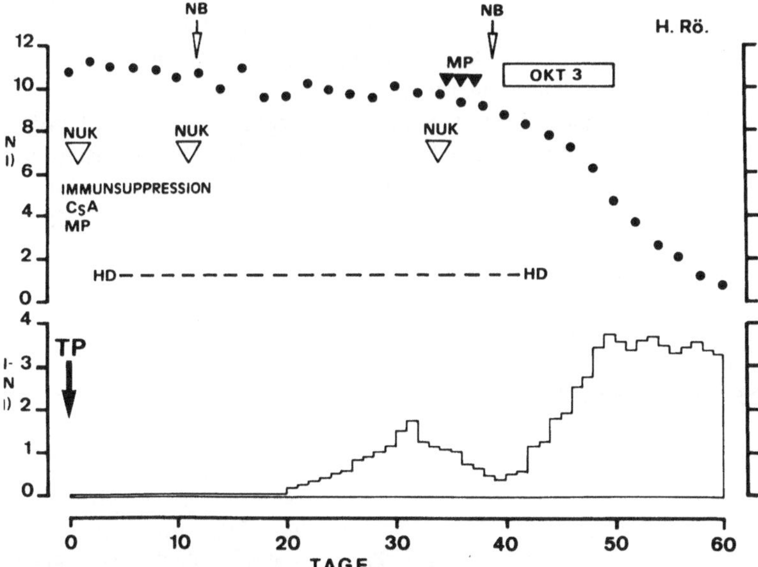

Abb. 5. Primäres Transplantatversagen bei einem 39jährigen Dialysepatienten. Details s. Text. OKT 3 = Bezeichnung für einen murinen Anti-CD-3-Molekülkomplex-Antikörper. *NB* = Nierenbiopsie; *MP* = Methylprednisolon; *NUK* = Nuklearmedizinische Untersuchung; *CsA* = Ciclosporin A; *HD* = Hämodialyse; *TP* = Transplantation

Transplantatperfusion ein, weshalb der Patient mit Mehtylprednisolon-Pulse-Therapie behandelt wurde. Diese Abstoßungsreaktions-Therapie brachte nicht den gewünschten Erfolg, so daß eine erneute Nierenbiopsie durchgeführt wurde, das Ergebnis lautete: Akute interstitielle Abstoßung. Die Steroid-refraktäre Abstoßungsreaktion wurde nun mit OKT 3, einem murinen Anti-T-Zellrezeptor/CD 3-Molekülkomplex-Antikörper, behandelt. Wenige Tage später setzte die gewünschte Diurese ein und das Kreatinin sank rasch in den Normalbereich ab, die Nierenfunktion ist bislang nahezu regelrecht.

Akute Abstoßung in der Frühphase nach Transplantation

Aus differentialdiagnostischen Gründen ist es wichtig, die Abstoßungsreaktion in der Frühphase von der in der Spätphase abzugrenzen. In dieser Phase ist wegen des noch kurzen postoperativen Verlaufs die Differentialdiagnose ähnlich schwierig wie bei primärer Oligo-Anurie, zumal wegen des postoperativen tubulären wash-out im Harn der ischämisch vorgeschädigten Niere eine Urinanalyse nur bedingt möglich ist.

Dieser Abstoßungstyp (Abb. 6) tritt in der Regel innerhalb eines Monats nach Transplantation auf und ist klinisch durch leichtes Fieber, abnehmende Harnausscheidung, raschen Anstieg des Serumkreatinins und gelegentlich auch durch eine schmerzhafte Schwellung des Transplantats gekennzeichnet.

Die ursächliche Klärung des akuten Kreatininanstiegs hat Infektionen im Transplantatbereich wie Wundabszesse oder eine aszendierende Pyelonephritis ebenso zu berücksichtigen wie ein Urinleck, eine Obstruktion im Bereich der ableitenden Harnwege (Clots, Hämatom, Lymphozele) sowie vaskuläre Prozesse (Nierenarterienstenose durch operative Intimaschädigung). Auch auf nephrotoxische Effekte des Ciclosporin A muß hier wiederum verwiesen werden.

Die Diagnostik in dieser Phase ist in Tabelle 2 wiedergegeben. Sie verdeutlicht, daß die Labordiagnostik nunmehr einen hohen Stellenwert hat. Durch fortlaufende Bestimmung des Serumkreatinins und anderer Blutwerte läßt sich die aktuelle Nierenfunktion gut überwachen, zusätzlich zu empfehlen sind in dieser Phase ein Monito-

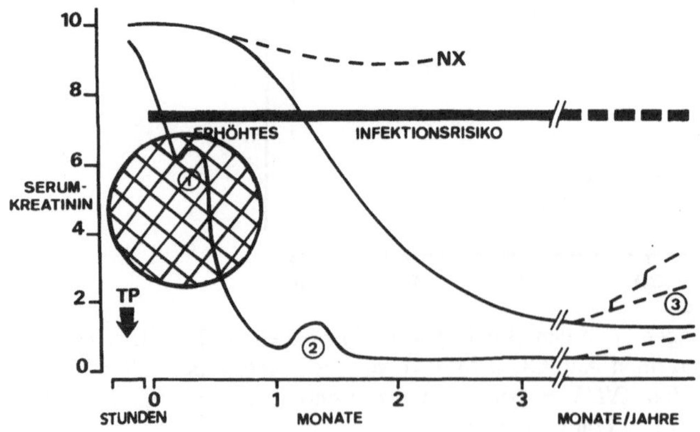

Abb. 6. Abstoßungsreaktion in der Frühphase nach Nierentransplantation, der Zeitraum ist durch den schraffierten Kreis gekennzeichnet. Details s. Text. Großbuchstaben und Ziffern s. Abb. 3

Tabelle 2. Diagnostik bei akuter Abstoßung in der Frühphase nach Nierentransplantation

Ultraschall
Nierengröße, Lymphocele, Hämatom

Blutanalytik
Serumkreatinin und Harnstoff-N,
β_2-Mikroglobulin, LDH, Fibrinogen, Blutbild
(Leukozytose/Leukopenie)

Urinanalytik
Lymphozyturie
Abfall der Na-Ausscheidung
Auftreten von Tubuluszellen und Fibrinspaltprodukten

Nuklearmedizin
99 mTc-DTPA-Funktionsszintigraphie
Digitale Subtraktionsangiographie (DSA)

Nierenbiopsie
histologischer Befund

ring der Serum-Ciclosporin A-Werte sowie Bakterien- und Pilzkulturen und eine umfassende virologische Diagnostik (Herpes simplex-, Zytomegalie- und Epstein-Barr-Viren). Ein spezifischer Abstoßungsparameter im Blut existiert allerdings nicht. Auch die Analyse der T-Lymphozyten, allgemein als T4-/T8-Verhältnis bekannt, hat keine signifikante Beweiskraft (Normalwert > 1,5; < 0,5 → Virusinfektion, > 1,3 → Abstoßungsreaktion). Als hilfreich gelten die Urinzytologie, insbesondere die Lymphozyturie und das Auftreten von Tubuluszellen und Fibrinspaltprodukten im Harn [5, 8, 15, 17, 20, 24].

Wichtig erscheint in dieser Frühphase der gezielte Einsatz technischer Verfahren, um nicht-immunologische Ursachen des akuten Transplantatversagens auszuschließen. Daß durch multidimensionalen Einsatz verschiedener Untersuchungen eine relativ sichere Aussage über das Vorliegen einer Abstoßungsreaktion möglich ist, zeigt die Untersuchung von Vangelista et al. [26], nach der klinische und morphologische Befunde in 84% der Fälle von akuter Abstoßungsreaktion übereinstimmten, bei chronischer Abstoßungsreaktion allerdings nur in 58% der Fälle.

Akute Abstoßung in der Spätphase der Transplantation

Sie kann (Abb. 7) jederzeit in den dem 2. Monat nach Transplantation folgenden Monaten und/oder Jahren auftreten und ist durch eine andere Symptomatik als bei der Kreatininerhöhung im perioperativen Zeitraum gekennzeichnet. Ihre Symptome bestehen in einem Kreatininanstieg, einer leichten Anämie, einer Proteinurie und einer neuauftretenden Hypertonie.

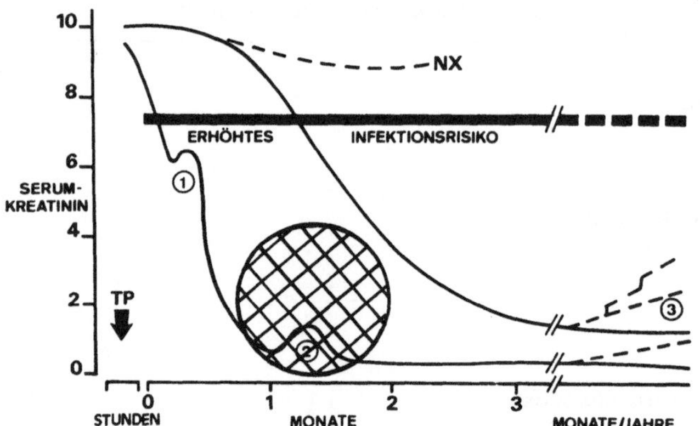

Abb. 7. Akute Abstoßungsreaktion in der Spätphase nach Transplantation, der Zeitraum ist durch den schraffierten Kreis dargestellt. Details s. Text. Großbuchstaben und Ziffern S. Abb. 3

Auch das differentialdiagnostische Spektrum zeigt ein anderes Gesicht: eine Obstruktion durch Strikturen oder eine Lymphozele ist ebenso zu diskutieren wie eine Nierenarterienstenose und eine de novo- oder rekurrierende Glomerulonephritis. Neben diesen seltenen Ursachen des akuten Spätversagens des Transplantats sind vor allem die Ciclosporin A-Nephrotoxizität und die mit der nicht ganz zutreffenden Bezeichnung Zytomegalievirus-Glomerulopathie gekennzeichneten parainfektiösen Erkrankung von Bedeutung.

Die diagnostischen Erfordernisse sind wiederum vielseitig und umfassen fakultativ folgende Parameter: die Ultraschalluntersuchung (Nierengröße, Lymphocele) sowie eine orientierende Blutanalytik (harnpflichtige Substanzen, β_2-Mikroglobulin, Blutbild, Complement, immunologische Parameter wie T4/T8-Verhältnis, CsA-Monitoring, Virusdiagnostik), ferner die Urinanalytik (Proteinurie und Differenzierung von Harnproteinen, Zytodiagnostik, Bakterienkultur, Zytomegaliediagnostik), die Röntgenuntersuchung, nuklearmedizinische Methoden und die Nierenbiopsie.

Cytomegalievirus (CMV)-Infektion nach Nierentransplantation

Bei der CMV-Infektion unterscheidet man eine Primär- von einer Sekundärinfektion. Bei der Primärinfektion wird Antikörper-negativen Patienten das Virus durch Transplantation oder durch Bluttransfusionen von seropositiven Spendern übertragen. Symptomatische Verläufe (s. u.) sind bei dieser Infektionsart ungleich häufiger als bei sekundärer Infektion, bei der die Infektion in nahezu 80% der Fälle klinisch asymptomatisch verläuft. Die Sekundärinfektion ist auf eine Reaktivierung der Infektion bei bereits seropositiven Patienten zurückzuführen.

Die klinischen Befunde bestehen in Fieber, einer Leukopenie und Thrombopenie, einem Anstieg der Transaminasen im Serum, gastroenteritischen Zeichen, Arthralgien sowie in schweren Fällen auch in Lungeninfiltrationen, einer Retinitis oder sogar einer Encephalitis. Je nach Abwehrlage und Schwere der Virämie lassen sich asymptomatische von verschiedenen symptomatischen Verlaufsformen unterscheiden:

Zusätzliche immunsuppressive Wirkung (Pneumonie, Superinfektion mit opportunistischen Erregern, letales CMV-Syndrom); CMV-Nephropathie.

Besonders gefährlich erscheint die Nierenschädigung [6, 28] bei akuter CMV-Infektion (gelegentlich als CMV-Glomerulopathie bezeichnet). Sie gilt als Sonderform der akuten Transplantat-Glomerulopathie und geht mit einer deutlich verminderten Transplantat-Überlebensrate einher. Histologisch findet sich eine diffuse Glomerulopathie mit Zellhyperplasie und Nekrosen der Endothelien, eine Obturation des Kapillarlumens sowie eine Akkumulation fibrillären Materials in den Kapillaren. Während die zelluläre Abstoßungsreaktion gegen tubuläre Antigene gerichtet ist, zeigen bei dieser Glomerulopathie die Endothelien eine Ausbildung von sog. antigenic sites gegen T8-Zellen; über eine Sekretion von Gamma-Interferon durch T-Zellen werden Makrophagen aktiviert und HLA-Klasse II-Antigene auf den Endothelzellen exprimiert. Die Transplantatprognose ist schlecht.

Das eigentliche Problem der CMV-Infektion liegt in der Diagnostik. Konventionelle Untersuchungen wie der Antikörpernachweis (KBR, Immunglobulin M- und Immunglobulin G-Elisa-Tests) und die Virusisolierung (Blut, Urin) sind zeitlich langwierig und bei klinischem Beginn einer Infektion noch nicht typisch verändert. Auch die Analyse des T4:T8-Verhältnisses ist eher enttäuschend. Einen Ausweg scheinen die Bestimmung des CMV Early Antigen in Granulozyten mittels monoclonaler Antikörper und der Nachweis von CMV-DNA durch in situ Hybridisierung zu bringen. Beide Tests sind spezifisch und mit geringem zeitlichen Aufwand durchführbar [25].

Die folgende Abbildung verdeutlicht diese Verhältnisse (Abb. 8).

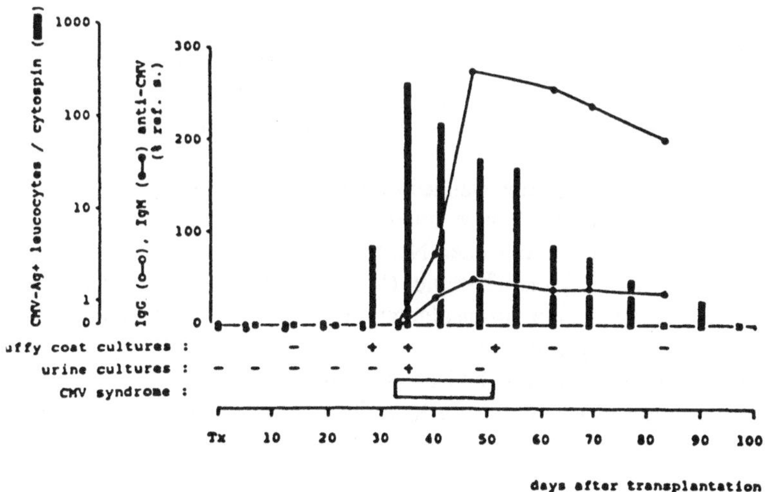

Abb. 8. Verlauf einer aktiven Zytomegalie-Virus-Infektion [21]. Die Phase des CMV-Syndroms ist durch das waagerechte Kästchen gekennzeichnet, die Zahl der CMV-Antigen-positiven Leukozyten durch senkrechte Balken und das Verhalten der Immunglobuline (IgG und IgM) durch 2 Kurven

Tabelle 3. Differentialdiagnose zwischen akuter Abstoßung und Ciclosporin
A-Nephrotoxizität [7]

	Akute Abstoßung	CsA-Nephrotoxizität
Klinisch		
Beginn	< 40 Tage	> 30 Tage
Fieber	25%	0
Gewichtszunahme (> 0,5 kg)	56%	25%
Abnahme des Urinvolumens		
(< 500 ml)	50%	12%
Labor		
Anstieg des Serumkreatinins	25%	25%
Zeitraum	3,6 Tage	7,4 Tage
CsA-Spiegel	< 100 ng/ml	> 200 ng/ml
Pathologie		
Histologie: zelluläre Infiltrate und Ödeme		Tubulusschädigung
Zytologie: mononukleäre Infiltrate		Tubulusschädigung

Ciclosporin A-Nephrotoxizität

In Abhängigkeit von der eingesetzten Dosis zeigt Ciclosporin A potentiell eine uner-
wünschte Nebenwirkung, CsA ist nephrotoxisch. Spezifische Labormarker existieren
nicht, so daß diese Diagnose erst nach Ausschluß anderer Ursachen wie ureteraler
Obstruktion, vaskulärer Prozesse oder einer akuten Abstoßungsreaktion gestellt werden kann [4, 7].

Klinisch äußert sich die CsA-Nephrotoxizität in einer verringerten Aufnahme der
Transplantatfunktion, in einer akuten Transplantatfunktionsverschlechterung, einer
akuten Vaskulopathie oder in einer chronischen Nephropathie. Durch ein engmaschi-
ges CsA-Monitoring und einer Triple-Therapie (Methylprednisolon, Azathioprin,
CsA) in der initialen Phase nach Nierentransplantation gelingt es, diese Nebenwirkung zu reduzieren oder sogar zu vermeiden.

Schwierig ist die Differentialdiagnose zwischen akuter Abstoßungsreaktion und
Ciclosporin A-Nephrotoxizität. Die wichtigsten Kriterien sind in Tabelle 3 wiedergegeben [7].

Neue Aspekte der Blut- und Urinanalytik
bei Transplantatabstoßung

In den 80er Jahren sind zahlreiche Berichte über Parameter der Abstoßungsreaktion
im Blut und Urin, meist in Abstractform auf nephrologischen und Transplantations-
kongressen, vorgestellt worden. Teilweise wird dem gemessenen Parameter der Wert

Tabelle 4. Spezielle Blutuntersuchungen in der Diagnostik der akuten Abstoßungsreaktion und Nierentransplantation

- CRP [14]
- β_2-Mikroglobulin [14]
- Neopterin [12, 16]
- Serum-Amyloid A-Protein (SAA) [13, 14]
- Kallikrein-Kinin-, Gerinnungs- und Fibrinolysesystem (Proteasen) [1, 2, 19]
- Thrombozytenaktivität (β-Thromboglobulin, Plättchenfaktor [4]
- Eicosanoide (TxB$_2$, PGF 1 α) [10]
- Immunologische Parameter (T$_4$/T$_8$-Verhältnis, Lymphokine) [3, 20, 23, 27]
- Parathormon [21]

eines Prädiktors, d. h. eines Parameters der *Früh*-Erkennung der Abstoßungsreaktion, zugeschrieben. Eine kurze Übersicht über Untersuchungsmethoden im Blut gibt Tabelle 4 wieder.

Die Zytokindiagnostik, d. h. die Bestimmung von TNF (Cachectin), Interleukinen sowie Interleukin 2-Rezeptoren im Blut mit empfindlichen ELISA- und RIA-Methoden, stellt eine moderne Form der Abstoßungsdiagnostik dar, mit der es eher als mit konventionellen Methoden gelingen sollte, eine Abstoßung in statu nascendi und vor

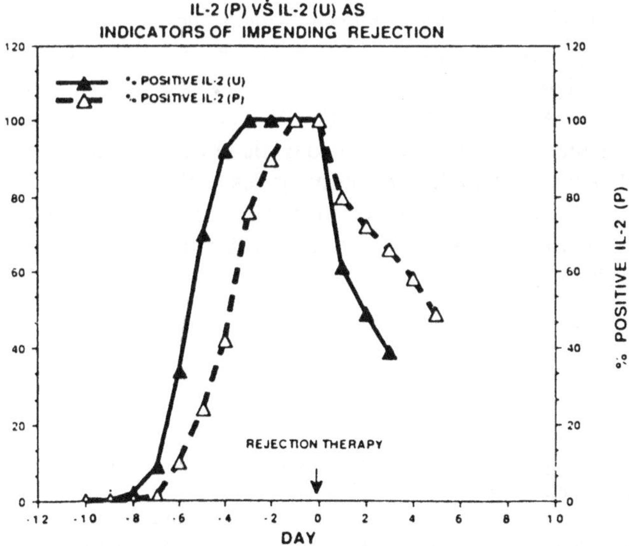

Abb. 9. Zeitlicher Verlauf der Interleukin 2-Erhöhung im Urin (*U*) und im Plasma (*P*). Als Tag 0 wird der Tag bezeichnet, an dem die Abstoßungstherapie eingeleitet worden ist. Es wird der Prozentsatz der Patienten (% positive) angegeben, bei denen IL-2 im Urin oder Plasma positiv nachweisbar ist. IL-2 im Urin (*U*) ist als positiv gewertet worden, wenn IL-2 im Urin in irgendeiner Konzentration nachweisbar war; IL-2 im Plasma ist als positiv eingestuft worden, wenn es am 1. Tag seines Anstiegs den Patienten-spezifischen Basalwert um mehr als 10% übertraf

dem Eintreten schwerer struktureller und funktioneller Störungen zu erkennen. Abbildung 9 mag diese Situation verdeutlichen; etwa 2–4 Tage vor manifester Abstoßung kommt es zu einem deutlichen Interleukin 2-Anstieg in Plasma und Urin [20].

Einschränkend muß jedoch gesagt werden, daß ein Anstieg der Zytokinspiegel durch immunsuppressive Therapie mit monoklonalen Antikörpern (Anti-T-Lymphozyten-Antikörper) die Zytokindiagnostik beeinträchtigen kann. Diese Antikörper rufen die Bildung von – gegen sich selbst und gegen die antikörper-beladenen Zellen gerichteter – Antikörper hervor. Auch eine beginnende Virusinfektion kann differentialdiagnostische Schwierigkeiten bereiten, so daß erst simultane Virustiterbestimmungen und andere Untersuchungen die Abstoßungsdiagnose endgültig klären.

Es soll an dieser Stelle keine Wertung dieser Verfahren vorgenommen werden, da meist keine größeren Fallzahlen oder Kollektive untersucht worden sind. Andererseits sind diese Tests aufwendig und nur in Speziallabors durchführbar. Problematisch ist vor allem bei immunologischen Verfahren die geringe Trennschärfe zwischen Abstoßung und begleitender Virusinfektion, da beide Prozesse zu tiefgreifenden Änderungen des aktuellen Immunstatus führen.

Zusammenfassung

Die Diagnose der akuten Abstoßungsreaktion ist ein heuristisch schwieriger Prozeß, der Faktoren wie den Zeitpunkt des Auftretens der Abstoßungsreaktion, die aktuelle Globalfunktion der Niere (primäre Oligo-Anurie) sowie das synchrone Auftreten einer Infektion (Harnwege, Zytomegalie-Virus-Infektion) und/oder die Ciclosporin A-Nephrotoxizität einschließt. In der Diagnosefindung ist aus klinisch-chemischer Sicht ein multidimensionaler Ansatz mit Blut- und Urinuntersuchungen erforderlich, regelmäßige, möglichst tägliche Untersuchungen erhöhen die diagnostische Aussage erheblich. Eine erhebliche Verbesserung stellt die Bestimmung des Early Antigens für Cytomegalie-, Herpes simplex- sowie Epstein-Barr-Viren dar; inwieweit sich Lymphokine in der Frühdiagnostik als wertvolle Prädiktoren der Abstoßungsreaktion erweisen, ist bislang noch nicht geklärt.

Literatur

1. Brounhard BH, Cunningham RJ, Berger M, Petrusick TW, Travis LB (1982) Urinary kallikrein excretion in renal transplant patients. Clin Nephrol 17:241–246
2. Cole EH, Cardella CJ, Schulman J, Levy GA (1985) Monocyte procoagulant activity and plasminogen activator. Role in human renal allograft rejection. Transplantation 40:363–371
3. Cornaby A, Simpson MA, Vann Rice R, Dempsay RA, Madras PN, Monaco AP (1988) Interleukin 2 production in plasma and urine, plasma interleukin 2 receptor, levels and urine cytology as a means of monitoring renal allograft recipients. Transplant Proc 20, Suppl 2:108–110
4. Diethelm AG (1986) Clinical diagnosis and management of the renal transplant recipient with cyclosporine nephrotoxicity. Transplant Proc 18, Suppl 2:82–87

5. Eggensperger D, Schweitzer S, Ferriol E, O'Bond G, Ligat JA (1988) The utility of cyto-diagnostic urinanalysis for monitoring renal allograft injury. A clinicopathological analysis of 87 patients an over 1.000 urine specimens. Am J Nephrol 8:28–34

6. Herrera GA, Alexander RW, Cooley CF, Luke RG, Kelly DR, Curtis JJ, Gockerman JP (1986) Cytomegalovirus glomerulopathy: a controversial lesion. Kidney Int 29:725–733

7. Keown PA, Stiller CR, Wallace AC (1986) Nephrotoxicity of cyclosporin A. In: Williams GM; Burdick JF, Solez K (Eds) Kidney Transplant Rejection. Diagnosis and Treatment. Marcel Dekker, Inc New York, Basel 423–440

8. Krishna GG, Fellner SK (1982) Lymphocyturia: an important diagnostic and prognostic marker in renal allograft rejection. Am J Nephrol 2:185–188

9. Lautenschlager I, Von Willebrand E, Häyry P (1985) Blood eosinophilia, steroids, and rejection. Transplantation 40:354–357

10. Leithner C, Sinzinger H, Silberbauer K, Angelberger P (1980) Die Rolle der Thrombozyten und Prostaglandine bei Abstoßungsreaktionen nach Nierentransplantation. Nieren- und Hochdruckkrankh 9; 235 Abstract

11. Maher JF (1974) A logical approach to the diagnosis of renal transplant rejection. Immunologic, ischemic and inflammatory impairment of renal function. Am J Med 56:275–279

12. Margreiter R, Fuchs D, Hausen A, Huber C, Reibnegger G, Spielberger M, Wachter H (1983) Neopterin as a new biochemical marker for diagnosis of allograft rejection in humans. Transplantation 36:650–653

13. Maury CPJ, Teppo AM, Eklund B, Ahonen J (1983) Serum amyloid a protein: a sensitive indicator of renal allograft rejection in humans. Transplantation 36:501–504

14. Maury CPM, Teppo AM (1984) Comparative study of serum amyloid-related protein SAA, C-reactive protein, and β_2-microglobulin as markers of renal allograft rejection. Clin Nephrol 22:284–292

15. Müller GA, Gege E, Berg W, Risler T, Lauchart W, Hölzer, H Gassner, D (1989) Früherkennung von Abstoßungsreaktionen durch Nachweis renaler Proteine im Urin mit Hilfe monoklonaler Antikörper im Sandwich-Assay-Design. Nieren- und Hochdruckkrankh 18:420 Abstract

16. Noel C, Dhondt JL, Dracon M, Lelievre G, Tacquet A (1985) Neopterin in urine and serum after kidney transplantation. Proc EDTA-ERA 22:672–676

17. Sandoz PF, Bielmann D, Mihatsch M, Thiel G (1986) Value of urinary sediment in the diagnosis of interstitial rejection in renal transplants. Transplantation 42:343–348

18. Scharf RE, Grabiela W, Reimers HJ, Schnurr E, Grabensee B, Schneider W: Gesteigerte in vivo-Thrombozytenaktivität bei Abstoßungsreaktion (AR) nach Nierentransplantation (NT). Nieren- und Hochdruckkrankh 11:213 Abstract

19. Schrader J, Eisenhauer T, Schoel G, Gallimore MJ, Isemer FE, Brüggemann M, Scheler F (1985) Parameter des Gerinnungs-, Fibrinolyse- und Kallikreinkininsystems als Frühindikatoren einer Abstoßungsreaktion nach Nierentransplantationen. Nieren- und Hochdruckkrankh 15:417 Abstract

20. Simpson MA, Madras PN, Cornaby AJ, Etienne T, Dempsey RA, Clonet GH, Monaco AP (1989) Sequential determinations of urinary cytology and plasma and urinary lymphokines in the management of renal allograft recipients. Transplantation 47:218–223

21. Sprenger KBG, Balabanova S, Sprenger-Klasen I, Pfeiffer EF (1982) Plasma-Parathormon: Frühindikator der Nierentransplantatfunktion. Nieren- und Hochdruckkrankh 11:216 Abstract

22. Strom TB (1984) Immunosuppressive agents in renal transplantation. Kidney Int 26:353–365

23. Taube D, Welsh K, Hobby A, Williams DG (1984) Human renal allograft and peripheral blood T lymphocyte subpopulations during the onset and treatment of rejection. Clin Nephrol 22:127–132

24. Tgetgel JD, Le Hir M, Dubach UC (1982) Determination of β-glucosidase (β-Gluc) in urine to diagnose kidney transplant (KT) rejection. Kidney Int 21:905 Abstract

25. Van Der Bij R, Torensma R, Van Son WJ, Anema J, Schirm J, Tegzess AM, The TH (1988) Rapid immunodiagnosis of active cytomegalovirus infection by monoclonal antibody staining of blood leucocytes. J Med Virol 25:179–188
26. Vangelista A, Frasca GM, Stefoni S, Bonomini V (1983) Graft biopsy in renal transplantation: Correlation with clinical immunological, and virological investigations. Kidney Int 23, Suppl 14:S41–S45
27. Vie H, Bonneville M, Carion R, Moreau JF, Soullou JP, (1985) Interleukin 2 production by peripheral blood lymphocytes in allograft recipients during acute rejection episodes. Kidney Int 28:553–557
28. Von Willebrand E, Pettersson E, Ahonen J, Häyry P (1986) CMV infection, class II antigen expression, and human kidney allograft rejection. Transplantation 42:364–367

Diskussion

Maruhn: Herr Heidbreder, Sie haben am Ende Ihres Referates zwei Abbildungen mit Tumornekrose-Faktor gezeigt. Das habe ich mit großem Interesse gesehen, denn in Ihrem ersten Schema der Pathomechanismen, die zur Abstoßung führen, habe ich ihn vermißt. Würden Sie dem TNF einen pathogenetischen Beitrag zubilligen in der Kaskade?

Heidbreder: TNF wird von den Makrophagen bildet und spielt bei der akuten Abstoßungsreaktion sicherlich eine pathogenetische Rolle. Diesem Umstand tragen die beiden ausführlichen Abbildungen allerdings nicht Rechnung.

Maruhn: Diese Bemerkung im Zusammenhang mit dem Interleukin I: Wenn sie die Makrophagen stimulieren, wird dieser Faktor mit Sicherheit hier auch freigesetzt.

Kotanko: Ich möchte im Zusammenhang mit Ihrer Aussage, daß in Bezug auf das Neopterin nur anekdotische Berichte existieren, doch ergänzen, daß es eine ausführliche Publikation gibt, die 100 konsekutive Nierentransplantierte umfaßt – von Herrn Wachter und Mitarbeitern – das ist doch eine gute Evidenz.

Heidbreder: Ich hatte nur die Zahl der Publikationen angesprochen, nicht die Zahl der Patienten.

Götz: Darf ich hierzu noch einen Kommentar abgeben? Wenn Sie sich die ganzen Neopterin-Publikationen und auch die Berichte vom letzten Transplantationskongress in Göteborg anschauen, dann muß man davon ausgehen, daß das Neopterin erhöht ist bei der Sepsis; es gibt inzwischen auch neuere Berichte, daß Neopterin bei akuter Tubulusnekrose erhöht ist, auch bei der Abstoßung. Und provokatorisch gefragt: Wenn man die Blutsenkungsgeschwindigkeit bestimmt, ist dann das nicht das Gleiche?

Gressner: Ich wollte eigentlich auf das Neopterin eingehen, aber das, was Sie eben sagten, trifft ja auch auf den Tumornekrose-Faktor zu. Der ist auch bei der Sepsis erhöht und bei vielen anderen Erkrankungen. Weil das Immunsystem stimuliert wird bei der Infektion, wird es auch mitlaufen!

Kotanko: Ich habe mich auch mit dem Neopterin beschäftigt, und zwar als einen Parameter in einem Multiparameter-Diagnostik-Verfahren. Auch dazu gibt es eine Publikation von unserer Gruppe in der KliWo des Vorjahres, die zeigt, daß in einer multivariaten Analyse dem Neopterin durchaus eine Bedeutung zukommt.

Gerbitz: Herr Heidbreder, ich habe nicht ganz verstanden, was sie mit dem Interleukin 2-R-Test meinten. Ist das ein Rezeptortest?

Heidbreder: Die Interleukine und der Interleukin 2-Rezeptor sind im Blut meßbar. Bei der Rezeptorfraktion handelt es sich um eine Plasma-lösliche Fraktion dieses Rezeptors. Interleukin 2-Rezeptoren sind ein neuer Ansatzpunkt zur Behandlung einer akuten Abstoßungsreaktion mit monoklonalen Antikörpern.

Hierholzer: Herr Heidbreder, könnten Sie bitte noch ein einmal kurz eingehen auf die intrarenalen Druckmessungen als diskriminierende Größe, um die Cyclosporin A-Nephropathie zu erkennen?

Heidbreder: Es existiert eine Arbeit, die vor etwa drei Jahren im Lancet publiziert worden ist von einer englischen Gruppe: Es wird eine feine Nadel unter die Nierenkapsel geschoben – man muß das jeden Tag neu machen – und dann wird der Druck manometrisch abgeleitet. 20 mm Hg ist der Normalwert, bei einer Abstoßungsreaktion schwillt das Organ an und der Druck nimmt deutlich zu.

Silbernagl: Nur eine kurze Information: Ihr OKT 3-monoklonaler Antikörper – gegen welches Protein ist der gerichtet?

Heidbreder: Gegen die CD 2-Molekülkomplexe. Auf der ersten Abbildung habe ich das oben gezeigt, es handelt sich um einen Erkennungsmarker der T-Lymphozyten.

Evaluation des diagnostischen Wertes von Harnenzymen und α_1-Mikroglobulin nach Nierentransplantation

P. Kotanko

Einleitung

Die Nierentransplantation stellt heute eine gut etablierte Therapie bei irreversibel niereninsuffizienten Patienten dar. Der postoperative Verlauf wird jedoch durch eine Vielzahl von Komplikationen beeinträchtigt. Diese sind einerseits immunologisch mediierte Transplantatabstoßungen, andererseits ist das Transplantat Ziel toxischer und ischämischer Schäden.

In der klinischen Praxis stehen eine ganze Reihe von gut etablierten Parametern zur Verfügung, um eine Diagnose dieser Zustände zu unterstützen; eine definitive Diagnose ist jedoch nur histologisch möglich.

Seit den 60er Jahren werden Harnenzyme zur Diagnostik von Nierenschäden herangezogen. Von einer Reihe von Arbeitsgruppen wurden Harnenzyme auch in der Diagnostik bei Nierentransplantierten angewendet (Übersicht bei [1]).

Die nun vorliegende Studie wurde mit dem Ziel unternommen, den diagnostischen Stellenwert von vier Harnenzymen bei Patienten nach Nierentransplantation zu definieren. Weiters wurde die Verwendung von α_1-Mikroglobulin (α_1-M) als diagnostischer Marker nach Nierentransplantation untersucht.

Patienten und Methoden

Bei 117 Patienten wurden N-acetyl-β-D-glucosaminidase (NAG; E.C. 3.2.1.30) und Fructose-1,6-bisphosphatase (FBP; E.C. 3.1.3.11) untersucht und bei 91 Patienten zusätzlich Glutathion S-Transferase (GST; E.C. 2.5.1.18) und Pyruvat-Kinase (PK; E.C. 2.7.1.40).

Die Aktivität der vier Harnenzyme wurde im zweiten Morgenurin bestimmt. Vor der Analyse wurden die Proben gelfiltriert [2]. Die Messung der Enzymaktivitäten erfolgte photometrisch mittels adaptierter Methoden [2–5]. Bei 27 Patienten wurden parallel NAG-Aktivitäten mit zwei verschiedenen Methoden bestimmt: Die manuelle Methode nach Maruhn [2] mit p-Nitrophenyl-N-acety-β-D-glucosaminid (pNP) als Substrat und die für einen Kone Specific Analyser (KONE, Turku, Finnland) adaptierte Methode [7] nach Noto et al. [6] mit 3-Cresolsulfonaphthaleinyl-N-acetyl-β-D-glucosaminid (CSN) als Substrat [6]. α_1-Mikroglobulin wurde mit der von Hofmann und Guder [7] beschriebenen Methode gemessen.

Die Aktivität der Harnenzyme und die Menge α_1-M wurden auf die Kreatininkonzentration im Urin bezogen, um Streuungen durch unterschiedliche Harnzeitvolumina auszugleichen. Das Harnkreatinin wurde mittels der kinetischen Jaffé-Reaktion bestimmt (Beckmann Astra [7]).

Die Harnproben wurden entweder 1–3 Tage vor der Analyse bei +4 °C gelagert (NAG (pNP), FBP, GST, PK) oder sofort bei –20 °C tiefgefroren und nach längstens 6 Monaten untersucht (NAG (CSN) und α_1-M).

Zur Datenanalyse wurde das Kollektiv in vier Gruppen geteilt:

1. Urine von komplikationslosen Verläufen.
2. Urine von postoperativen Verläufen 4 Tage vor der klinisch und histologisch gesicherten Abstoßung (Abstoßungsperiode nach [8]).
3. Urine von Tagen, an denen auf Grund klinischer und histologischer Befunde eine akute Tubulusnekrose (ATN) bestand.
4. Urine von Tagen, an denen ein klinischer und histologischer Verdacht auf nephrotoxische Tubulusschäden bestand.

Als deskriptive Parameter der Meßergebnisse wurden Median und Perzentilen (25%, 75%) verwendet, Unterschiede zwischen den Gruppen wurden mittels Varianzanalyse nach Kruskal-Wallis getestet [9], ein signifikanter Unterschied wurde für p<0.01 angenommen.

Für jedes Harnenzym wurde eine receiver operating characteristic (ROC)-Kurve erstellt, wobei diese lediglich für die Unterscheidung zwischen unkomplizierten und komplikationsbehafteten (i.e. ATN, Abstoßung, Toxizität) Verläufen berechnet wurden. Sensitivität und Spezifität [10, 11] werden dabei als Funktion einer variablen Grenze dargestellt.

Zur Festlegung des cut-off Punktes zwischen unauffälligen und pathologischen Werten wurde der Informationsgehalt (angegeben in relativen Einheiten) der jeweiligen Grenze berechnet, wobei der optimale cut-off Punkt bei maximaler Information angenommen wurde. Eine eingehende Diskussion des mathematischen Verfahrens findet sich bei Heiss et al. [12, 13]. Der so berechnete cut-off Punkt diente dann zur Berechnung von Sensitivität und Spezifität.

Ergebnisse

Zuerst soll auf die quantitativen Unterschiede in der Ausscheidung der Harnenzyme und von α_1-M bei den vier untersuchten Gruppen eingegangen werden (Abb. 1). Die höchsten Harnenzymaktivitäten liegen bei akuten Tubulusnekrosen und bei Nephrotoxizität vor. Im Falle von NAG (pNP), NAG (CSN), FBP, PK und α_1-M liegen die bei ATN gefundenen Werte signifikant über denen bei Abstoßung, während sie bei ATN und Toxizität in einer ähnlichen Größenordnung liegen.

Statistisch signifikante Unterschiede besagen noch nicht, daß ein Parameter als diagnostisches Kriterium zu verwerten ist. Dies gelingt besser mit der Berechnung von ROC-Kurven. Ganz allgemein gilt: je kleiner die Fläche zwischen der Diagonalen und ROC-Kurve, desto geringer die diagnostische Aussagekraft. In Abb. 2 ist die

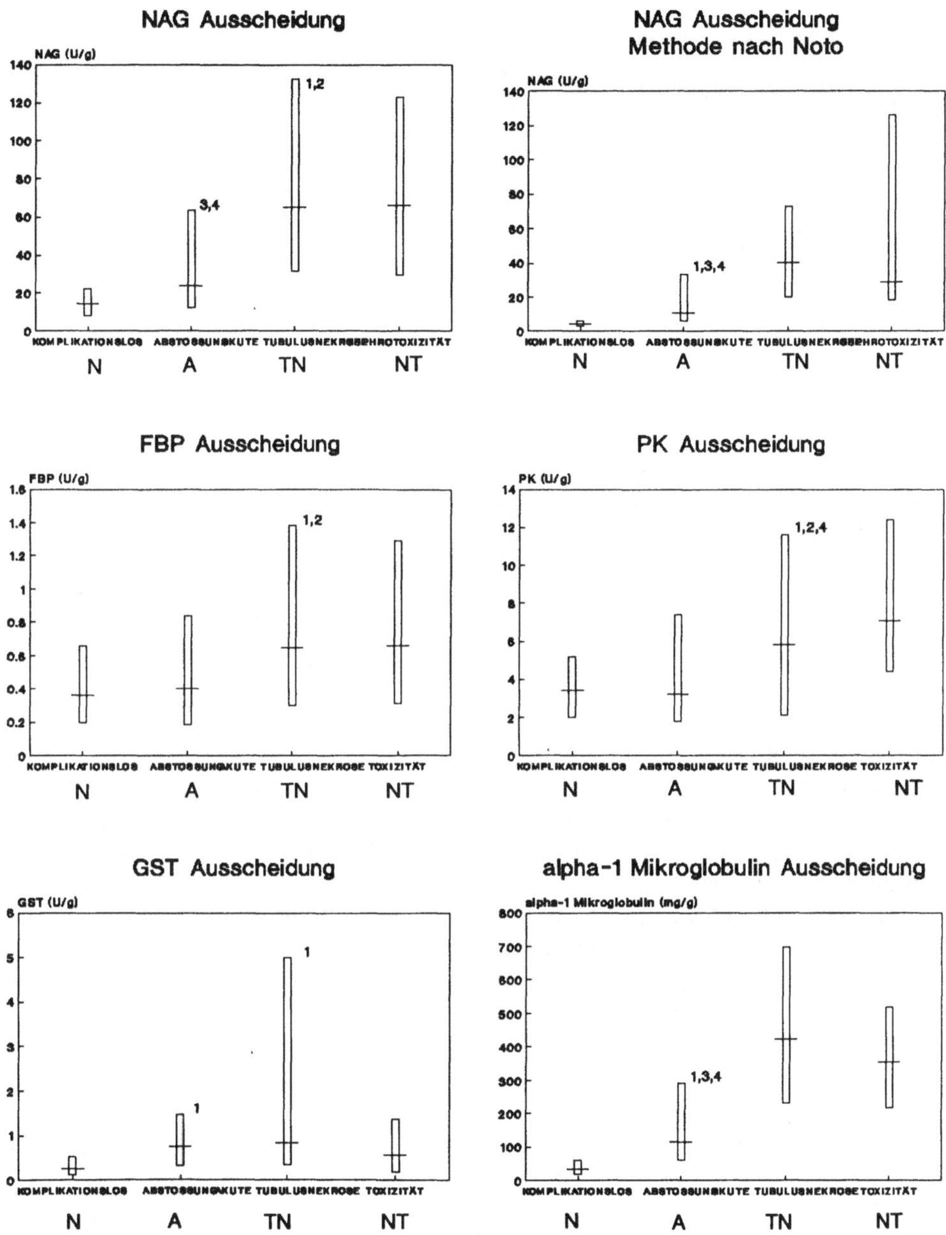

Abb. 1. Ausscheidung von NAG (pNP), NAG (CSN), FBP, PK, GST und α_1-M im Harn bei unauffälligen postoperativen Verläufen (*N*), Abstoßungen (*A*), akuten Tubulusnekrosen (*TN*) und Nephrotoxizität (*NT*). Die Daten sind als Median, 25%- und 75%-Perzentile dargestellt. Die Ziffern bezeichnen signifikante Unterschiede zwischen den Gruppen (p < 0.01)

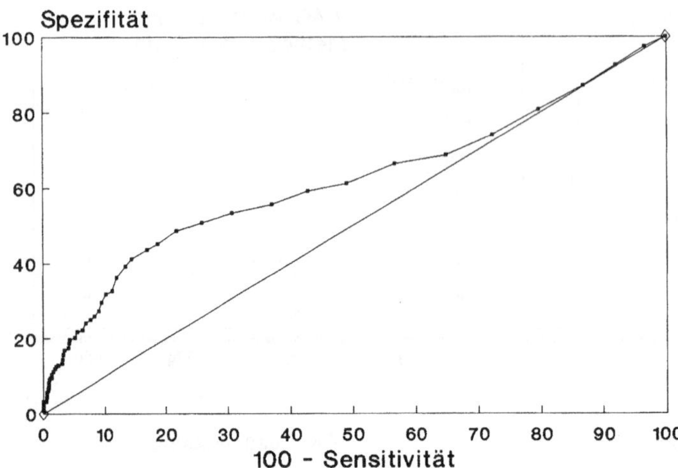

Abb. 2. ROC-Kurve für die im Harn ausgeschiedene Pyruvatkinase (*PK*). Die diagnostische Aussagekraft der PK wird als geringfügig ausgewiesen

ROC-Kurve für die PK dargestellt. Der diagonale Verlauf bedeutet, daß dieses Enzym in der untersuchten Fragestellung keinen wesentlichen Zuwachs an diagnostischer Sicherheit bringt.

Ähnliche Ergebnisse erhält man für die Enzyme FBP und GST. In der Abb. 3 werden die ROC-Kurve von NAG (pNP) und NAG (CSN) dargestellt. Die oberen Graphiken der Abb. 3 zeigen die Information als Funktion verschiedener cut-off Punkte. Cut-off-Punkte maximaler Information (15.5 U/g im Falle der NAG (pNP) und 9.0 U/g im Falle der NAG (CSN)) werden zur Berechnung von Sensitivität und Spezifität herangezogen (Tabelle 1). Die beiden unteren Abbildungen beschreiben die dazugehörigen ROC-Kurven. Da die Informationskurven für beide Enzyme an identischen Patientenkollektiven berechnet wurden, sind die Werte für die maximale Information unmittelbar vergleichbar. Wie man aus Tabelle 1 sieht, ist unter den vorliegenden Bedingungen die diagnostische Aussage der mit der Methode nach Noto gemessenen NAG größer.

Tabelle 1. Cut-off-Punkte, Information, Sensitivität und Spezifität von Serumkreatinin (mg/dl), NAG (pNP) (U/g), NAG (CSN) (U/g) und α_1-MG (mg/g), untersucht an einem identischen Patientenkollektiv. Die Informationswerte sind somit vergleichbar

	cut-off	Information (rel. Einh.)	Sensitivität (%)	Spezifität (%)
Kreatinin	1.8	0.433	89	84
NAG (pNP)	15.5	0.303	76	86
NAG (CSN)	9.0	0.381	78	91
α_1-M	108.0	0.324	73	91

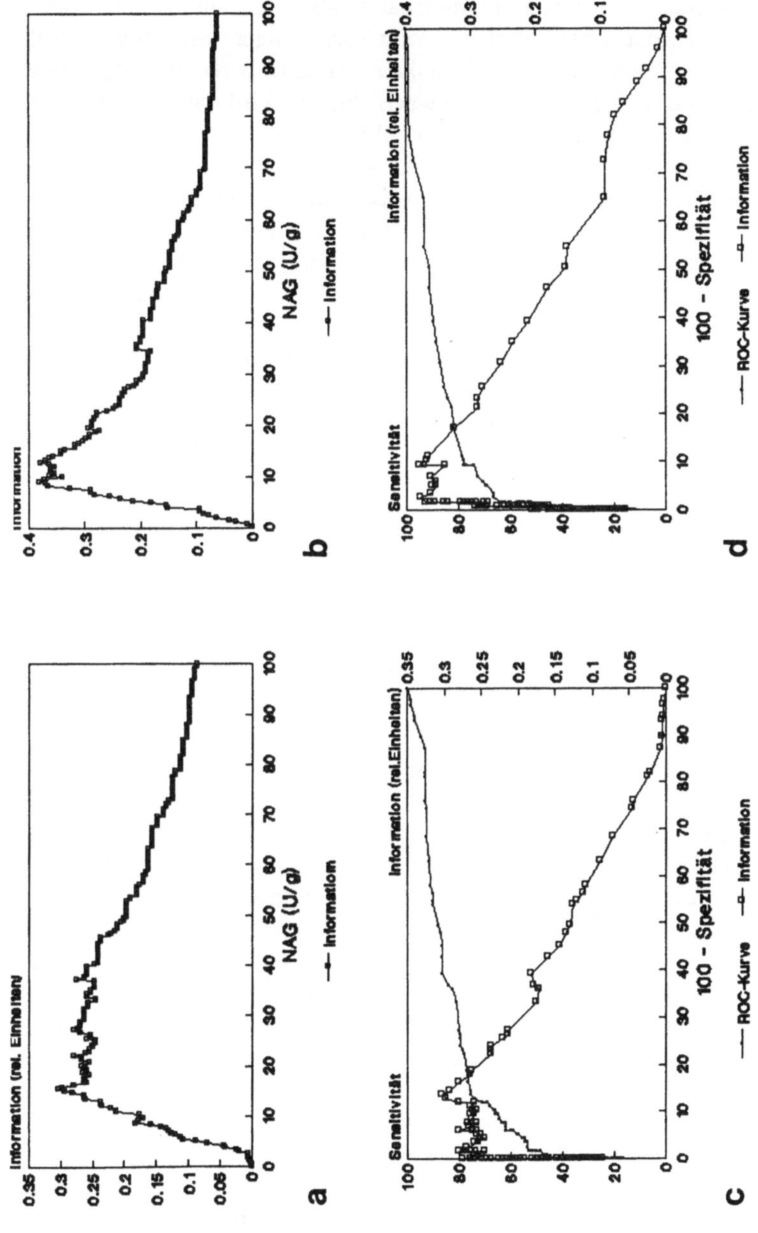

Abb. 3 a–d. Vergleich der diagnostischen Effizienz von zwei Methoden zur Messung der NAG-aktivität im Urin Nierentransplantierter Patienten. a Informationsgewinn NAG Substrat pNP b Informationsgewinn für NAG Substrat CSN c ROC-Kurve für NAG (Substrat pNP) d ROC-Kurve für NAG (Substrat CSN)

Wir haben in der vorliegenden Arbeit die Information als Kriterium zur Festlegung des cut-off Punktes verwendet. Dabei wird wie folgt vorgegangen: im ersten Schritt wird die Information einer Reihe von cut-off Punkten (ca. 250) berechnet. Derjenige cut-off Punkt, der den höchsten Informationszuwachs bringt, wird dann zur Berechnung von Sensitivität und Spezifität herangezogen (Abb. 3).

In Tabelle 1 sind die cut-off Punkte, Sensitivität und Spezifität der untersuchten Parameter dargestellt. Die entsprechenden Kenngrößen für das Serumkreatinin sind ebenfalls aufgeführt. Die angegebenen Informationswerte sind vergleichbar, da sie am selben Kollektiv berechnet wurden. NAG (pNP), NAG (CSN) und α_1-M weisen eine dem Kreatinin überlegene Spezifität auf, welches allerdings eine etwas höhere Sensitivität zeigt.

Wird ein negatives Ergebnis nur dann angenommen, wenn bei einer gemeinsamen Betrachtung die Aktivität bzw. Konzentration von NAG (CSN) und α_1-M kleiner als die betreffenden cut-off Punkte sind, erhöht sich die Spezifität auf 96%.

Diskussion

Ziel der vorliegenden Arbeit war es, den Stellenwert von FBP, GST, PK, NAG und α-1 MG in der Diagnose von pathologischen Ereignissen nach Nierentransplantation zu definieren. Darüber hinaus wurden die Resultate zweier Nachweisverfahren für die NAG verglichen.

In einer Varianzanalyse zeigten sich für alle vier Enzyme ein signifikanter Unterschied zwischen unauffälligen und pathologischen Verläufen. Dieser statistisch signifikante Unterschied schlägt sich jedoch nur für die NAG (pNP), NAG (CSN) und das α-1 MG in einem diagnostisch verwertbaren Zuwachs an Sicherheit nieder, wie durch Analyse der ROC-Kurven gezeigt wird. Als mögliche Gründe für das schlechte Abschneiden der anderen Enzyme sind anzuführen, daß PK und GST in Erythrozyten vorkommt, was bei Hämaturie zu Fehlinterpretationen führen kann. Die FBP wäre aufgrund ihrer Lokalisation im proximalen Tubulus und des hohen Molekulargewichtes ein auf den ersten Blick "ideales" Harnenzym. Allerdings hat dieses Enzym nur eine geringe Stabilität im Harn, was zu falsch niedrigen Aktivitäten führen kann. Diese Nachteile werden von der NAG nicht geteilt; es ist ein auch im Harn stabiles Enzym.

Unerwartet sind die Unterschiede in der diagnostischen Aussage zwischen den nach Noto und nach Maruhn gemessenen NAG-Aktivitäten. Folgende mögliche Erklärungen müssen diskutiert werden: die Harne wurden präanalytisch unterschiedlich hantiert, so wurden die nach Noto untersuchten Harne sofort nach der Sammlung bei –20 °C gefroren, während die nach Maruhn untersuchten Harne 1–3 Tage bei +4 °C gelagert wurden. In beiden Fällen wurde die Kreatininkonzentration im Harn zu getrennten Zeiten und an getrennten Orten gemessen, was weitere Unterschiede mitbedingt. Eine definitive Beantwortung der Frage nach der Ursache der unterschiedlichen diagnostischen Aussage kann derzeit jedoch noch nicht gegeben werden. Bis zur Klärung der Ursachen müssen wir annehmen, daß die automatisierte Methode nach Noto der manuellen Methode nach Maruhn überlegen ist.

Ein neuer, erfolgversprechender diagnostischer Ansatz könnte die Verwendung des α_1-M sein. Das Protein wird frei filtriert und ist im Urin stabil [7]. Seine diagnostische Aussagekraft kann mit der der NAG verglichen werden. In der Testkombination mit NAG besteht eine hohe Spezifität für Nierenschäden.

Zusammenfassung

In der vorliegenden Arbeit wurde der Versuch unternommen, die diagnostische Effizienz von vier Harnenzymen (NAG, FBP, GST, PK) und von α_1-M bei Patienten nach Nierentransplantation zu evaluieren. Es konnte gezeigt werden, daß die im Harn ausgeschiedene NAG den anderen untersuchten Harnenzymen in der diagnostischen Aussage überlegen ist, ähnlich gute Resultate konnten mittels des α_1-Mikroglobulins erzielt werden.

Danksagung. Die vorliegende Arbeit wurde vom Österreichischen Fonds zur Förderung der wissenschaftlichen Forschung (Projekt P 6541 M) gefördert. Besonderer Dank gilt W. Hofmann und W.G. Guder für die Analyse von a_1-M und NAG (CSN) und die Diskussion der Ergebnisse.

Literatur

1. Jung K, Scholz D, Diego J, May G (1983) Harnenzymausscheidung bei nierentransplantierten Patienten. Z Ges Inn Med 38:581–592
2. Maruhn D (1976) Rapid colorimetric assay of β-galactosidase and N-acetyl-β-D-glucosaminidase in human urine. Clin Chim Acta 73:453–461
3. Gutmann I, Bernt E (1974) Pyruvat-Kinase. In: Methoden der enzymatischen Analyse, Verlag Chemie, Weinheim, S 800–811
4. Latzko E, Gibbs M (1974) Alkalische C1-Fructose-1,6-diphosphatase. In: Methoden der enzymatischen Analyse, Verlag Chemie, Weinheim, S 914–917
5. Habig WH, Pabst MJ, Jakoby WB (1974) Glutathione S-Transferases. J Biol Chem 249:7130–7139
6. Noto A, Ogawa Y, Mori S, Yoshioko M, Kitakaze T, Hori T, Nakamura M, Miyake T (1983) Simple, rapid spectrophotometry of urinary N-acetyl-β-D-glucosaminidase with the use of a new chromogenic substrate. Clin Chem 29:1713–1716
7. Hofmann W, Guder WG (1989) A diagnostic programme for quantitative analysis of proteinuria. J Clin Chem Clin Biochem 27:589–600
8. Jung K, Diego J, Strobelt V, Scholz D, Schreiber G (1986) Diagnostic significance of some urinary enzymes for detecting acute rejection crisis in renal transplant recipients: alanine aminopeptidase, gamma-glutamyltransferase, N-acetyl-β-D-glucosaminidase and lysozyme. Clin Chem 32:1807–1811
9. Siegel S, Castellan NJ (1988) Nonparametric statistics. McGraw-Hill, New York, pp 206–223
10. Büttner J (1977) Die Beurteilung des Wertes klinisch-chemischer Untersuchungen. J Clin Chem Clin Biochem 15:1–12
11. Noe DA (1985) Diagnostic classification. In: The logic of laboratory medicine. Urban & Schwarzenberg, Baltimore-Munich, S 79–197

12. Heiss H, Wild W, Kotanko P (1984) Informationstheoretische Grundlagen zur Diagnose von Nierentransplantatabstoßungen. In: Medizinische Informatik '84, Oldenburg, Wien, pp 49–53
13. Heiss H, Wild W, Margreiter R, Pfaller W, Kotanko P (1988) Noninvasive diagnosis of renal allograft rejections – application of an information-theoretical model. Klin Wochenschr 66:32–36

Diskussion

Büttner: Ich habe zwei Fragen: Haben Sie eine Verifizierung in einem neuen Patienten-Set gemacht? Das ist ja notwendig; was Sie gemacht haben, ist praktisch erst die Festlegung, daß der Test bei den gewählten cut-off points arbeitet, das muß nun verifiziert werden. Zweite Frage: Haben Sie das Ganze multivariat gerechnet? Das können Sie nicht mit der ROC-Kurve aber – das habe ich ja vor einigen Jahren abgeleitet – sehr gut mit der Informationstheorie.

Kotanko: Zum ersten: wir haben die Validierung in einem Test-Kollektiv insofern gemacht, daß wir die Population randomisiert haben und den Befund an einer Hälfte erhoben und an der anderen Hälfte geprüft haben. Die ROC-Kurven unterscheiden sich nicht wesentlich voneinander. Zur zweiten Frage: wir haben bereits in der Vergangenheit mit Hilfe eines multivariaten Ansatzes die Information herangezogen, um optimale cut-off-points zu konstruieren. Das ist auch im Vorjahr (Klin Wochenschr 66:32–36) publiziert worden. Wir haben uns dabei ganz wesentlich auf die von Ihnen angegebene Methodik gestützt. Die Information ist als Maß deswegen so gut geeignet, weil die Voraussetzungen für die Durchführung der gängigen diskriminanzanalytischen Verfahren selten gegeben sind.

Gressner: Es gibt mehrere Isoenzyme der N-Acetyl-glucosaminidase. Ist einmal versucht worden, die diagnostischen Kriterien durch Aufschlüsselung des Isoenzymprofils zu verbessern? Daran anschließend die Frage: werden eventuell mit den beiden Methoden des NAG-Nachweises verschiedene Isoenzyme erfaßt, die dann unterschiedliche klinische Aussagen ergeben?

Kotanko: Zu Ihrer ersten Frage: wir haben unterschiedliche Isoenzyme der NAG nicht untersucht. Es gibt Studien, die eine Änderung des Isoenzym-Musters in Richtung Zunahme der I-Form als diagnostisch signifikant ansehen. Allerdings ist mir keine Untersuchung bekannt, wo eine echte Charakterisierung dieser Tests nach strengen Kriterien vorgenommen wurde. Und zur zweiten Frage: soweit mir bekannt ist, sind die beiden Methoden nicht geeignet, unterschiedliche Isoenzyme der NAG zu erfassen.

Guder: Ich möchte die Frage von Herrn Gressner noch kommentieren: wir tragen hier zum ersten Male Meßergebnisse vor, die vor drei Wochen beendet und in der letzten Woche noch ausgewertet wurden. Wir haben daher noch keine Erklärung dafür, warum der NAG-Nachweis mit der Noto-Methode besser sein soll. Wir müssen paarweise die Daten gegenüberstellen und prüfen, welcher Art die Abweichungen sind. Ich kann mir diese Befunde aus dem methodischen Unterschied nicht erklären, es sei denn, die Präzision der manuellen Methode ist schlechter als die der automatisierten Methode.

Maruhn: Das geht direkt in die Richtung, die eben angesprochen wurde: habe ich es richtig verstanden: die Untersuchungen sind echte Parallel-Untersuchungen, die gleiche Urinprobe ist bei Ihnen und bei Herrn Guder untersucht worden?

Kotanko: Ja, es sind echte Parallel-Untersuchungen in dem Sinne, daß die Probe geteilt worden ist. Die Probe für München wurde bei –20 °C eingefroren und die Probe für Innsbruck wurde im Kühlschrank bei +4 °C gelagert und nach 1–3 Tagen, in manchen Fällen auch sofort untersucht, während die Probe in München nach maximal 6 Monaten analysiert wurde.

Greiling: Ich möchte noch einen Einwand bringen: Sie hatten bei der Aktivitätsmessung einer endogenen N-Acetyl-β-D-glucosaminidase, das ist synonym mit der Hyaluronat-Glycan-Hydrolase, nicht berücksichtigt, daß die unspezifischen, unnatürlichen Substrate alles messen. Ich könnte mir vorstellen, daß die Unterschiede Innsbruck/München durch die unterschiedliche Stabilität der verschiedensten Enzyme zustande gekommen ist. Sie können auch die Herkunft der verschiedenen endogenen und exogenen N-Acetyl-glucosaminidasen mit diesem Test nicht differenzieren.

Kotanko: Danke für den Hinweis, wir werden dem Problem nachgehen.

Götz: Ihre Diagnose der Abstoßung: war das eine klinische Diagnose oder eine histologische?

Kotanko: Im Wesentlichen war es die bioptische Diagnose.

Götz: Also mit der Feinnadel?

Kotanko: Sowohl Feinnadelbiopsien als auch Zylinder, es überwiegen aber die Feinnadel-Biopsien.

Diagnostische Strategien

Moderator: H. Lang

Lang: Meine Damen und Herren, wir kommen jetzt zur klinischen Chemie – und das ist auch die einzige Legitimation, daß ich hier vorne stehe. Am gestrigen Tage haben wir die Mechanismen der gesunden und kranken Niere von allen Seiten zu beleuchten versucht: von der Struktur, von der Physiologie, von der Biochemie; wir haben die toxikologischen Fragen wie auch die der Transplantation wenigstens streifen können. Die Frage, die sich nun für uns Klinische Chemiker ergibt, ist die: gibt es eine Möglichkeit, aus der Summe der vielen Erkenntnisse auf all' diesen Gebieten eine diagnostische Strategie zu extrahieren? Ich sehe die Lage etwa in Analogie zur Hepatologie, wo vor etwa 20 Jahren der Anfang gemacht wurde, aus der Fülle der Erkenntnisse heraus sich auf eine, auch für den Kliniker sinnvolle, rationale und rationelle Strategie zu einigen.

Es wird hier nun in den folgenden Vorträgen der Versuch gemacht, eine Strategie vorzuschlagen und zur Diskussion zu stellen. Daß es ein schwieriges Unterfangen ist, die große Vielfalt der prärenalen, renalen und postrenalen Erkrankungen mit einer Laborstrategie erfaßen oder ausschließen zu wollen, ist den Referenten nur zu klar! Wir haben nur noch eine begrenzte Zeit vor uns, aber ich hoffe, daß wir uns dem Problem noch sinnvoll nähern können.

Präanalytische Faktoren bei der Harnanalytik

H. Wisser

Im Vergleich zum Gesamtanalysenaufkommen eines Routinelabors sind Urinanalysen zahlenmäßig von untergeordneter Bedeutung. Aus der geringen Häufigkeit von Urinanalysen abzuleiten, daß diese nicht wichtig seien, ist sicher nicht gerechtfertigt. Vielmehr besteht die Gefahr, daß Fragen der Präanalytik weniger sorgfältig beachtet werden. In folgender Tabelle 1 sind die 10 gröbsten Fehler der Urinanalytik zusammengestellt, wobei eine Reihe der aufgezählten Punkte, wie Analyse von zu alten Proben, unsaubere Sammelgefäße, inhomogene Proben, sowie Über- oder Unterschätzung von Störeinflüssen präanalytischer Natur sind [1]. Unter präanalytischen Faktoren versteht man Einflüsse auf ein Meßergebnis, die vor der eigentlichen Analyse liegen und so die richtige Interpretation erschweren oder unmöglich machen. Nach einem Vorschlag von Guder [2] sollte man zur Systematisierung dieser präanalytischen Faktoren zwischen Einflußgrößen und Störfaktoren unterscheiden (Tabelle 2).

Im folgenden werden entsprechend der vorgeschlagenen Systematik beispielhaft Einflußgrößen und Störfaktoren diskutiert.

Tabelle 1. Die 10 gröbsten Fehler in der Urin-Analytik [1]

1. Analyse von zu alten Proben
2. Unsaubere Sammelgefäße
3. Unsachgemäßes Behandeln der Reagenzien
4. Schlechte Untersuchungstechnik
5. Inhomogene Probe (nicht gemischter Urin)
6. Nicht korrekte Dokumentation des Ergebnisses
7. Unfähigkeit, die Bedeutung des Ergebnisses zu erkennen
8. Nichtbeachtung des Resultates wegen widersprüchlicher anderer Ergebnisse
9. Über- und Unterschätzung von Störeinflüssen
10. Überbewertung des Einzelergebnisses

Tabelle 2. Präanalytische Faktoren

1	*Einflußgrößen (= in vivo Störungen)*
1.1	Unveränderliche – unbeeinflußbare Einflußgrößen – Alter, Geschlecht, Rasse
1.2	Veränderliche – beeinflußbare Einflußgrößen – Konstitution, körperliche Aktivität, Körperlage, Ernährung, Biorhythmen, Medikamente
2	*Störfaktoren (= in vitro Störungen)*
2.1	*Analytspezifische Störfaktoren* – Löslichkeit – Stabilität – Kontamination
2.2	*Methodenspezifische Störfaktoren* – Kontamination – Medikamente

Unveränderliche, unbeeinflußbare Einflußgrößen

Neben Rasse und Geschlecht gehört auch das Alter zu diesen Größen. So zeigt die Kreatinin-Clearance eine signifikante Abhängigkeit vom Alter, wie folgende Abbildung aus einer Arbeit von Rowe et al. [3] bei 548 Probanden belegt (Abb. 1).

Bei nur unwesentlichem Ansteigen der Serumkreatininkonzentration, zeigt die Urinausscheidung des Kreatinins eine statistisch signifikante Abnahme mit zunehmendem Alter. Hierbei dürften zwei Effekte zum Tragen kommen, nämlich die altersbedingte Abnahme der Muskelmasse und der Filtrationskapazität der Niere infolge der Zunahme von Glomerulaveränderungen mit steigendem Alter. Beispiele für

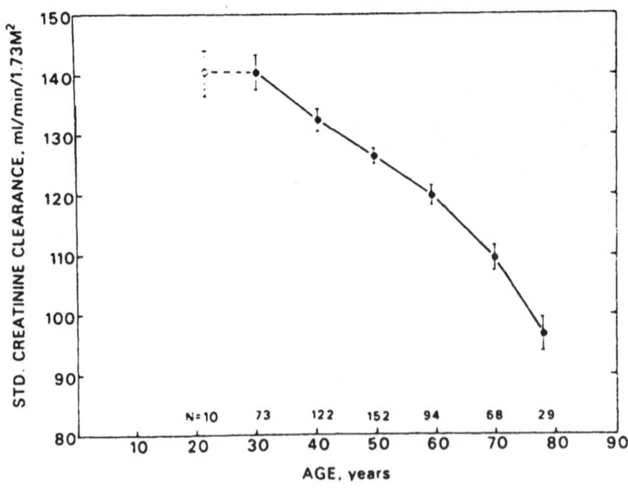

Abb. 1. Altersabhängigkeit der Kreatininclearance ($\bar{x} \pm$ SEM) [3]

geschlechtsspezifische Unterschiede sind z.B. die Ausscheidung von Testosteron oder der 17-Hydroxy-corticosteroide.

Veränderliche, beeinflußbare Einflußgrößen

Konstitution

Ein Beispiel für den Einfluß der Konstitution ist, wie oben schon ausgeführt, die Kreatininausscheidung im Urin, die von der Muskelmasse abhängig ist.

Aktivität

Zum Nachweis des Einflusses der körperlichen Aktivität auf die Urinausscheidung seien beispielhaft die Ergebnisse einer Untersuchung von Lijnen et al. [4] wiedergegeben. Bei dieser Studie wurde die Ausscheidung verschiedener Elektrolyte und Substrate im 24h-Urin vor (Tag 1, 2), während (Tag 3, 4) und nach (Tag 5, 6) einer körperlichen Belastung u.a. mit 50 km Fahrradfahren gemessen. Die Nahrungs- und Flüssigkeitszufuhr war nicht standardisiert.

Wie Sie aus der Tabelle 3 ersehen, kommt es beim Aldosteron zu einem statistisch signifikanten Anstieg und beim Natrium und Kalium zu einem statistisch signifikanten Abfall der Ausscheidung. Körperliche Aktivität kann zu einer arteriellen Hypovolämie und relativen renalen Ischämie führen. Beide Faktoren führen zu einer erhöhten Aldosteron-Freisetzung, nachfolgend zu einer vermehrten renalen Natriumrückresorption und einer vermehrten Kaliumausscheidung. Das Verhalten von Aldosteron und Natrium wäre über einen solchen Mechanismus erklärbar, nicht aber das des Kaliums. Möglicherweise ist zumindest ein Teil der Verluste über den Schweiß zu erklären.

Tabelle 3. Einfluß von körperlicher Aktivität auf die Ausscheidung von Substraten, Elektrolyten und Aldosteron. Meßwertangaben: $\bar{x} \pm$ SEM, n = 9 männliche Versuchspersonen [4]

24-Stunden Ausscheidung	Ruhetage vor der Belastung (Tag 1 und 2)	Belastungstage (Tag 3 und 4)	Ruhetage nach Belastung (Tag 5 und 6)
Volumen, ml	1240 $\pm$ 155	1126 $\pm$ 230	1288 $\pm$ 161
Kreatinin, mmol	20,5 $\pm$ 1,6	20,4 $\pm$ 1,2	19,0 $\pm$ 1,0
Kreatin, umol	458 $\pm$ 61	519 $\pm$ 76	382 $\pm$ 53
Harnsäure, mmol	5,48 $\pm$ 0,7	5,54 $\pm$ 0,86	5,01 $\pm$ 0,76
Harnstoff, mmol	400 $\pm$ 50	433 $\pm$ 33	367 $\pm$ 50
Natrium, mmol	157 $\pm$ 24	83 $\pm$ 13**	146 $\pm$ 24
Kalium, mmol	93 $\pm$ 9	66 $\pm$ 7**	89 $\pm$ 15
Kalzium, mmol	5,06 $\pm$ 1,0	5,41 $\pm$ 0,6	5,41 $\pm$ 0,5
Magnesium, mmol	5,59 $\pm$ 0,53	6,87 $\pm$ 0,74	5,39 $\pm$ 0,53
Aldosteron, nmol[1]	11,6 (6,6–26,9)	20,8** (11,4–29,1)	11,4 (8,0–18,9)

[1] Geometrischer Mittelwert und Spannweite
p < 0,05 und ** p < 0,001 im Vergleich zu den Ruhetagen

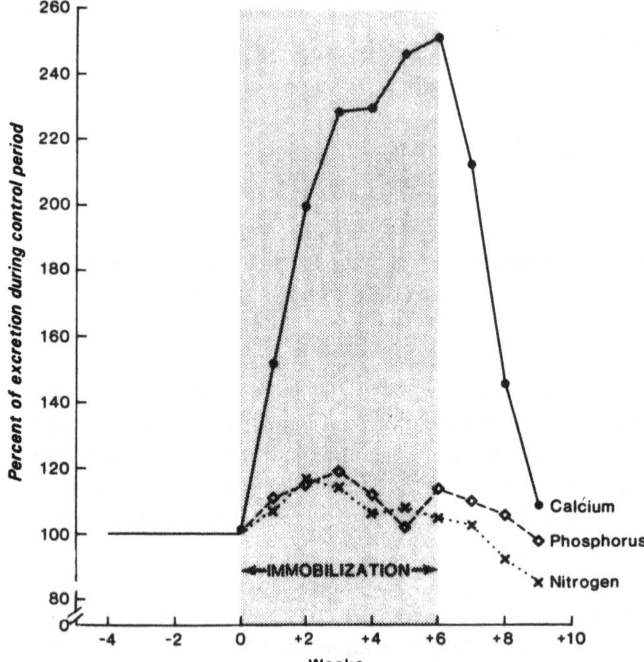

Abb. 2. Ausscheidung von Kalzium, Phosphat und Stickstoff vor und nach 6-wöchiger Ruhigstellung [6]

Von praktischer Bedeutung ist die Beeinflussung der Albuminausscheidung durch erhöhte körperliche Aktivität. Wie Krämer et al. [5] nachweisen konnten, führt eine kurzfristige körperliche Belastung bei gesunden Probanden zwar zu einer erhöhten Albuminausscheidung (5,5 gegen 16,9 µg/min), die sich aber bei der Untersuchung von 24h-Urinen nicht störend bemerkbar macht. So betrug die Albuminausscheidung ohne körperliche Belastung 8,5 ± 0,7 mg/24 h und bei den gleichen Probanden mit körperlicher Belastung (Ergometerbelastung bis zur Erschöpfung) 10,3 ± 0,9 mg/24 h. Bei der Untersuchung von Urinen mit kurzer Sammelperiode können aber größere Unterschiede durch körperliche Belastung gemessen werden. Liegt schon eine Albuminurie vor, so ist die durch körperliche Belastung bedingte Erhöhung der Albuminausscheidung stärker.

Ein bekanntes und für die Klinik nicht unwichtiges Beispiel für den Einfluß der körperlichen Aktivität auf Kenngrößen ist der Anstieg der Kalziumausscheidung bei längerer Ruhigstellung, wie das obige Beispiel (Abb. 2) mit Erhöhung der Ausscheidung um etwa das 1 1/2-fache der Ausgangswerte während 6-wöchiger Ruhigstellung zeigt [6].

Körperlage
Kurzfristige Änderungen der Körperlage haben keinen Einfluß auf die Ausscheidung, wenn man von der allgemein bekannten orthostatischen Proteinurie mit Ausscheidungen von 500–2000 mg/l Gesamtprotein absieht, die bei Horizontallage auf Normalwerte absinken.

Tabelle 4. Urinausscheidung von Elektrolyten und Substraten während eines 4-tägigen Hungerstreiks. Die Originaldaten von Elia et al. [7] wurden gemittelt

Harnausscheidung (mmol/Tag)	Fasten		
	vor	während	nach
Natrium	140,4	33,2	32,3
Kalium	83,6	42,8	55,0
Kalzium	5,9	4,20	6,90
Magnesium	6,30	4,20	4,30
Ammoniak	33	80,5	103
Zink	0,007	0,017	0,026
Chlorid	128,8	39,9	48,0
Phosphat	37,9	36,0	25,6
β-Hydroxybutyrat	0,1	4,17	0,10
Sulfat	22,8	16,7	24,2
Kreatinin	14,3	13,4	14,8
Gesamt-Harn-stickstoff	414	407	439
Harnstoff (% Harnstickstoff)	84,5	78,7	76,7
Ammoniak (% Harnstickstoff)	4,0	10,4	12,1

Ernährung

Tabelle 4 zeigt die Ausscheidung von Elektrolyten und Substraten von 5 gesunden Probanden, am Tag vor, während und einen Tag nach einem viertägigen freiwilligen Hungerstreik. Während des Hungerstreiks haben die Probanden nur Aqua dest. getrunken. [7] Aus Gründen der Übersicht sind in Abänderung der Originalpublikation die Mittelwerte der Ausscheidung der 4 Hungertage angegeben.

Wie man sieht, kommt es bei den meisten Elektrolyten zu einem deutlichen Abfall der Ausscheidung im Vergleich zu den Ausgangswerten. Die verminderte Ausscheidung ist auch noch einen Tag nach dem viertägigen Hungern zu sehen, wenn man vom Kalzium absieht. Die Ausscheidung der Ammoniumionen nimmt, wie die Originaldaten zeigen, kontinuierlich zu, ebenso die Ausscheidung des Zinks. Während längerdauerndem Nahrungsentzug kann die Ausscheidung der Ammoniumionen, die der Neutralisation von Anionen organischer Säuren dienen, die des Harnstoffs überschreiten. Auffällig ist, daß die Ausscheidung der 3-Hydroxybuttersäure am ersten Tag nach dem Hungerstreik wieder normal ist. Als Folge der Ketoazidose kommt es zu einer verminderten Ausscheidung an Harnsäure verbunden mit einem Anstieg der Serum-Harnsäurekonzentration.

Nahrungszufuhr

Bekanntermaßen führt eine übermäßige Kohlenhydratzufuhr wegen Überschreitung der maximalen Rückresorptionskapazität zu einer Glukosurie.

Zu einer Erhöhung der renalen Harnsäureausscheidung kommt es nach Aufnahme von Purin und Protein als Folge einer gesteigerten Harnsäuresynthese [8]. Bei purinfreier Ernährung beträgt die tägliche Harnsäureausscheidung 330 mg. Zusatz von 1 g RNS zu einer purinfreien Diät erhöht die Urinausscheidung um 113 mg/Tag und 1 g

DNS um 68 mg/Tag. Proteinzufuhr hat ebenfalls Einfluß auf die renale Harnsäureausscheidung. Eine Steigerung der täglichen Proteinzufuhr von 43 auf 84 g erhöht die Harnsäureausscheidung als Folge einer gesteigerten de Novo-Synthese um 68%. Außerdem steigt die Harnstoff- und – weniger stark ausgeprägt – die Kreatininausscheidung an. Übermäßiger Alkoholkonsum führt dagegen zu einer Verminderung der Harnsäureausscheidung. Diese Verminderung ist Folge einer Hyperlaktatämie, wie sie nach übermäßigem Alkoholkonsum beobachtet wird. Koffein erhöht die Ausscheidung der Katecholamine, Metanephrine und Vanillinmandelsäure [9].

Biorhythmen

Für eine Reihe von Meßgrößen, wie die Urinausscheidung von Adrenalin, Noradrenalin, Kortisol oder Enzymen ist eine signifikante Tageszeitabhängigkeit nachgewiesen [10]. Urinvolumen sowie die Ausscheidung von Natrium, Kalium und Kalzium (Abb. 3) zeigen ebenfalls eine deutliche Abhängigkeit von der Tageszeit. Angegeben sind die Mittelwerte von 6 Probanden an je 8 Versuchstagen [11].

Das Minimum der Ausscheidung liegt nach diesen Ergebnissen zwischen 4 und 8 Uhr morgens und das Maximum bei etwa 12.00–14.00 h. Die Phosphatausscheidung zeigt dagegen ein umgekehrtes Verhalten, also ein Maximum nachts und ein Minimum tagsüber. Es handelt sich dabei nicht um ein von der Nahrungszufuhr abhängiges Phänomen [12, 13], wie folgendes Ergebnis einer Studie von Bartter et al. [12] mit männlichen Probanden, die im 4-Stundenabstand 0,6 l Milch bekamen, belegt.

Der Rhythmus von Natrium und Chlorid verläuft parallel (Abb. 4). Die Amplituden der Chloridausscheidung sind erheblich größer als die des Natriums. Die Differenz repräsentiert die parallel dazu verlaufende erhöhte Kaliumausscheidung. Die Folge der verminderten Kochsalzzufuhr bei den Probanden ist eine Abnahme der Amplitude, aber die Tageszeitabhängigkeit bleibt bestehen. Über den Aldosteron- oder Reninrhythmus läßt sich die hier dargelegte Tageszeitabhängigkeit nicht erklären. Nach Bartter et al. (12) ist der Rhythmus der Natriumausscheidung eine Folge der circadianen Rhythmik der Chloridausscheidung.

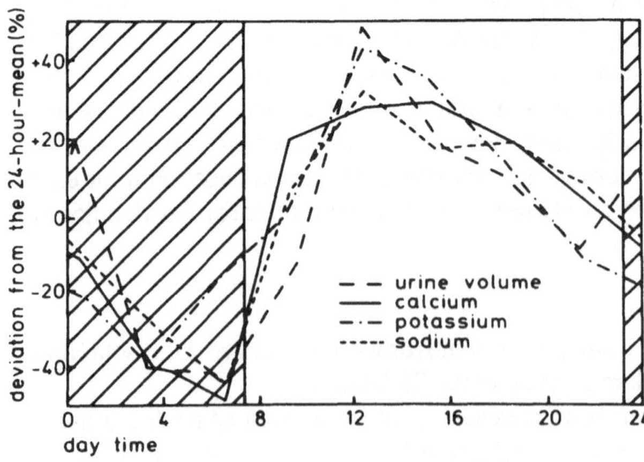

Abb. 3. Tageszeitabhängigkeit von Urinvolumen, sowie der Ausscheidung von Natrium, Kalium und Kalzium [11]

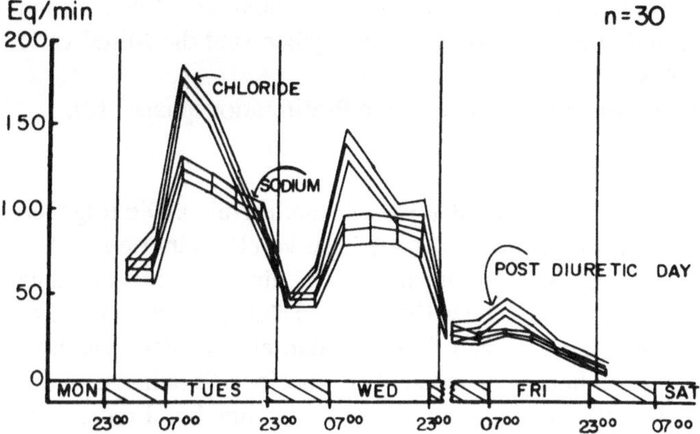

Abb. 4. 24-Stundenausscheidung von Natrium und Chlorid bei 9 Probanden, die alle 4 Stunden 0,6 l Milch tranken. 3. Versuchstag Gabe von 100 mg Hydrochlorothiazid [12]

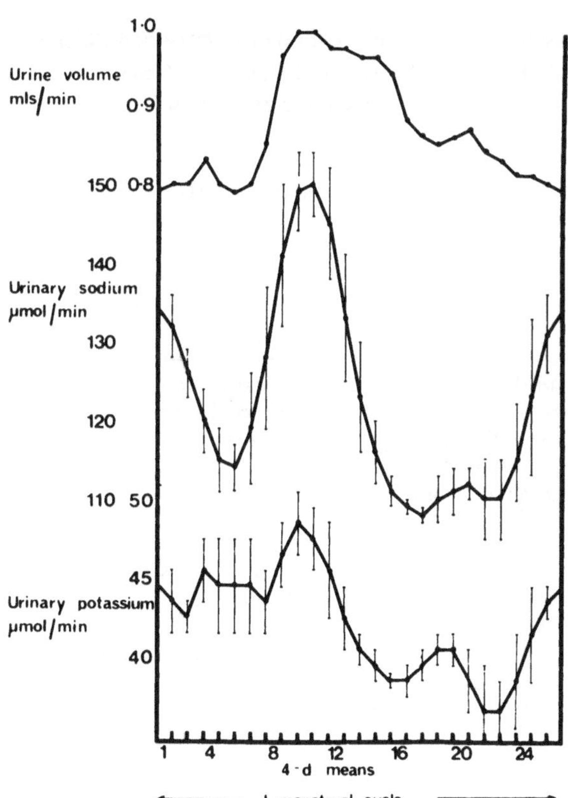

Abb. 5. Urinvolumen, Natrium- und Kaliumausscheidung bei einer 39-jährigen Patientin während des Menstruationszyklus. Mittelwerte von 8 aufeinanderfolgenden Zyklen [12]

Abbildung 5 zeigt den Einfluß des Zyklus auf die Ausscheidung von Natrium und Kalium sowie das Urinvolumen bei einer Probandin. Angegeben sind die Mittelwerte von 8 aufeinanderfolgenden Zyklen.

Alle 3 Meßgrößen zeigen ein Maximum in der späten Proliferationsphase [12].

Medikamente

Die Literatur über Medikamente als Einflußgrößen ist sehr umfangreich. Die folgende Tabelle 5 gibt eine Übersicht über Medikamente als Auslöser von Proteinurien [14].

Die tabellarische Wiedergabe ist insofern unzulänglich, als sie keine Aussage macht über die Länge der Therapie, die Höhe der Dosis oder Häufigkeit, mit der es zu der entsprechenden Störung kommt. So ist z.B. bekannt, daß eine längere Therapie mit Procainamid bei Langsamacetylierern in jedem Fall zu einer Proteinurie führt, während bei Therapie mit Hydralazin eine Proteinurie bevorzugt bei Frauen, die Langsamacetylierer und HLA DR3 positiv sind, auftritt. Aber nicht nur Proteinurien, sondern auch Glukos- oder Hämaturien sind nach medikamentöser Therapie beschrieben.

Störfaktoren

Wie oben ausgeführt, sollte man zwischen analyt- und methodenspezifischen Störfaktoren unterscheiden; denn methodenspezifische Störfaktoren sind im Gegensatz zu den analytspezifischen Verfahren durch Wechsel der Methode zu vermeiden.

Tabelle 5. Medikamentenbedingte Proteinurie (Modifiziert nach Matthes [14])

Typ der Proteinurie			
Prärenal	Fibrinolyse		
Glomerulär	*Immunkomplex-Auslöser*	*DNA-Antikörper-Auslöser*	*Basal-Membran-Antikörper-Auslöser*
	Lithium, Gold, Asparaginase, Fenprofen, Distraneurin	Hydralazin, Procainamid, INH, Chlorpromazin, PAS, D-Penicillamin	D-Penicillamin
Tubulär	*Anaphylaxie-Auslöser*	*Direkt toxisch*	*Interstitielle Nephritis*
	Fremdproteine Analgetika Antibiotika	Schwermetalle (Hg, Cd, Au, Bi, Pb)	Antibiotika Diuretika nichtsteroidale Antirheumatika

Analytspezifische Störfaktoren

Löslichkeit

Urin wird üblicherweise als übersättigte Lösung für manche Salze ausgeschieden, wobei beim Abkühlen dann die entsprechenden Verbindungen ausfallen. Aufbewahrung der Urinproben bei 4–6 °C oder tiefgefroren verstärkt den Effekt. Die Löslichkeit von Kalziumverbindungen, Oxalaten, Harnsäure und Phosphaten ist sehr unterschiedlich.

So nimmt die Löslichkeit der Harnsäure und verschiedener Urate mit steigender Temperatur und steigendem pH-Wert zu, die der Oxalate, Phosphate und Aminosäuren, die säurelöslich sind, dagegen ab [15]. Diese unterschiedlichen Löslichkeitseigenschaften können Inhomogenitäten der Probe und dadurch erhebliche Fehler bedingen.

Stabilität

Die Behandlung von 24-Stundenurinproben für die Analytik von Kalzium, Magnesium, Phosphor, Harnsäure, Kreatinin und Oxalat wurde in einer ausführlichen Studie untersucht [16]. Aliquote einer Reihe von bei Zimmertemperatur gesammelten 24-Stundenurinproben wurden unbehandelt und behandelt innerhalb von 24 h analysiert. Die Probenbehandlung bestand in der Einstellung eines aliquoten Probenteils auf pH 1,5–2,5 mit Salzsäure für die Bestimmung von Kalzium, Magnesium, Phosphor und Kreatinin, sowie eines anderen Teils auf pH 8–10 mit Natronlauge für die Analyse von Harnsäure und Kreatinin. Nach Einstellung des pH-Wertes wurden die Proben nach 10 Minuten auf 56 °C erwärmt. Wenn die Proben nicht innerhalb von 2 Stunden analysiert werden konnten, wurden sie bis zur Analyse bei +4 °C aufbewahrt. In folgender Tabelle 6 sind die wichtigsten Daten dieser Untersuchungsreihe wiedergegeben.

Bei einer Aufbewahrungszeit von nicht mehr als 24 Stunden werden nach dieser Untersuchung für jeden Parameter einige Ausreißer registriert. Aber insgesamt sind die Differenzen zwischen behandelten und unbehandelten Proben im Vergleich zu den durchschnittlichen Ausscheidungen von gesunden Probanden relativ gering.

Glukose in bakteriell kontaminierten Urinproben (Keimzahl 10^5–10^6/ml) wird bei Zimmertemperatur schnell abgebaut (50% und mehr innerhalb von 24 Stunden). Zusatz von 1 g Chlorhexidin-glukonat/24h-Sammelurin ermöglicht die Aufbewahrung bei Zimmertemperatur selbst über einen Zeitraum von 6 Wochen [17]. Zur Proteinbestimmung können – nach einer Untersuchung von Hofmann und Guder [18] – Urine bei 4 °C ohne Zusatz störungsfrei aufbewahrt werden. Beim Aufbewahren der Proben bei –20 °C wurden vor allem für IgG bei nephelometrischer Bestimmung bis zu 30% niedrigere Werte gemessen. Die Stabilität der Nierenenzyme ist unterschiedlich, so ist z. B. die Gamma-Glutamyltranspeptidase (GGT) instabil, während die N-Acetylglukosaminidase (NAG) stabil ist.

Proben für bakteriologische oder zytologische Untersuchungen sollten möglichst rasch aufgearbeitet werden. Das gleiche gilt bei der bekannten Instabilität der Leukozyten für die Sedimentbeurteilung.

Tabelle 6. Einfluß einer Vorbehandlung von Urinproben. Differenzen zwischen mit Säure[1] oder Lauge[2] behandelten und unbehandelten Proben, Angabe der Ausreißer und der durchschnittlichen Ausscheidung gesunder Probanden $\bar{x} \pm$ SD [16, 10]

Bestandteil	Probenzahl	max.Differenz mmol/l	Ausreißer		durchschnittliche Ausscheidung im 24h-Urin in mmol
			n	Spannweite mmol/l	
Kalzium[1]	78	–0,25 bis 0,50	3	(–0,50–1,8)	4,2 ± 2,1
Magnesium[1]	77	–0,25 bis 0,30	5	(–0,50–1,4)	5 ± 1,5
Phosphat[1]	78	–0,97 bis 1,61	6	(–2,72–3,25)	20 ± 8,1
Kreatinin[1]	56	–0,27 bis 0,53	1	(–0,88)	11,7 ± 0,4
Harnsäure[2]	80	–0,48 bis 0,54	4	(1,37–4,58)	3,4 ± 1,1

Zusammenfassend ist festzustellen, daß für die gängigen Untersuchungen bei sofortiger Analyse eine Vorbehandlung der Probe in der Regel nicht notwendig ist, da nach den vorliegenden Ergebnissen keine klinisch relevanten Fehler beobachtet wurden. Ist eine sofortige Analyse nicht möglich, so empfiehlt sich für Kalzium-, Magnesium- und Phosphatbestimmung die Ansäuerung und für die Harnsäure eine Zugabe von Lauge zu der Probe, während für die Kreatininbestimmung die Probe unbehandelt bleiben kann.

Anders liegen die Dinge bei Spezialuntersuchungen [10]. Während für die Bestimmung von Kortisol unbehandelter Urin zur Analyse eingesetzt werden kann, sind die Urinproben für die Bestimmung der Katecholamine, Metanephrine, Vanillinmandelsäure und 5-Hydroxyindolessigsäure auf pH 1–2 mit konzentrierter Salzsäure anzusäuern. Proben zur Bestimmung der Metabolite des Porphyrinstoffwechsel sind lichtgeschützt zu sammeln und bei pH 8,5 und –20 °C aufzubewahren. Kritisch ist die Probenvorbereitung für die Oxalatbestimmung, da bei Ansäuerung der Urinproben eine reversible und bei Laugenzusatz eine irreversible Erhöhung ihrer Konzentration gefunden wurde.

Kontamination

Kontamination ist insbesondere bei der Spurenelementanalytik zu beachten. Die Sammelgefäße werden am besten mit verdünnter HNO_3 gereinigt [19]. Welche Fehler man dabei machen kann, zeigt eine jüngst publizierte Studie über die Freisetzung von Zink aus Latex-Blasenkathetern. Die normale Zinkkonzentration kann dabei zwischen 12 bis 35% fälschlich erhöht werden [20]. Kontamination ist die wichtigste Fehlerquelle bei der bakteriologischen Urinuntersuchung. Leukozyturien sind bei der Bestimmung der Urinenzyme, z. B. der LDH störend.

Methodenspezifische Störfaktoren

Kontamination

Kontamination von Urinproben mit Reduktions- oder Oxidationsmitteln stört alle
Methoden mit H_2O_2-gekoppelter Indikatorreaktion. Bakterielle Kontamination der
Urine führt durch Harnstoffabbau zu einer Alkalisierung und bedingt falsch positive
Ergebnisse beim Eiweißnachweis mittels Teststreifen.

Medikamente

Als Beispiel für Medikamente als Störfaktoren sei die Störung der Gesamteiweißbestimmung im Urin mittels Biuretreaktion [21] angeführt. Nach dieser Untersuchung
haben die Ureidopenicilline in alkalischer Lösung eine Absorptionsbande bei 546 nm
und können somit falsch positive Werte verursachen. Besteht eine Proteinurie, so führen die Penicilline zu einer Verschiebung des Absorptionsspektrums des Kupfer-Pep-
tidkomplexes und können so systematisch zu niedrige Werte verursachen.

Zusammenfassend sei festgestellt, daß die Meßwerte im Urin zahlreichen Einflüssen unterliegen. Die veränderlichen Einflußgrößen bedingen die biologische Streuung
dieser Meßgrößen. So kann die Kreatininausscheidung durch körperliche Belastung
oder auch durch diätetische Einflüsse [23] verändert werden. Die Folge davon ist eine
intraindividuelle Streuung, die, wie eine Untersuchung von Greenblatt et al. [24]
zeigt, mit 10–15% der mittleren Ausscheidung (54 bis 97 Bestimmungen pro Vpn.
über einen Zeitraum von 6–10 Monate) recht erheblich ist.

Einflußgrößen und Störfaktoren der Urinanalytik konnten in dem zur Verfügung
stehenden Rahmen nur beispielhaft besprochen werden. Sie wurden unter dem Ge-
sichtspunkt diskutiert, daß sie zu erwartenden Meßwertveränderungen durch Krankheit oder Therapie entgegenwirken und zu Fehlbeurteilungen führen können. Nicht
weniger wichtig ist die Beachtung präanalytischer Faktoren bei der Durchführung von
Studien.

Literatur

1. Free AH, Free HM (1978) Rapid convenience urine tests: their use and misuse. Lab Med
   9:9–17
2. Guder WG (1980) Einflußgrößen und Störfaktoren bei klinisch-chemischen Untersuchungen. Internist 21:533–542
3. Rowe JW, Andres R, Tobin JD, Norris AH, Shock NW (1976) The effect of age on creatinine clearance in men: A cross-sectional and longitudinal study. J Gerontol 31:155–163
4. Lijnen P, Hespel P, Vanden Eynde E, Amery A (1985) Biochemical variables in plasma
   and urine before and after prolonged physical exercise. Enzyme 33:134–142
5. Krämer BK, Kernz M, Ress KM, Pfohl M, Müller GA, Schmülling R-M, Risler T (1988)
   Influence of strenuous exercise on albumin excretion. Clin Chem 34:2516–2518
6. Deitrick JE, Whedon GD, Shorr E (1948) Effects of immobilisation upon various metabolic
   and physiologic functions of normal men. Am J Med 4:3–36
7. Elia M, Crozier C, Neale G (1984) Mineral metabolism during short-term starvation in
   man. Clin Chim Acta 139:37–45

8. Wuzel H, Strenge A (1984) Ernährung und Harnsäureausscheidung. Mitteilungen – Dtsch Ges f Klin Chem Vol 15:92–97
9. Robertson D, Frölich JC, Carr RK, Watson JTh, Hollifield JW, Shand DG, Oates JA (1978) Effects of caffeine on plasma renin activity, catecholamines and blood pressure. N Eng J Med 298:181–186
10. Kohse KP, Wisser H (1987) Problems of quantitative urine analysis. Ann Biol Clin 45:630–641
11. Wisser H, Doerr P, Stamm D, Fatranska M, Giedke H, Wever R (1973) Tagesperiodik der Ausscheidung von Elektrolyten, Katecholaminmetaboliten und 17-Hydroxycorticosteroiden im Harn. Klin Wschr 51:242–246
12. Bartter FC, Chan JCM, Simpson HW (1979) Chronobiological aspects of plasma renin activity, plasma aldosterone, and urinary electrolytes. In: Krieger DT (ed) Endocrine Rhythms, Raven Press, New York, pp 225–245
13. Moore-Ede MC, Herd JA (1977) Renal electrolyte circadian rhythms: independence from feeding and activity patterns. Am J Physiol 232:F128–F135
14. Matthes KJ (1981) Drug-induced proteinuria. Contrib Nephrol 24:109–114
15. Colombo P, Richterich R (1977) Die einfache Urinuntersuchung. Hans Huber Verlag, Bern, Stuttgart, Wien
16. NG RH, Menon M, Ladenson JH (1984) Collection and handling of 24-hour urine specimens for measurement of analytes related to renal calculi. Clin Chem 30:467–471
17. Worth RD, Harrison J, Skillen AW (1980) Stability of glucose in urine. Clin Chem 26:789
18. Hofmann W, Guder WG (1989) A diagnostic program for quantiative analysis of proteinuria. J Clin Chem Clin Biochem 27:589–600
19. Schramel P, Lill G, Hasse S (1985) Mineral- und Spurenelemente im menschlichen Urin. J Clin Chem Clin Biochem: 23:293–301
20. De Haan KEC, Woroniecka UD (1989) Bladder catheters and zinc contamination of urine. Clin Chem 35:888
21. Andrassy K, Ritz E, Koderisch J, Salzmann W, Bommer J (1978) Pseudoproteinuria in patients taking penicillin. The Lancet 2:154
22. Lorimor K, Brown D (1983) Quality control and management in urinalysis. In: Ross DL, Neely AE (eds) Textbook of Urinalysis and Body Fluids, Appleton – Century – Crofts, Norwalk, Connecticut, pp 179–215
23. Banda PW, Tuttle MS, Sherry AE, Blois MS (1980) Total creatinine content of the first morning urine is independent of dietary change. Clin Chem 26:535–536
24. Greenblatt DG, Ransil BJ, Harmatz JS, Smith TW, Duhme DW, Koch-Weser J (1976) Variability of 24-hour urinary creatinine excretion by normal subjects. J Clin Pharmacol 16:321–328

Diskussion

Maruhn: Herr Wisser, Sie haben am Ende Ihres Vortrages die kritische Frage zur Bezugsgröße Kreatinin gestellt – völlig zu Recht. Können Sie uns eine Alternative nennen; oder, konkret gefragt, würden Sie nach wie vor vorschlagen, daß wir über 24 Stunden oder eine definierte Zeit gesammelte Harnproben gewinnen sollen?

Wisser: Ich kann nur sagen, daß Sie – wenn Sie auf Kreatinin beziehen – auch beim Kreatinin mit Streuungen rechnen müssen. Wenn man nicht auf Kreatinin bezieht, dann besser auf die Zeiteinheit, als auf die Konzentration.

M. H. Weber: Wir haben in Göttingen zusammen mit dem Primatenzentrum eine Longitudinalstudie bei Tieren durchgeführt, die über ein ganzes Jahr lang eine konstante Diät bekamen. Bei diesen wurde jeden Morgen um 8 Uhr der Spontanurin gemessen. Die Kreatinin-Ausscheidung variierte von Tag zu Tag bei diesen Tieren, die ein gleichmäßiges Gewicht zeigten, so daß man sicherlich bei manchen Parametern die Frage stellen muß: entweder Zeiteinheit oder die Konzentration pro Liter. Diese ist in manchen Situationen sogar besser vergleichbar als der Bezug auf Gramm Kreatinin.

Wisser: Dem kann ich nur zustimmen.

Heidland: Herr Wisser, ich bin beeindruckt über die hohe endogene Kreatinin-Clearance bei den Hochbetagten bei Ihnen in Stuttgart.

Wisser: Entschuldigen Sie bitte, daß ich bei der Wiedergabe der Daten der Altersabhängigkeit der Kreatinin-Clearance die Autoren vergessen habe zu zitieren. Die Daten sind aus einer Arbeit von Rowe aus dem Jahr 1976, publiziert im Journal of Gerontology. Diese Arbeit ist methodisch sehr gut gemacht. Die Autoren haben für die Kreatinin-Bestimmung die Fullererde-Methode eingesetzt. Die Kreatinin-Clearance wurde auch nicht nur einmal bestimmt, sondern 3- oder mehrfach im Abstand von 18 Monaten gemessen. Über diesen Zeitraum ist eine Abnahme der Kreatinin-Clearance statistisch gesichert nachgewiesen.

Heidland: Weiterhin stellt sich die Frage, ob die Kost bei den Probanden sehr proteinreich gewesen ist. Denn nach Davis und Shock müssen wir ja eine Inulin-Clearance mit etwa 60 ml/Minute bei einem 80jährigen veranschlagen.

Wisser: Die Autoren haben die Inulin-Clearance bei diesen Probanden mitgemessen und den Quotienten aus Kreatinin- und Inulin-Clearance berechnet. Dieser war nicht altersabhängig. Der Quotient lag bei durchschnittlich 1,29, also die Kreatinin-Clearance war um 29% höher als die Inulin-Clearance, d.h. die Clearance des Kreatinins und des Inulins sind in gleicher Weise altersabhängig. Der Abzug von 29% vom Durchschnittswert von 96 ml/Minute für die Kreatinin-Clearance bei den 75- bis 84-jährigen Probanden, wie er in dieser Studie ermittelt wurde, würde für die Inulin-Clearance einen Wert von etwa 68 ml/Minute ergeben.

Heidland: Die erhöhte Kreatinin-Clearance als Folge einer erhöhten Proteinzufuhr ist damit nicht ausgeschlossen.

Wisser: In dieser Studie wurden die Ergebnisse von 546 Patienten ausgewertet. Bezüglich der Diät wurden keine besonderen Einschränkungen gemacht. Es wurden allerdings alle Patienten ausgeschlossen, bei denen z.B. innerhalb des Beobachtungszeitraums ein Hochdruck auftrat. Die Studie wurde mit 800 Personen begonnen.

Kotanko: Die Bezugsgröße Kreatinin ist sehr abhängig von der Situation, in der sie verwendet wird. Es konnte z.B. von Jung gezeigt werden, daß sie als Bezugsgröße für Harnenzyme nach Nierentransplantationen einen Vorteil bringt, weil beide Signale in gegenläufiger Richtung verändert werden, und man formal einen Quotienten als Diskriminanzfunktion ableiten kann.

Wisser: Der Streit um's Kreatinin als Bezugsgröße für die Ausscheidung von Substanzen im Urin ist uralt. Mir wäre es lieber, wenn wir die Versuchsergebnisse der circadianen Rhythmen diskutieren würden.

Guder: Wir haben aus den von Herrn Wisser gezeigten Gründen versucht, etwas für die Präanalytik zu tun, indem wir genaue Vorschriften an die Stationen gegeben haben, daß man Urin, wenn man die Calcium-Ausscheidung bestimmen will, ansäuert und für die Bestimmung der Phosphorausscheidung dagegen nicht. Das hat zu folgendem Dilemma geführt: in unserer urologischen Klinik werden die Urine von Patienten, die Steinträger sind, auf ihre Zusammensetzung untersucht. Es stellt sich dabei heraus, daß man, wenn man alles beachtet, mindestens 3 Sammeltage braucht mit 3 verschiedenen Urinen. Außerdem hat der Personalrat verboten, daß mit konzentrierter Säure auf den Stationen hantiert wird, so daß wir nach einer Vorschrift suchen, die unter den heutigen Bedingungen noch realisierbar ist, insbesondere in den Ambulanzen. Ich würde gerne Herrn Hesse um einen Kommentar bitten, wie er z.Zt. die Urine von Steinträgern untersucht, wenn man also gleichzeitig Oxalat, Phosphat und Kalzium messen will.

Hesse: Wir gehen strategisch so vor, daß wir den Urin mit Thymol-Isopropanol sammeln lassen. Das wird so akzeptiert sowohl in den Praxen, wie in den Ambulanzen und auch auf den Stationen. Eine weitergehende Konservierung der Sammelurine machen wir dann im Labor. Es wäre sicher am besten, wenn man gleich alles aktuell aus einer frischen Probe bestimmen könnte, wie Herr Wisser es gesagt hat. Aber es ist unrealistisch, daß man immer das, was man bestimmen will, am gleichen Tag messen kann. So wird eine Konservierung notwendig. Wir gehen dabei so vor, wie Herr Wisser das eigentlich andeutete, aber dann wieder in Frage stellte. Für die Bestimmung von Oxalat, Kalzium und Magnesium wird der Urin angesäuert, für die Bestimmung der Harnsäure alkalisiert und eine Probe mit neutralem pH-Wert wird zusätzlich einbehalten. Diese 3 verschiedenen Proben werden dann eingefroren aufbewahrt. Aus dem Blickwinkel der Steindiagnostik ist damit die Probensammlung komplett.

Zu den Bezugsgrößen möchte ich noch einmal sagen, daß wir auch sehr unsicher mit dem Kreatinin sind. Wir nehmen als Bezugsgröße im humanmedizinischen Bereich – das läßt sich dann sicher auf die Ratte und den Affen übertragen – die Körperoberfläche, die wir aus Größe und Gewicht ermitteln.

Wisser: Der Bezug der Kreatinin-Ausscheidung auf Größe, Körperoberfläche bzw. Körpergewicht vermindert ihre interindividuellen Unterschiede etwas, aber nicht gravierend. Bei Kindern ist das anders.

Laue: Erklärt sich nicht der Rückgang der Natrium- und Kalium-Ausscheidung im Urin unter körperlicher Arbeit als Regulationsmechanismus bei Verlust dieser Ionen mit dem Schweiß?

Wisser: Das spielt sicherlich eine Rolle, ist aber wohl nicht die einzige Erklärungsmöglichkeit. Verminderte Natrium-Ausscheidung könnte auch als Effekt der erhöhten Aldosteron-Sekretion angesehen werden. Allerdings müßte sich dann die Kalium-Ausscheidung umgekehrt verhalten, was sie nach vorgegebenem Ergebnissen nicht tut.

Gressner: Viele Parameter haben eine ausgeprägte interindividuelle Streuung. Am Beispiel des Kreatinins haben Sie es gezeigt. Wie ist das bei den anderen Parametern? Wenn es das dort auch gibt, ist die Spannbreite der interindividuellen Streuung eingeengt unter pathologischen Situationen?

Hofmann: Wir haben bei den Kenngrößen, die ich nachher vorstellen will, also Gesamteiweiß, IgG, Albumin, α1-Mikroglobulin, NAG und Kreatinin, die im Urin bestimmt wurden, zur Bestimmung der interindividuellen Variabilität einmal auf Liter und zum anderen auf Mol Kreatinin bezogen. Wie die Daten zeigen, nimmt bei Bezug auf Mol Kreatinin die interindividuelle Variabilität ab, d. h. sie ist etwas niedriger.

Bidlingmaier: Herr Wisser hat meinen Kommentar eigentlich schon vorweg genommen. Bei Kindern kann man überhaupt nicht darauf verzichten, auf irgendetwas zu beziehen. Wir haben das untersucht für Kreatinin und Körperoberfläche und haben eine etwas bessere Bezugsgröße gefunden in der Körperoberfläche als im Kreatinin. Wenn man keine Bezugsgröße hat, braucht man für jedes Lebensalter und für jede Entwicklungsstufe eine neue Normwerttabelle, wohingegen Quotienten relativ konstant sind.

Eggstein: Können Sie bei dieser Unsicherheit nun bitte doch noch sagen, wie wir das Kreatinin im Urin in Zukunft bestimmen sollen? Wie bisher, oder mit Fullererde-Adsorption, was ja relativ teuer ist?

Wisser: Bei der Analyse von Urinproben kann man meiner Meinung nach mit einer ganz einfachen Methode, d.h. mit der direkten Jaffé-Methode, Kreatinin bestimmen. Bezogen auf Urin als Probenmaterial sind die Störeinflüsse für dieses Verfahren vernachlässigbar klein, wenn nicht bestimmte Medikamentenstörungen zu erwarten sind.

Eggstein: Darf ich nun auch das Serum-Kreatinin ansprechen. Sollten wir uns überlegen, ob man durch eine erhöhte Frequenz der Kreatininbestimmung und durch eine präzisere Bestimmungsmethode nicht doch den Forderungen gerecht wird, die Herr Thurau und die Kollegen gestern aufgestellt haben, um frühzeitig das sich anbahnende, akute Nierenversagen zu erkennen? Nach allem, was ich bisher hier gehört habe, scheint das Kreatinin dazu die beste Meßgröße zu sein.

Thurau: Ich bin dankbar, daß Sie das noch einmal aufgegriffen haben. Ich halte den Kreatininverlauf für einen sehr sensiblen Indikator – besonders den der Serum-Konzentration. Zur Kreatinin-Bestimmung im Urin möchte ich nichts sagen. Aber ich möchte doch noch einmal einen Punkt aufgreifen, den ich kurz angesprochen habe, nämlich den der Elektrolyte im Urin. Es ist sicherlich vielleicht hilfreich zu wissen, wieviel am Tag ausgeschieden wird. Nur, das ist eine hochvariable Größe. Für die funktionelle Interpretation ist die Konzentration viel wichtiger. Und das würde ich gerne noch einmal sehr deutlich aussprechen, daß man die Konzentration auf alle Fälle zur Verfügung stellt!

Wisser: So machen wir das auch in der Praxis. Wenn wir bilanzieren wollen, dann messen wir pro 24 Stunden, beim akuten Nierenversagen, d.h. aus diagnostischen Gründen, bestimmen wir die Konzentration.

Kopp: Klinisch am wichtigsten von den Störfaktoren finde ich die mikrobielle Kontamination, sei es primär durch einen vorbestehenden Harnwegs- oder Niereninfekt, oder sekundär durch Verunreinigungen. Welche Parameter sind dadurch zum Beispiel beim 24-Stunden-Urin am ehesten gestört?

Wisser: Am ehesten gilt dies für Glukose und Harnstoff. Wir haben das einmal untersucht und 10^5 Keime (Proteus vulgaris) pro ml Urin eingesetzt. Die Glukose-Konzentration fällt bei Aufbewahrung dieser Proben bei Zimmertemperatur innerhalb von 24 Stunden um 50–60% ab. Dies läßt sich ganz gut vermeiden, indem man dem Urin Chlorhexidinglukonat zusetzt. Wie die Untersuchung von Worth et al. zeigt, bleibt die Glukosekonzentration bei Aufbewahrung von so präparierten Urinproben bei Zimmertemperatur über 6 Wochen stabil.

Strategien bei der Differenzierung der Hämaturie

H. Köhler

1. Definition der Hämaturie

Im Sammelurin von 74 gesunden Medizinstudenten fand Addis 1926 im Mittel 131.500 Erythrozyten/d (0–850.000), 645.000 Leukozyten/d einschließlich Epithelzellen/d (64.800–3.670.000) und 2.080 Zylinder/d (0–8.540) [2]. Hierbei wurde der Urin über eine nächtliche 12-Stunden-Periode gesammelt und das Ergebnis auf 24 Stunden extrapoliert. Eine große physiologische Schwankungsbreite der Zellausscheidung wurde auch durch spätere Untersucher bestätigt. Bei semiquantitativer Beurteilung der Zellausscheidung mit Hilfe des Urinsedimentes fand sich bei 5.000 gesunden Männern und 1.000 gesunden Frauen, unabhängig vom Geschlecht, in 90% < 1 Erythrozyt/Gesichtsfeld (GF) und in 97% < 5 Erythrozyten/GF. Bei 94% der Männer waren < 2 Leukozyten/GF, aber nur bei 78% der Frauen < 3 Leukozyten/GF nachzuweisen, ein geschlechtsspezifischer Unterschied, der durch eine sorgfältige Uringewinnung bei den Frauen auszugleichen war [10, 11, 17]. Wurde spontan gelassener Urin in der Zählkammer untersucht, fanden Birch und Mitarb. bei 376 gesunden Kontrollpersonen im Mittel bei Männern 2,5 Erythrozyten/µl (0,25–13 Erythrozyten) und bei Frauen 4 Erythrozyten/µl (0,25–16 Erythrozyten) [5].

Aufgrund der Schwankungsbreite der physiologischen Zellausscheidung und aufgrund der unterschiedlichen Methodik differieren die in der Literatur angegebenen Grenzwerte. Eine pathologische Erythrozytenausscheidung, bzw. eine Hämaturie ist bei ≥ 5 Ery/GF anzunehmen, wenn das Urinsediment bei 400facher Vergrößerung an 10 verschiedenen Stellen beurteilt wird [15] oder wenn ≥ 8 Ery/µl im Kammerurin bzw. ≥ 3 Mio. Erythrozyten im 24-Std.-Urin (Addis-Count) gefunden werden [8] (Tabelle 1). Die mit bloßem Auge sichtbare Hämaturie wird als Makrohämaturie im Unterschied zur mikroskopisch feststellbaren Mikrohämaturie bezeichnet.

Tabelle 1. Grenzwerte der pathologischen Zellausscheidung im Urin

Methode	Erythrozyturie	Leukozyturie
im Urinsediment	≥ 5 Ery/GF	≥ 10 Leuko/GF
Kammerurin	≥ 8 Ery/µl	≥ 10 Leuko/µl
Addis-Count	≥ 3 Mio. Ery/d	≥ 5 Mio. Leuko/d

2. Nachweis der Hämaturie

2.1. Als Screening können handelsübliche *Teststreifen* eingesetzt werden. Sie sind sehr empfindlich und erfassen bei einer Erythrozytenausscheidung von 5–10 Ery/µl in der Regel 90% der Fälle [9]. Die Teststreifen beruhen auf dem Nachweis der pseudoperoxidatischen Aktivität des Hämoglobins, die ein Sauerstoffatom von einem Peroxid auf ein Chromogen überträgt und somit eine Farbreaktion hervorruft. Falsch positive Reaktionen sind selten möglich durch die peroxidatische Aktivität von Myoglobin oder durch Direktoxidation des Chromogens (z.B. stark oxidierende Reinigungsmittel). Falsch negative Reaktionen können durch reduzierende Substanzen, wie Ascorbinsäure entstehen.

2.2. Semiquantitative *Sedimentsbeurteilung* durch Auswerten von 5–10 Gesichtsfeldern (GF) bei 400-facher Vergrößerung (Erythrozytenzahl/GF).

2.3. Beurteilung des spontan gelassenen unzentrifugierten *Kammerurins* in der Fuchs-Rosenthal-Zählkammer (Erythrozytenzahl/Volumen).

2.4. Beurteilung des unzentrifugierten Sammelurins in der Fuchs-Rosenthal-Zählkammer (*Addis-Count*). Für die Routinefragestellung ist eine nächtliche Sammelperiode (z.B. 21.00 h–7.00 h) geeignet, die Ruhebedingungen repräsentiert [8]. In bestimmten Fällen wird der Urin unter körperlicher Belastung oder in einem kürzeren Intervall gesammelt (Erythrozytenzahl/Zeit).

2.5. *Erythrozytenmorphologie* mit Hilfe der Phasenkontrastmikroskopie. Unser Vorgehen: 10 ml Spontanurin werden 5 Minuten bei 2.000 U/min zentrifugiert, 9,5 ml abpipettiert und 0,5 ml resuspendiert. Die Erythrozytendifferenzierung erfolgt in 20 µl Urin im Phasenkontrastmikroskop. Ausgezählt werden 10 Gesichtsfelder oder 100 Erythrozyten. Ein Akanthozytenanteil (Erythrozytendeformitäten mit Ausstülpungen) > 5% wird als Akanthozyturie bezeichnet (Abb. 1).

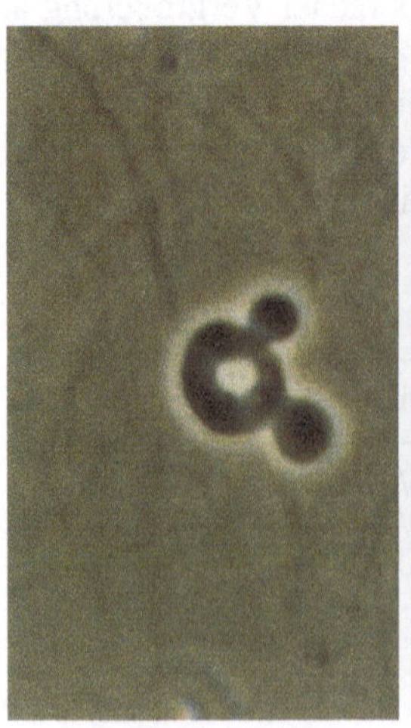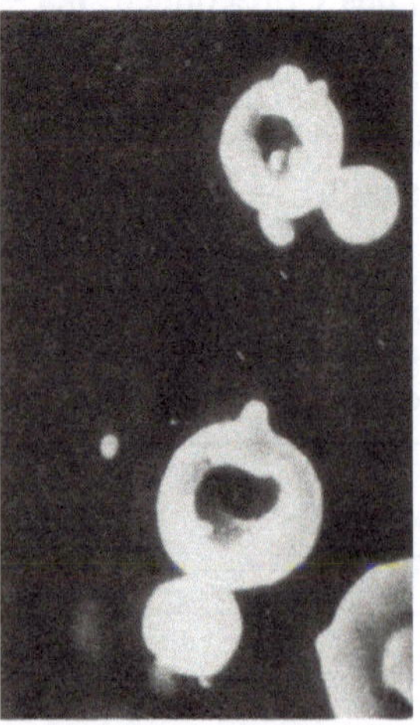

a   b

Abb. 1 a, b. Die für eine glomeruläre Hämaturie charakteristische Erythrozytendysmorphie ist der "Akanthozyt", der durch seine Ausstülpung leicht erkennbar ist. **a** Phasenkontrastmikroskopie (1000-fache Vergrößerung). **b** Rasterelektronenmikroskopie (2500-fache Vergrößerung)

3. Ursachen der Hämaturie

Die Ursachen einer Hämaturie sind vielgestaltig (Tabelle 2). Im nephrologischen Krankengut überwiegen die renalen Ursachen, im urologischen Krankengut naturgemäß die postrenalen Ursachen einer Hämaturie. Auszuschließen ist eine Pigmenturie, wobei Hämoglobin und Myoglobin einen positiven Stäbchentest ohne mikroskopische Erythrozyturie aufweisen. Bei der medikamentös bedingten Pigmenturie [1] sind sowohl Stäbchentest als auch Mikroskopie negativ. Gerinnungsstörungen sind meist nur Auslöser einer Hämaturie und damit ein Hinweis auf eine zugrundeliegende strukturelle Veränderung. Die benigne Prostatahypertrophie sollte ebenfalls Veranlassung zu einer weiteren Diagnostik sein, da in ca. 50% die Blutungsquelle an anderer Stelle sitzt [7].

Tabelle 2. Häufige Ursachen einer Hämaturie

1	*Renale Ursachen*
1.1	Glomerulär
	– Glomerulonephritis primär oder sekundär
	– Andere glomeruläre Läsionen (z. B. Nephrosklerose, hereditär, stoffwechselbedingt)
1.2	Nichtglomerulär
	– Akute interstitielle Nephritis (infektiös und nichtinfektiös)
	– Chron. interstitielle Nephritis (infektiös und nichtinfektiös, u. a. Analgetikaniere)
	– Zystische Nierenerkrankungen
	– Tumore
	– Gefäßmißbildungen
	– Ischämie (arterieller und venöser Verschluß)
	– Trauma
	– Hypercalciurie und Hyperurikosurie
2	*Postrenale Ursachen*
2.1	Mechanisch (Steine und Stenosen der Harnwege)
2.2	Entzündlich (Urethritis, Zystitis, Prostatitis, Epididymitis)
2.3	Tumore (Prostata, Uroepithel)
2.4	Prostatahypertrophie
2.5	Fremdkörper
2.6	Fehlbildungen
2.7	Endometriose
2.8	Belastungshämaturie
3	*Andere Ursachen*
3.1	Gerinnungsstörungen (oft zusätzlicher Faktor)
3.2	Pigmenturie Hämoglobinurie, Myoglobinurie, Porphyrie, Nahrungsmittel (Rote Beete, Rhabarber), Medikamente
3.3	Vaginal
3.4	Artifizielle Blutbeimengung

4. Diagnostisches Vorgehen

Die diagnostischen Möglichkeiten reichen von der einfachen Urinuntersuchung bis
zur Angiographie, sowie zu endoskopischen und bioptischen Verfahren (Tabelle 3).
Bei einer sinnvollen, wenig belastenden und kostenadäquaten Diagnostik werden in
erster Linie die nichtinvasiven Verfahren (Anamnese, Urinbefund, Blutuntersuchung,
Sonographie) eingesetzt und häufige sowie prognostisch ungünstige Erkrankungen
(z. B. Tumorleiden) ausgeschlossen [12]. Die Diagnose "Hämaturie" setzt eine Urin-
untersuchung voraus. Ein positiver Stäbchentest erfordert die Bestätigung durch die
Urinmikroskopie, bzw. durch quantitative Verfahren wie Kammerurin oder Addis-
Count. Die mikroskopische Urinuntersuchung ist in jedem Fall erforderlich, wenn der
Verdacht auf eine Erkrankung der Nieren und ableitenden Harnwege besteht. Beson-
ders bewährt hat sich hier die Phasenkontrastmikroskopie, die in der Lage ist, das
Ausmaß der Erythrozyturie semiquantitativ zu erfassen und durch die Beurteilung der
Erythrozytenmorphologie zwischen glomerulärer und nichtglomerulärer Genese einer
Hämaturie zu differenzieren. Außerdem können Zylinder, insbesondere Erythrozyten-
zylinder, als Hinweis auf eine renale Blutungsquelle sowie eine Bakteriurie und Leukozyturie als Hinweis auf eine Harnwegsinfektion festgestellt werden. Weitere ob-
ligate Untersuchungen sind der Nachweis einer Proteinurie und das Anlegen einer
Urinkultur. Ergänzend sollten Urinzytologie, Kalzium- und Harnsäureausscheidung
im Urin untersucht werden (Tabelle 4).

Tabelle 3. Diagnostische Verfahren bei Hämaturie

Nichtinvasive	Invasive
①. Urinbefund (Sediment mit Phasen- kontrastmikroskopie, Proteinurie, Urinkultur, Urinzytologie, Kalzium- und Harnsäureexkretion)	⑥. i. v.-Urografie mit Leeraufnahme
	7. Zystoskopie, Ureteroskopie
	8. Computertomografie
②. Anamnese und körperliche Untersuchung	9. Angiografie
③. Blutuntersuchung (S-Krea, C_{Krea}, u. a.)	10. Nierenbiopsie
④. Sonografie	
5. Gynäkologische Untersuchung	

Tabelle 4. Urindiagnostik bei Hämaturie

- Sediment, Addis-Count
- Erythrozytenmorphologie
- Proteinurie (Stäbchen und quantitativ)
- Urinkultur

Urinzytologie
Kalzium- und Harnsäureexkretion

5. Diagnostische Bedeutung der Erythrozytenmorphologie

Erythrozytenzylinder werden auch bei histologisch gesicherter Glomerulonephritis vergleichsweise selten nachgewiesen (25% im eigenen Krankengut, bzw. 30% bei Rizzoni und Mitarb.) [13]. Darüber hinaus finden sich Erythrozytenzylinder auch bei nichtglomerulären renalen Erkrankungen, wie der interstitiellen Nephritis. Somit kommt der Erythrozytenmorphologie zum Nachweis einer glomerulären Hämaturie ein besonders hoher Stellenwert zu. Der Nachweis von > 5% Akanthozyten (ringförmige Erythrozyten mit Ausstülpungen) ist für das Vorliegen einer glomerulären Hämaturie praktisch beweisend. Die diagnostische Treffsicherheit wird bei gleichzeitigem Vorliegen von Erythrozytenzylindern und einer Proteinurie > 2g/d erhöht.

Es ist das Verdienst von Birch und Fairley, 1979 auf die unterschiedliche Form von Erythrozyten im Urin und deren Beziehung zu Glomerulonephritiden hingewiesen zu haben [4]. Nach ihrem Vorschlag sprechen über 80% "dysmorphe" Erythrozyten für eine glomeruläre Genese der Hämaturie, über 80% "isomorphe" Erythrozyten für eine nichtglomeruläre Genese. Wenn diese beiden Kriterien nicht erfüllt sind, liegt ein sogenannter Mischtyp vor. Die Befunde von Birch und Fairley wurden in den folgenden Jahren von einer Reihe von Autoren im Prinzip bestätigt, wobei sich jedoch die folgenden Einschränkungen ergaben: Der für eine "glomeruläre Hämaturie" diagnostische Anteil von dysmorphen Erythrozyten wurde von den einzelnen Autoren sehr unterschiedlich zwischen 10–80% angegeben (Tabelle 5). Der Grund liegt vor allem in der Vielfalt der Erythrozytenveränderungen und ihrer Zuordnung. Es ließ sich zeigen, daß eine Reihe dieser sogenannten "Dysmorphien" durch exogene Einflüsse, wie Änderungen von Osmolalität oder pH, durch Deckglaseffekt und Lagerung hervorgerufen werden [6]. Die Praktikabilität des von Birch und Fairley vorge-

Tabelle 5. Quantitative Beurteilung der Erythrozytendysmorphie als Zeichen einer glomerulären Hämaturie

Untersucher		Technik	Spezifität	Sensitivität	Dysmorphe Erythroyzten
Fairley	1982	PCM	–	–	80%
Fasset	1982	PCM	85%	–	80%
Hauglustaine	1982	ST	–	–	20%
Iseghem	1983	ST	–	–	10%
Birch	1983	PCM	93%	99%	80%
Rizzoni	1983	PCM	97%	–	40%
Chang	1984	Wright	> 90%	> 90%	80%
Milteny	1984	LM	> 90%	> 90%	50%
Barthe	1986	LM	100%	93%	30%
Thiel	1986	PCM	–	–	30%
Wann	1986	N.N.	83%	100%	80%
De Santo	1987	PCM	96%	–	80%
Pillsworth	1987	PCM	94%	88%	14%
Blumberg	1987	PCM	–	–	10%

PCM (Phasenkontrastmikroskop), ST (Sedicolor-Technik), LM (Lichtmikroskop), Wright (Wrights stain), NN (nicht angegeben)

1. Diskozyten

2. Anulozyten

3. Schatten

4. Echinozyten

5. Targetzellen

6. Knizozyten

7. Kodozyten

8. Stomatozyten

9. Akanthozyten

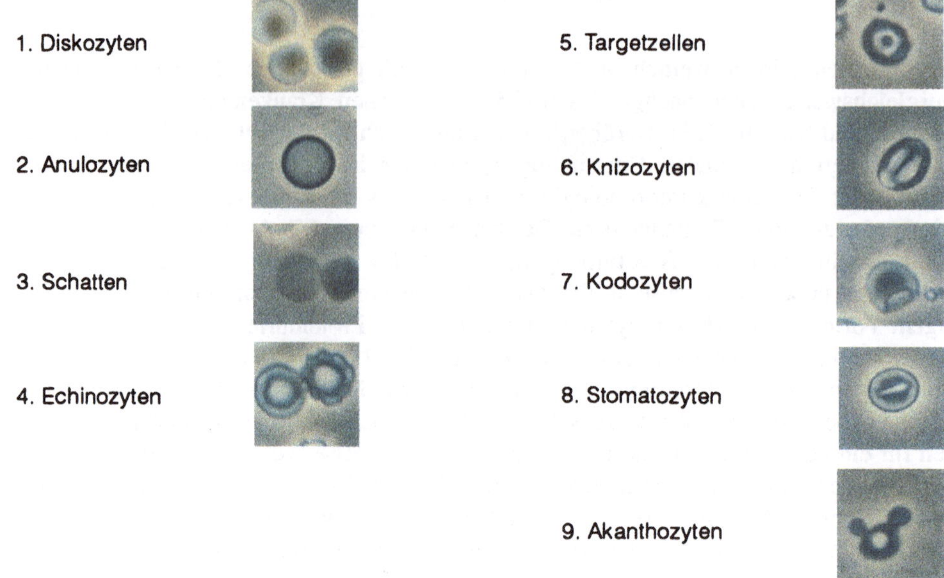

Abb. 2. Die wesentlichen morphologischen Veränderungen von Erythrozyten im Urinsediment (Phasenkontrastmikroskopie in 400-facher Vergrößerung)

schlagenen Grenzwertes von 80% dysmorpher Erythrozyten wird dadurch weiter eingeschränkt, daß nur wenige Glomerulonephritiden einen derartig hohen Anteil an Dysmorphien aufweisen und die diagnostische Grauzone (sog. Mischtyp) bei weitem überwiegt.

Aufgrund der unterschiedlichen Bedeutung der einzelnen Erythrozytenformen, haben wir diese entsprechend einem hämatologischen Vorschlag klassifiziert und zu den klinischen Krankheitsbildern korreliert [6]. Es hat sich gezeigt, daß die diagnostische Aussagekraft der einzelnen Erythrozytendysmorphien sehr unterschiedlich zu bewerten ist. Fairley und Birch bezeichnen die in Abb. 2 dargestellten Veränderungen 4–9 (Echinozyt, Targetzelle, Knizozyt, Kodozyt, Stomatozyt, Akanthozyt) als dysmorph. Die Mehrzahl der anderen Autoren schließt sich dieser Betrachtungsweise an, meist werden jedoch keine klaren Kriterien angegeben. Lediglich Thiel und Mitarb. heben die besondere Bedeutung der Ringform mit Ausstülpungen, bzw. Einstülpungen und an zweiter Stelle sog. destruierende Formen hervor [14]. Eine Lagerung des Urins über 6–24 Stunden kann aber diese an zweiter Stelle genannten destruierenden Formen induzieren [14], so daß wir auf dieses diagnostische Kriterium verzichten. Den Ringformen mit Ausstülpungen, den sog. Akanthozyten, kommt unseres Erachtens die größte diagnostische Bedeutung zu. Diese Erythrozytendeformität läßt sich im Unterschied zu den anderen Formen nicht durch exogene Einflüsse, wie Osmolalitätschwankungen, Diuretika, mechanische Kompression (sog. Deckglaseffekt) oder Lagerung über 6–48 Stunden provozieren. Die "qualitative" Beurteilung der Erythrozytenveränderungen hat gegenüber der rein prozentualen Angabe aller Dysmorphien folgende Vorteile:

1. Es wird der unterschiedlichen Bedeutung der verschiedenen Erythrozytendeformitäten Rechnung getragen. Dabei ergibt sich für die Akanthozyturie die engste Korrelation zu glomerulären Nierenerkrankungen.
2. Der Akanthozyt ist durch exogene Einflüsse nicht induzierbar.
3. Der Akanthozyt läßt sich auch vom wenig Geübten leicht erkennen. Dadurch wird diese Methode in der Praxis leicht erlernbar und sicher.

Nach unserer Erfahrung spricht eine Akanthozyturie > 10% mit hoher Wahrscheinlichkeit für eine glomeruläre Blutungsursache. Bei 149 unausgewählten Patienten mit nephrologisch-urologischen Erkrankungen (histologisch gesicherte Glomerulonephritis n = 42, nicht glomeruläre Erkrankungen der Nieren und ableitenden Harnwege n = 107) fand sich lediglich bei einem von 107 Patienten mit nichtglomerulärer Hämaturie eine Akanthozyturie über 10%. Hierbei handelte es sich um einen Patienten mit Zystennierenkrankheit, bei dem möglicherweise eine zusätzliche glomeruläre Schädigung vorlag. Eine Akanthozyturie $\geq$ 5% macht ebenfalls eine glomeruläre Blutung wahrscheinlich. Allerdings fand sich ein solcher Befund bei 3 von 107 Patienten mit einer nichtglomerulären Erkrankung (Nephrolithiasis 1, Pyelonephritis 1, Tumor 1). Um für die Praxis brauchbar zu sein, ist von der Erythrozytenmorphologie zu fordern, daß sie eine hohe Spezifität besitzt, wobei eine vergleichsweise niedrige Sensitivität in Kauf genommen werden kann und muß (Tabelle 6). Entscheidend ist, dem Patienten weitere belastende Untersuchungen, wie Endoskopie und Angiografie oder Biopsie zu ersparen und andererseits das Risiko, eine prognostisch ungünstige Erkrankung zu übersehen, weitgehend auszuschließen (s. Tabelle 4).

In einem nephrologischen Krankengut von 128 Patienten, bei dem vor Gewinnung der Nierenhistologie die Erythrozytenmorphologie untersucht wurde, war bereits eine Akanthozyturie > 2% für eine glomeruläre Schädigung beweisend (Spezifität 100%, Sensitivität 77%) [16]. Bei 10 Patienten mit akuter interstitieller Nephritis und 10 Patienten mit Nephrosklerose fanden sich keine Akanthozyten im Urin. Die Art der Erythrozytendeformität erlaubt jedoch keine Rückschlüsse auf den Typus der glomerulären Läsion bzw. die histologische Klassifikation einer Glomerulonephritis.

Tabelle 6. Diagnostische Treffsicherheit der Akanthozyturie in einem unausgewählten nephrologisch-urologischen Krankengut mit Hämaturie

Akanthozyturie	Glomerulonephritis	Spezifität	Sensitivität
> 10%	hochwahrscheinlich	0,99	0,43
> 5%	wahrscheinlich	0,96	0,52

6. Weitere diagnostische Maßnahmen

Die Entscheidung zur Nierenbiopsie wird durch das Vorliegen der Erythrozytenmorphologie erleichtert. Sie kann sich dadurch in bestimmten Fällen erübrigen. Die Entscheidung berücksichtigt in erster Linie die therapeutische Konsequenz, in zweiter Linie prognostische Gesichtspunkte. In bestimmten Fällen ist ein diagnostischer Schlußpunkt durch die histologische Sicherung sinnvoll, um dem Patienten weitere wiederholte invasive diagnostische Maßnahmen zu ersparen.

Bei der Differentialdiagnose der Hämaturie ist außerdem zu bedenken, daß nicht nur das manifeste Steinleiden, sondern auch dessen Vorstufen, die Hyperkalziurie und Hyperurikosurie alleine oder gemeinsam eine Hämaturie induzieren können [3]. Es ist zu vermuten, daß radiologisch nicht nachweisbare Mikrokristalle für die Epithelläsion und damit die Blutung verantwortlich sind. In solchen Fällen finden sich isomorphe, nichtglomeruläre Erythrozyten im Urin [13]. Ein Zusammenhang zwischen Hyperkalziurie bzw. Hyperurikosurie und Erythrozyturie ist dann anzunehmen, wenn die therapeutische Normalisierung von Kalzium- und Harnsäureexkretion zum Verschwinden der Erythrozyturie führt. Liegt eine Makrohämaturie vor, so ist die alte 3-Gläser-Probe zur Lokalisierung der Blutungsquelle insofern hilfreich, als Blut in den ersten 20 ml für eine Blutungsquelle in der Urethra, Blut in den letzten 20 ml für eine Blutungsquelle in der Blase und Blut in allen Gläsern für eine Blutungsquelle in den oberen Harnwegen spricht.

Zum festen diagnostischen Repertoire gehört außerdem die Bestimmung der Nierenfunktion, z.B. mit Hilfe der Kreatinin-Clearance. Je nach klinischem Erscheinungsbild sind Blutuntersuchungen erforderlich, u.a. um systemische Erkrankungen auszuschließen. Die Nierensonographie ermöglicht eine gute Information über Nierengröße, -konfiguration, Zysten, Tumore, Stau, Steine, verkalkte Papillennekrosen. Dennoch ist die i.v.-Urografie mit Leeraufnahme zur Beurteilung des Nierenhohl-

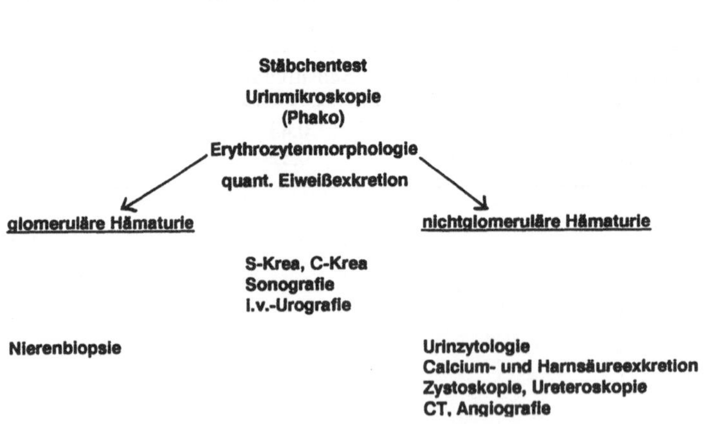

Abb. 3. Strategie bei der Differenzierung der Hämaturie

raumsystems und zum Nachweis von kleinen Steinen meist unerläßlich. Kleine nicht-schattengebende Uratsteine sind oft nur mit der Computertomografie zu identifizie-ren. Bei nichtglomerulärer Erythrozyturie kann eine Zystoskopie erforderlich werden, die Tumore, Gefäßmißbildungen und hämorrhagische Zystitiden erkennen hilft. Das diagnostische Vorgehen ist in Abb. 3 zusammengefaßt.

7. Zusammenfassung

Eine Hämaturie kann auf dem Boden zahlreicher Ursachen entstehen, die von unter-schiedlicher prognostischer Bedeutung sind. Die nichtinvasiven Verfahren, wie Urin-untersuchung, Anamnese, körperlicher Untersuchungsbefund, Blutuntersuchungen und Sonografie stehen diagnostisch an erster Stelle. Der Beurteilung der Erythrozy-tenmorphologie mit Hilfe des Phasenkontrastmikroskops kommt hierbei eine große diagnostische Bedeutung zu. Der "Akanthozyt", eine Ringform mit Ausstülpungen, ist für eine "glomeruläre" Hämaturie charakteristisch. Eine i. v.-Urographie mit Leerauf-nahme ist in vielen Fällen, vor allem zum Steinausschluß unverzichtbar. Der Einsatz der weiteren diagnostischen Verfahren erfolgt gezielt, um in erster Linie häufige und vor allem prognostisch ungünstige Erkrankungen auszuschließen.

Literatur

1. Abuelo JG The diagnosis of hematuria. Arch Intern Med 143, 976–970, 1983
2. Addis T The number of formed elements in the urinary sediment of normal individuals. J Clin Invest 5, 409–415, 1926
3. Andres A, Praga M, Bello I, Diaz-Rolón, Gutierrez-Millet V, Morales JM, Rodicio JL Hematuria due to hypercalciuria and hyperuricosuria in adult patients. Kidney Intern 36, 96–99,1989
4. Birch DF, Fairley KF Haematuria: glomerular or nonglomerular? Lancet II, 845–846, 1979
5. Birch DF, Fairley KF, Whitworth JA, Forbes IK, Fairley JK, Cheshire GR, Ryan GB Urinary erythrocyte morphology in the diagnosis of glomerular hematuria. Clin Nephrol 20, 78–84, 1983
6. Brunck Die diagnostische Wertigkeit der Erythrozytenmorphologie im Urinsediment zur Differenzierung glomerulärer und nichtglomerulärer Hämaturien. Inauguraldisseration Mainz, 1986
7. Golin AL, Howard RS Asymptomatic microscopic hematuria. J Urol 124, 389–391, 1980
8. Höffler D, Fiegel P Moderne nephrologische Untersuchungsmethoden. Dtsch Med Wschr 23, 912–918, 1972
9. Kutter D Sind Teststreifenmethoden zum Blutnachweis im Urin zu empfindlich? Fortschritte der Urologie und Nephrologie. 21, 11–16, 1983
10. Larcom RC, Carter GH Erythrocytes in urinary sediment: Identification and normal limits. J Lab Clin Med 33, 875, 1948
11. Mann J, Ritz E Rationelle Diagnostik der Hämaturie. Dtsch Med Wschr 112, 1306–1309, 1987
12. Little PJ Urinary white-cell excretion. Lancet I, 1149, 1962
13. Rizzoni G, Braggion F, Zacchello G Evaluation of glomerular and nonglomerular hematuria by phase-contrast microscopy. J Pediatr 103, 370–374, 1983

14. Thiel G, Bielmann D, Wegmann W, Brunner FP Glomeruläre Erythrozyten im Urin: Erkennung und Bedeutung. Schweiz med Wschr 116, 790–797, 1986
15. Tschan M, Jösch W, Dubach UC Vorgehen beim Befund einer Mikrohämaturie in der Praxis. Schweiz med Wschr 105, 948–953, 1975
16. Wandel E, Marx M, Mayet W, Weber M, Köhler H Acanthocytes in glomerular hematuria – a typical urinary erythrocyte deformity. Kidney Intern 34, 579, 1988
17. Wright WT Cell counts in urine. Arch Intern Med 103, 76, 1959

Diskussion

Boesken: Herr Köhler, Sie haben hier ein sehr wichtiges und praxisnahes Thema aufgegriffen. Leider wird der von Ihnen im letzten Dia (Abb. 3) beschriebene Weg nicht überall beschritten. Oft steht noch die urologische Diagnostik am Anfang und der Patient kommt erst zum Nephrologen, wenn bereits eine Vielzahl von invasiven Untersuchungen durchgeführt worden sind. Zur Eiweißexkretion habe ich noch eine Anmerkung. Ich meine, daß die Grenze von 2 g pro Tag als Hinweis für eine glomeruläre Erythrozyturie zu hoch angesetzt ist, denn die meisten glomerulären Proteinurien liegen unter 0,5 g täglich. Hier sollten wir eine quantitative Untersuchung, z. B. eine Elektrophorese durchführen. Hinzu kommt, daß auch das Alter beachtet werden muß, denn ältere Patienten haben in der Regel schon eine glomeruläre Proteinurie durch Alter, Hochdruck etc., so daß eine zusätzliche nichtglomeruläre Schädigung gehäuft vorliegen dürfte.

Köhler: Ich halte es für den falschen Weg, zumindest für einen großen Umweg, eine intensive Proteinurie-Diagnostik zu betreiben, wenn es um die Erythrozyturie-Diagnostik geht. Wer wissen will, woher die Erythrozyten kommen, der sollte Methoden anwenden, die unmittelbar den Erythrozyten zum Gegenstand haben, zumal diese Methoden, wie man am Beispiel der Phasenkontrastmikroskopie sieht, viel einfacher, rascher und eindeutiger sind, als die aufwendige Proteinurie-Diagnostik.

Dies bedeutet, daß in der Hämaturie-Diagnostik an erster Stelle die quantitative und qualitative Erythrozytenausscheidung steht, und erst in zweiter Linie als zusätzliche Hilfskriterien Zylindrurie und Proteinurie sowie weitere Informationen herangezogen werden. In diesem Sinne ist auch eine Grenze von 2 g Eiweißexkretion pro Tag sinnvoll. Eine Proteinurie von 0,5 g würde eine zu geringe Spezifität beinhalten und würde zusätzliche qualitative Verfahren erforderlich machen. Gegen die Überbewertung der Proteinurie-Diagnostik spricht in diesem Zusammenhang auch die von Ihnen angeführte Tatsache, daß ältere Patienten per se schon häufig eine glomeruläre Proteinurie unter 0,5 g täglich haben.

Boesken: Ein Vorteil der Proteinurie-Diagnostik liegt darin, daß Sie sich den Urin schicken lassen können, wohingegen Sie die Erythrozytenmorphologie vor Ort durchführen müssen.

Köhler: Ich bin der Überzeugung, daß dies kein Nachteil, sondern ein Vorzug der Erythrozytenmorphologie ist. Diese Methode ist so einfach, daß man vor Ort nur das Mikroskop braucht, hineinschaut und die Diagnose stellt. Da die Methode einfach, gut erlernbar, reproduzierbar und rasch durchführbar ist, sollte sie vom Einzelnen selbst durchgeführt werden.

Edel: Ich sehe ein Problem in der asymptomatischen Mikrohämaturie, deren Häufigkeit über 10% liegen dürfte. Und je kleiner die Mikrohämaturie ist, umso seltener finden sich Akanthozyten oder glomeruläre Dysmorphien. Beim unter 50-jährigen ist das Urethelkarzinom sehr selten. Die Nierentumoren kann man mit Ultraschall jederzeit erfassen. Deshalb meine ich, daß der Schluß gerechtfertigt ist: Glomeruläre Proteinurie bzw. Albuminurie und Mikrohämaturie, die nicht differenzierbare Erythrozyten enthält, lassen auf eine glomeruläre Ursache schließen. In solchen Fällen sollte keine weitere Diagnostik durchgeführt werden, wie Zystoskopie, Angiographie etc.

Köhler: Gerade bei der Mikrohämaturie, die im Grenzbereich liegt, also bei Werten unter 8 Ery/µl, findet man nicht seltener, sondern nahezu ausschließlich sogenannte Erythrozytendysmorphien. So haben Fairley und Birch darauf hingewiesen, daß in diesem Bereich die Erythrozytenmorphologie zu empfindlich sei, weil die physiologische Erythrozytenausscheidung glomerulärer Natur sei. Für diese Fälle ist die von uns beschriebene Akanthozyturie nun von großem Vorteil, denn Gesunde scheiden keine Akanthozyten aus, so daß das von uns genannte Kriterium von 5% Akanthozyten als Hinweis für eine glomeruläre Hämaturie auch in diesem Bereich gilt. Dies haben auch Untersuchungen an Studenten und Langstreckenläufern ergeben. Ich muß Ihnen recht geben, daß wir ein diagnostisches Kriterium brauchen, um überflüssige Untersuchungen vom Patienten fernzuhalten. Aber gerade hierfür ist die Erythrozytenmorphologie geeignet. Eine Albuminurie im Teststreifen und eine Mikrohämaturie geben allein keine ausreichende Sicherheit, um eine glomeruläre Genese der Erythrozyturie annehmen zu können und damit die Diagnostik zu beenden.

Gressner: Ich habe eine eher theoretische Frage: Was ist der Pathomechanismus dieser Dysmorphien? Sind das Veränderungen in der Membranfluidität der Erythrozyten oder mechanische Faktoren?

Köhler: Erythrozytendysmorphien, wie das Auftreten von Echinozyten, Anulozyten, Schatten und Stomatozyten, werden durch Veränderungen im pH, der Osmolalität und allein schon durch das Auflegen des Deckglases (sog. Deckglaseffekt) hervorgerufen. Dies ist für die Akanthozyten nicht der Fall. Offensichtlich bedarf es für die Entstehung dieser Zellform eines besonders ausgeprägten Traumas. Schrammek und Mitarb. konnten im Experiment durch hintereinandergeschaltete Osmolalitätsveränderungen, die die Tubuluspassage imitieren sollten, vergleichbare Zellen induzieren, wenn zusätzlich eine hämolytische Umgebung bestand. In vivo darf man annehmen, daß für eine Reihe von Zellformen ebenfalls Änderungen von Osmolalität, pH und Proteinkonzentration eine Rolle spielen. Darüber hinaus ist zu vermuten, daß mechanische Faktoren beim Durchtritt durch die glomeruläre Membran von Bedeutung sind. Eine Akanthozytose im Blut findet sich nicht.

Guder: Zum Pathomechanismus möchte ich noch zwei Bemerkungen machen: Herr Weber hat gestern gezeigt, daß bei Glomerulonephritis die Erythrozyten zum Träger von Komplementkomplexen werden. Es könnten ja auch durch die Primärerkrankung veränderte Erythrozyten sein, die dann selektiv durch die Glomeruli durchtreten.

Köhler: Wir haben bei Patienten mit Akanthozyturie die Blutzellen untersucht, unter anderem auch mit dem Rasterelektronenmikroskop. Veränderungen der Erythrozyten aus dem Blut haben wir in keinem Fall gefunden. Denkbar wäre auch, daß bei einer glomerulären Nierenerkrankung ein Serumfaktor die Erythrozytenveränderung bewirkt. Die Inkubation von Erythrozyten aus dem Urin mit Plasma und Serum von Patienten mit Glomerulonephritis war nicht in der Lage, eine Akanthozyturie zu induzieren.

Guder: Meine Frage ist aber mehr technisch ausgerichtet. Klinische Chemiker sind ja nicht naturgemäß Mikroskopiker, und wir suchen immer nach Alternativen. So war vor zwei Wochen auf dem Kongreß der klinischen Chemie ein Poster, wo jemand die Phasenkontrastmikroskopie verglichen hat mit zwei alternativen Verfahren. Das war einmal die Zytozentrifuge mit quantitativer Färbung und Ausstrich und das zweite Verfahren war die Anwendung oder der Mißbrauch eines Hämatologienanalysers, der für das Differentialblutbild verwendet wird, für die Zelldifferenzierung im Harnsediment. Gibt es darüber Erfahrungen?

Köhler: Wenn färberische Methoden eingesetzt werden, steigt der Aufwand, und man beraubt sich des Vorteils, die Zelle nativ zu beurteilen. Hinzu kommt, daß der Informationswert sinkt.

Der Einsatz des Zellsorters zum Nachweis von deformierten Erythrozyten geht von der Vorstellung aus, daß veränderte Erythrozyten kleiner sind. Mit dieser Methode werden allerdings nicht Erythrozyten als solche, sondern eben im Mittel kleinere Partikel erfaßt, so daß die Spezifität unzureichend ist. Hinzu kommt, daß die Fehlerbreite zunimmt, je niedriger die Mikrohämaturie liegt. Das heißt, besonders in den Grenzbereichen zur physiologischen Erythrozytenausscheidung verliert diese Methode an Wert.

Heidland: Bezüglich der Pathogenese der Erythrozytendysmorphien wäre zu ergänzen, daß es auch eine Möglichkeit der pinozytotischen Beeinflussung der Erythrozytenmembran während der Tubuluspassage gibt. Nun aber eine Frage zur urat- oder kalziumabhängigen Erythrozyturie. Ist hier die Menge entscheidend oder vielmehr die Konzentration an Urat oder Kalzium? Es gibt ja schlechte Trinker, die bei normaler Gesamtkalziumausscheidung doch höhere Kalziumkonzentrationen haben und von daher mehr Kristalle bilden, die auf diese Weise eine Erythrozyturie bewirken können. Ist das untersucht worden?

Köhler: Die Daten von Andreas und Mitarb., die ich hier gezeigt habe, bezogen sich auf die 24-Std.-Exkretion. Ich glaube jedoch auch, daß es die lokale Konzentration ist, die für die Schädigung verantwortlich ist.

Weber: Ich möchte noch an ein Differenzierungskriterium erinnern, daß Herr Schiwara im letzten Jahr in Göttingen vorgestellt hat. Man kann in der Elektrophorese des

Harns das Apo-A1 ganz gut sehen bei postrenalen Blutungen, also bei Blutbeimengungen von geringem Ausmaß. Wir versuchen gerade, das auch quantitativ zu messen. Das wäre also ein evtl. additives Meßverfahren zu Ihren Differenzierungsfaktoren.

Gabl: Im Nachtrag zu Herrn Guders Bemerkung möchte ich auf die potentielle Bedeutung des Komplements hinweisen. Wenn man daran denkt, welchem Streß die Erythrozyten beim normalen Durchlauf durch den Körper unterliegen, dann kann man sich eigentlich kaum vorstellen, daß es beim Durchgehen durch die Niere sehr viel mehr sein wird. Daher meine ich, daß Veränderungen durch das Anhängen von Komplement sehr wohl eine Rolle spielen müßten. Gibt es Untersuchungen über Zusammenhänge zwischen Akanthozyturie und Komplementveränderungen?

Köhler: Diese Überlegungen sind naheliegend. Wenn das Komplement eine solche Rolle spielen würde, sollte man jedoch erwarten, daß bereits im Blut entsprechende Veränderungen auftreten. Wir haben bei keinem unserer Patienten mit Akanthozyturie bzw. mit dysmorphen Erythrozyten im Urin entsprechende Veränderungen im Blut gefunden. Darüber hinaus muß man sagen, daß diese Erythrozytendeformitäten auch dann vorhanden sind, wenn eine Glomerulonephritis ausgebrannt ist und keine entzündliche Aktivität mehr aufweist. Oft findet sich eine Akanthozyturie, obwohl die aktive Glomerulonephritis Jahre zurückliegt. Gegen die Bedeutung des Komplements spricht auch, daß Patienten mit hereditären Nephropathien, beispielsweise mit Alport-Syndrom, solche Erythrozytendeformitäten aufweisen.

Zur Wahl der Urinprobe, Bezugsgröße und Kenngröße bei tubulären Proteinurien

K. Jung

Einleitung und Fragestellung

Eine Schädigung des Tubulusapparates der Niere beeinträchtigt die reabsorptiv-katabole Funktion der proximalen Tubuluszellen gegenüber niedermolekularen Proteinen [1]. Diese Proteine mit einer relativen Molekularmasse zwischen 10 und 40 kDa werden unter physiologischen Bedingungen frei durch das Glomerulum filtriert, von den proximalen Tubuluszellen reabsorbiert und zu Aminosäuren abgebaut. Der Nachweis einer erhöhten Ausscheidung dieser Proteine gilt damit als Marker für eine tubuläre Dysfunktion, wenn die veränderte Ausscheidung nicht auf eine verstärkte tubuläre Beladung durch hohe Serumkonzentrationen zurückzuführen ist. Elektrophoretische Analysen, mit denen diese Proteine als globale Fraktion der niedermolekularen Proteine bewertet wurden, haben hierzu wertvolle Ergebnisse geliefert [2]. Viele Einzelproteine dieser Fraktion sind inzwischen isoliert und charakterisiert worden. Empfindliche Bestimmungsmethoden wurden für diese Proteine erarbeitet [3]. Diese analytischen Möglichkeiten führen nunmehr zwangsläufig zu der Frage, welches niedermolekulare Protein als Marker einer tubulären Proteinurie heranzuziehen ist. Für eine begründete Empfehlung sind in dieser Hinsicht präanalytische und analytische Kriterien, Aufwand und diagnostische Aussagekraft wie bei jeder Entscheidung für die Wahl des Parameters zu berücksichtigen. Vergleichende Untersuchungen mit verschiedenen niedermolekularen Proteinen sind bisher in der Literatur selten beschrieben worden [4]. Ich möchte deshalb erste Ergebnisse aus unserer Arbeitsgruppe zur Diskussion stellen, die mit dazu beitragen sollen, eine sachgerechte Entscheidung zu treffen. Wir untersuchten hierzu die 4 Proteine alpha-1-Mikroglobulin (α_1-M), beta-2-Mikroglobulin (β_2-M), Lysozym (LYS) und Ribonuclease (RNase).

Charakterisierung der Methoden
und der untersuchten Probanden
α_1-M wurde in der radialen Immunodiffusion mit Platten der Behringwerke AG, Marburg, β_2-M mit dem Enzymimmunoassay von Pharmacia AB, Uppsala und LYS gleichfalls mit einem Enzymimmunoassay [5] bestimmt. RNase wurde anhand der katalytischen Aktivität dieses Proteins gemessen, indem Poly (C) als Substrat eingesetzt wurde [6].

Die vier von uns gewählten Varianten der Harnproben (24-Stunden-Sammelharn, Nachtharn, Morgenharn, Spontanharnprobe) wurden an einem Versuchstag gewonnen. Dabei wurde der Morgenharn über 4 Stunden bis 11 Uhr nach Gewinnung des

Nachtharns gesammelt. In dieser Zeit wurde gleichfalls die Spontanharnprobe mit Sammelzeitangabe gewonnen. Die Ausscheidung der tubulären Proteine in den verschiedenen Harnproben wurden an 24 klinisch gesunden Personen (13 Frauen, 11 Männer) und 21 nierenkranken Patienten (7 Frauen, 14 Männer) ermittelt. Die als "gesund" definierten Personen wiesen keine akuten und chronischen Erkrankungen auf, hatten Serumkreatininwerte unterhalb 106 µmol/l und zeigten negative Ergebnisse bei Urinuntersuchungen mit einem Teststreifen (Protein, Hämoglobin, Leukozyten). Diese Kriterien galten auch für die Probanden (n = 215) bei der Ermittlung von Referenzwerten.

Aus den ermittelten Konzentrationen wurden die jeweiligen Protein/Kreatinin-Quotienten (Protein/Kreatinin-Index) sowie die stündlichen Exkretionsraten errechnet. Statistische Vergleiche erfolgten mit dem parameterfreien Test nach Wilcoxon. Korrelationen wurden mit dem Rang-Korrelationskoeffizienten nach Spearman charakterisiert. Die intra- und interindividuelle Variation wurden mittels Varianzanalyse ermittelt [7]. Verteilungsprüfungen der Referenzwerte wurden mit den Original- und transformierten Daten mit dem Kolmogorov-Smirnov-Test überprüft.

Vergleich der Ausscheidung tubulärer Proteine
im 24-Stunden-Harn, Nachtharn, Morgenharn
und in einer Spontanharnprobe
Die Konzentrationen, Protein/Kreatinin-Quotienten sowie die Exkretionsraten der jeweiligen Proteine korrelierten zwischen den 4 angeführten Arten der Harnproben sehr eng (r = 0,7 bis 0,96). Ein quantitativer Vergleich ergab, daß lediglich die Ausscheidung von α_1-M in den verschiedenen Harnproben unterschiedlich ist. Im Vergleich zum 24-Stunden-Harn sind die Konzentrationen, die Protein/Kreatinin-Indices und die Ausscheidungsraten des Nachtharns signifikant niedriger, die des Morgenharns und der Spontanharnprobe dagegen signifikant höher (Abb. 1). Aufgrund dieser Ergebnisse und aus Praktikabilitätsgründen sahen wir es deshalb als gerechtfertigt an, die morgendliche Spontanharnprobe zur Untersuchung tubulärer Proteinurien zu verwenden, da sich diese Vorgehensweise auch als vorteilhaft zur Beurteilung der Gesamtproteinausscheidung erwiesen hat [8].

Intra- und interindividuelle Variation
der Ausscheidung tubulärer Proteine
in Abhängigkeit von der gewählten Bezugsgröße
In Tabelle 1 sind die intra- und interindividuellen Variationen der Ausscheidung der vier untersuchten Proteine im Vergleich zu den beiden Harnenzymen Alaninaminopeptidase (AAP) und N-Acetyl-β-D-glucosaminidase (NAG) zusammengefaßt. Daraus lassen sich folgende Schlußfolgerungen ableiten:

1. Die intraindividuelle Variation der Ausscheidung tubulärer Proteine ist bei Bezug auf Harnkreatinin im Vergleich zur Bewertung der Konzentrationsangaben und Ausscheidungsraten am geringsten;
2. Die interindividuelle Variation ist von der Bezugsgröße weitgehend unabhängig und mit Ausnahme der β_2-M-Ausscheidung etwa 3 bis 7mal höher als die intraindividuelle Variation;

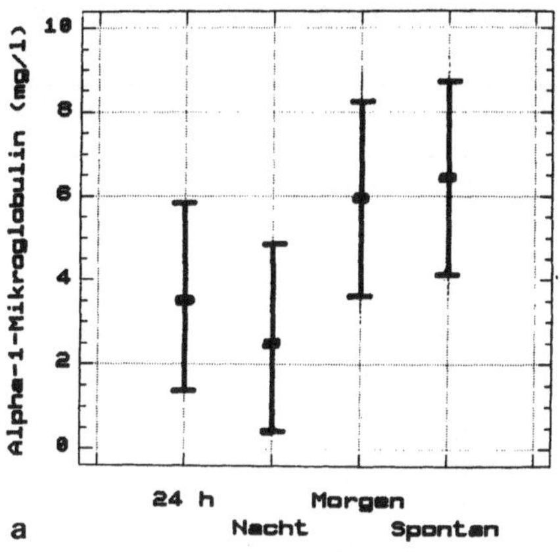

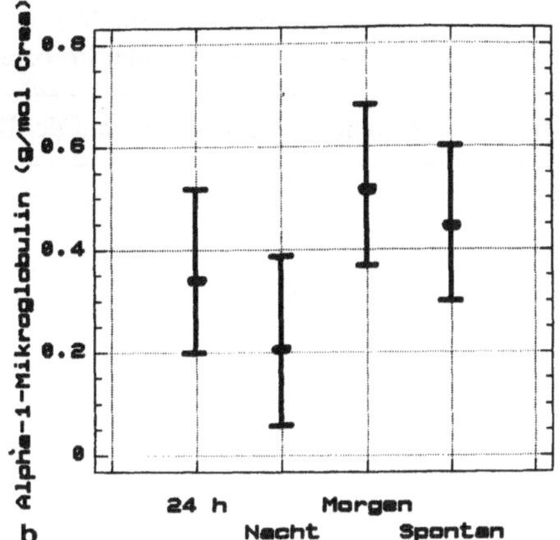

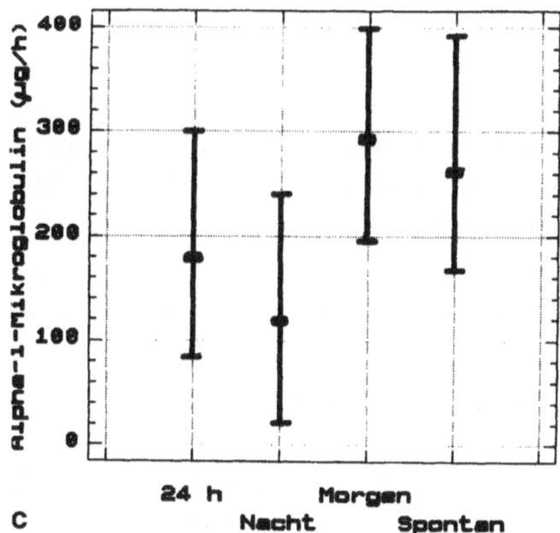

Abb. 1 a–c. α_1-Mikroglobulin im 24-Stunden-Harn, Nachtharn, Morgenharn und Spontanharn in der Angabe als Konzentration (a) Protein/Kreatinin-Index (b) und stündliche Exkretionsrate (c) Dargestellt sind Mittelwert $\pm$ 95% Konfidenzintervall

3. Die intra- und interindividuellen Variationen der Ausscheidung niedermolekularer Proteine sind höher als bei den Harnenzymen AAP und NAG. Diese Ergebnisse sprechen dafür, die Proteinausscheidung auf Kreatinin zu beziehen. Sie machen aber auch darauf aufmerksam, daß beim diagnostischen Einsatz von niedermolekularen Proteinen noch mit weit größeren Streuungen zu rechnen ist als bei Harnenzymen.

Diskriminationswerte der niedermolekularen Proteine
zur Beurteilung einer tubuläre Dysfunktion

Die eingangs erwähnten Unterschiede, die bei der α_1-M-Ausscheidung in Abhängigkeit von der Art der untersuchten Harnprobe beobachtet wurden, veranlaßten uns, neue Referenzwerte für Spontanharnproben zu ermitteln. Gleiches erfolgte für LYS und RNase, während für β_2-M auf Literaturwerte zurückgegriffen werden konnte (Tabelle 2).

Unser besonderes Augenmerk galt bei diesen Untersuchungen dem α_1-M. Referenzwerte wurden bisher mit der Methode der radialen Immunodiffusion auf Platten der Fa. Behring im 24-Stunden-Harn ermittelt und entsprechende Referenzgrenzen als

Tabelle 1. Intra- und interindividuelle Variation von niedermolekularen Proteinen und Harnenzymen in Spontanharnproben gesunder Probanden

Analyt	Variation (%), berechnet auf der Basis					
	Konzentration		Protein/ Kreatinin-Index		Exkretionsrate	
	A	B	A	B	A	B
α_1-M	32	144	24	148	33	152
β_2-M	66	89	66	73	66	114
LYS	49	120	40	123	39	97
RNase	25	70	13	71	28	88
AAP	20	39	12	40	24	66
NAG	21	87	15	95	27	86

A = intraindividuelle Variation *B* = Interindividuelle Variation

Konzentrationswerte (mg/l) mitgeteilt [9]. Diese Daten sind von der Fa. Behring in die Arbeitsanleitung für diese Methode übernommen worden. Wir bestimmten bei 215 gesunden Personen (115 Frauen, 116 Männer) in Spontanharnproben die α_1-M-Ausscheidung. Konzentrationen und errechnete Exkretionsraten unterschieden sich bei Männern und Frauen nur geringfügig. Bei der weiteren Auswertung wurde deshalb mit den vereinigten Werten der Frauen und Männer gerechnet. Der α_1-M/Kreatinin-Index war zwischen Frauen und Männern nicht signifikant unterschiedlich. Auffallend war der relativ hohe Anteil von Harnproben, in denen mit dieser Methode kein α_1-M nachgewiesen werden konnte. Damit ergaben sich die in Abb. 2 dargestellten Verteilungen, so daß sich wesentlich höhere Diskriminationswerte (Percentilen) errechnen als sie von Weber et al. [9] im 24-Stunden-Harn beschrieben wurden (Tabelle 2). Weber et al. [9] führen als 97,5te Percentile 8 mg/l an.

Die Lysozymausscheidung ist deutlich geschlechtsabhängig. Bei der RNase trifft dies nur für die Exkretionsrate zu.

Tabelle 2. Obere Referenzgrenzen (97,5te Percentilen) der niedermolekularen Proteine im Spontanharn

Analyt	Konzentration	Protein/ Kreatinin-Index	Exkretionsrate pro Stunde
α_1-M[a]	29,4 mg/l	2,34 g/mol Crea	1,65 mg
β_2-M[b]	275 µg/l	42 mg/mol Crea	–
LYS	128/25 µg/l[c]	13,2/2,38 mg/mol Crea[d]	5,6/2,8 µg[c]
RNase	102 kU/l[d]	6,56 kU/mmol Crea[d]	2,68/4,33 kU

[a] nicht-parametrisch errechnete Percentilen
[b] Angaben von Topping et al.
[c] errechnet aus der Gauß'schen Verteilung nach ln-Transformation der Originaldaten. Jeweils die ersten Werte in der Spalte beziehen sich auf Frauen.
[d] errechnet aus der Gauß'schen Verteilung der Originaldaten

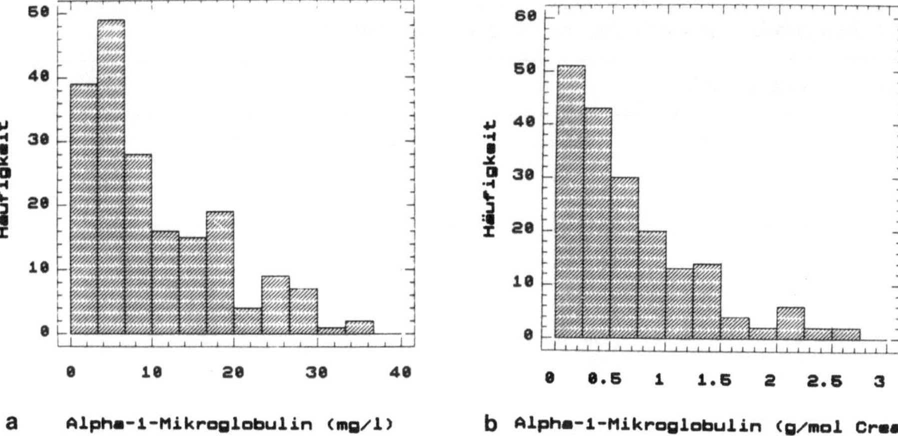

Abb. 2 a, b. Verteilungsdarstellung der Konzentrationen (a) und des Protein/Kreatinin-Indexes (b) von α_1-Mikroglobulin im Spontanharn von 215 gesunden Probanden

Diagnostische Empfindlichkeit
der untersuchten niedermolekularen Proteine

In Abbildung 3 sind von 31 Patienten mit chronischen Nierenerkrankungen (11 davon mit Kreatininwerten oberhalb 150 µmol/l) die Werte als Multiple der 90ten Percentile in Form des Medians angegeben. Hierbei wird deutlich, daß jeweils der Protein/ Kreatinin-Index (B) höhere Medianwerte aufweist als die Berechnung mit Hilfe der Konzentrationen (A). Es ist ein Hinweis auf eine höhere diagnostische Empfindlich- keit des Protein/Kreatinin-Indexes im Vergleich zur Beurteilung anhand von Konzen- trationsangaben. Dies verdeutlicht auch Tabelle 3. Wird die Anzahl der nierenkranken Patienten mit Werten über der 97,5ten Percentile für die einzelnen Proteine ausge- zählt, bestätigt sich diese Einschätzung (Tabelle 3). α_1-M bietet dabei von den

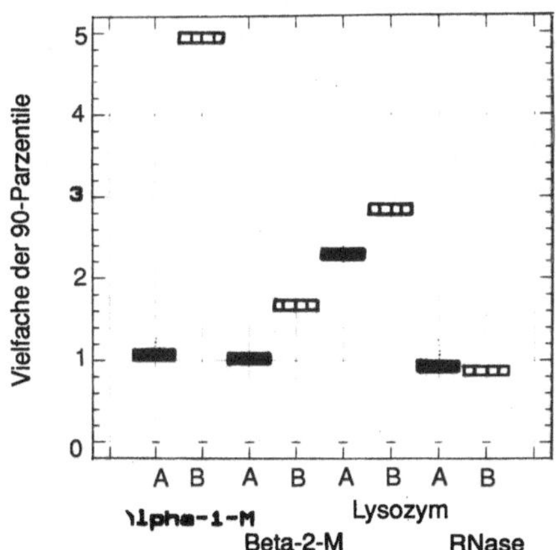

Abb. 3. Konzentration (*A*) und Protein/Kreati- nin-Index (*B*) der niedermolekularen Proteine im Harn von nierenkranken Patienten. Berechnet als Mutiple der 90ten Percentilen der Kontrollgrup- pe, dargestellt als Median

Tabelle 3. Prozentualer Anteil erhöhter Werte niedermolekularer Proteine und des Harnenzyms N-Acetyl-β-D-glukosaminidase bei nierenkranken Patienten

Analyt	Bezugsgröße		
	Konzentration	Protein/Kreatinin-Index (%)	Exkretionsrate
α_1-M	43	57	57
β_2-M	43	52	–
LYS	52	48	42
RNase	15	38	28
NAG	52	71	–

Die 97,5ten Percentilen der Kontrollgruppe (siehe Tabelle 3) dienten als obere Referenzgrenze; alle darüber liegenden Werte wurden als "erhöht" eingestuft

vier untersuchten niedermolekularen Proteinen die besten Ergebnisse. Zum Vergleich wurde die Ausscheidung der NAG bestimmt und nach den obigen Kriterien eingeschätzt. Werden die von Boehringer Mannheim GmbH angegebenen oberen Grenzwerte zugrunde gelegt, ist dieses Enzym häufiger als α_1-M erhöht.

Schlußbemerkungen

Für die Beurteilung einer tubulären Proteinurie sind Bestimmungen in morgendlichen Spontanharnproben geeignet. Damit ergeben sich praktikable Möglichkeiten, diese diagnostischen Untersuchungen auch bei ambulanten Patienten einzusetzen. Es kann dadurch auf die Harnprobe zur Beurteilung der Gesamtproteinausscheidung [8] sowie Enzymausscheidung zurückgegriffen werden. Aus den bisher vorliegenden, aber keineswegs als abschließend zu betrachtenden Untersuchungen erweist sich α_1-M im Vergleich zu anderen niedermolekularen Proteinen sowohl aus analytischer Sicht (Einfachheit der Methode, überall durchführbar) als auch aus diagnostischen Gründen (höchste Anzahl pathologischer Werte) als empfehlenswerte Kenngröße. Die Bewertung sollte mit Hilfe des α_1-M/Kreatinin-Quotienten vorgenommen werden.

Danksagung. Den Herren Drs. B.-D. Schulze, G. Schreiber und W. Thierfelder danke ich für die kooperative Unterstützung und ihre Zustimmung, die bisher nicht veröffentlichten Ergebnisse in diesem Vortrag referieren zu dürfen.

Literatur

1. Maack T. Johnson V, Kau ST, Figueiredo J, Sigulem D (1979) Renal filtration, transport, and metabolism of low-molecular weight proteins: a review. Kidney Int 16:251–270
2. Weber MH (1988) Review. Urinary protein analysis. J Chromatogr 429:315–344
3. Jung K, Pergande M, Schulze BD, Precht K, May G (1989) Niedermolekulare Proteine im Serum und Urin bei nephrologischen Fragestellungen. Biochemie, Pathobiochemie, klinische Bedeutung. Z Klin Med 44:549–556
4. Topping MD, Forster HW, Dolman C, Luczynska CM, Bernard AM (1986) Measurement of urinary retinol-binding protein by enzyme-linked immunosorbent assay, and its application to detection of tubular proteinuria. Clin Chem 32:1863–1866
5. Pergande M, Jung K, Porstmann B, Evers U, Porstmann T (1986) Urinary osmolarity and pH and lysozyme stability. Clin Chem 32:404–405
6. Jung K (1986) An optimized micromethod for determining the catalytic activity of serum ribonuclease. J Clin Chem Clin Biochem 24:243–250
7. Kringle RO, Johnson GF (1986) Acquisition, and application of laboratory data. Statistical procedure. In: Tietz NW (ed) Textbook of Clinical Chemistry. W. Saunders Co., Philadelphia, pp 287–355
8. Ginsberg JM, Chang BS, Matarese RA, Garella S (1988) Use of single voided urine samples to estimate quantitative proteinuria. N Engl J Med 309:1543–1546
9. Weber MH, Scholz P, Stibbe W, Scheler F (1985) Alpha-1-Mikroglobulin im Urin und Serum bei Proteinurie und Niereninsuffizienz. Klin Wochenschr 63:711–719

Diskussion

Hofmann: Ich bin sehr erfreut, daß Sie beim α_1-Mikroglobulin die gleichen Tag-zu-Tag-Schwankungen wie wir gefunden haben, zumindest die gleichen Größenordnungen. Eine Frage habe ich zum β_2-Mikroglobulin: Sie haben eine intraindividuelle Variabilität von 66%. Haben Sie eine Erklärung, warum das β-2-Mikroglobulin so stark abweicht vom α_1-Mikroglobulin?

Jung: Dazu kann ich keine Erklärung geben.

Gressner: Meine Frage geht in die gleiche Richtung: Sollte man jetzt nicht einmal mit dem β_2-Mikroglobulin aufräumen? Ich vermute, daß ein Grund für Ihre hohe intraindividuelle Streuung die in vivo-Degradation des β_2-Mikro sein könnte. Da stellt sich natürlich die Frage nach der Zuverlässigkeit dieses Parameters.

Jung: Die Degradation in vivo ist ja häufig beschrieben worden, zum Beispiel gerade bei Probanden mit Bakteriurien. Ich stimme Ihnen also vollkommen zu. Ich wollte nur den Unterschied zum α_1-Mikroglobulin demonstrieren. Selbst unter optimalen präanalytischen Bedingungen wie bei unseren Untersuchungen ist die diagnostische Aussagekraft des β_2-Mikroglobulins ja nicht besser und darum sollte man es auch nicht empfehlen.

Gressner: Darf ich noch fragen: ist es notwendig, eine inkomplette von einer kompletten tubulären Proteinurie zu unterscheiden? Was schlagen Sie sonst als Alternative vor?

Jung: Ich schlage jetzt das α_1-Mikroglobulin vor. Aber ich weiß, daß Herr Bösken dazu etwas sagen möchte.

Bösken: Zunächst einen Kommentar zum Problem der Alkalisierung oder Ansäurung des Urins. Ich bin wahrscheinlich einer der wenigen, die das β_2-Mikroglobulin in der täglichen Praxis routinemäßig gebrauchen. Ich habe das Problem dadurch gelöst, daß ich eine konventionelle Clearance mache: Tee trinken in der Ambulanz, über zwei Stunden, einen Natron-Fruchttee. Das geht hervorragend, das pH ist immer alkalisch. Meine Frage ist die: das α_1-Mikroglobulin ist ja ein Molekül, das größer als 30.000 Dalton ist, während das β_2-Mikroglobulin und das Lysozym 15.000 und 11 oder 12.000 Dalton haben. Und die inkomplette mikromolekulare Proteinurie geht – wie wir heute wissen, etwa bis in eine Größenordnung von 25.000 Dalton herunter. Das heißt, das α_1-Mikroglobulin ist ein Marker für beide Mechanismen und damit eigentlich vom theoretischen Ansatz besser. Allerdings dürfte es nicht so diskriminierend sein wie das β_2-Mikroglobulin. Können Sie dazu kommentieren?

Jung: Nein, das kann ich nicht. Unsere vergleichende Untersuchungen belegen vielmehr, daß mit α_1-Mikroglobulin bessere Resultate erzielt werden.

Büttner: Mir fiel auf, daß Sie bei den Referenzintervallen nicht die 95te Perzentile benutzen, sondern die 90te und 97,5te. Ich schlage vor, daß wir im Interesse der Vereinheitlichung generell die 95te Percentile benutze, denn das ist die internationale Übereinkunft, sobald es sich um biologische Referenzwerte handelt. In den Fällen, wo Sie aus Gründen der Effizienz der Test-Spezifität, Empfindlichkeit – andere Grenzen legen, sind das keine Referenzgrenzen mehr, sondern dann sind es Decision Limits, Cutoff Points, oder was auch immer Sie wollen; so etwas haben wir gestern von Herrn Kotanko gehört; aber bei Referenzwerten sollten wir einheitlich 95% verwenden.

Jung: Ich habe mich einfach darauf bezogen, was in der DDR üblich war. Sie wissen, daß wir als Referenzgrenzen die 90ten bzw. 97,5ten und 99ten Perzentilen zur Charakterisierung des Normal- bzw. pathologischen Bereichs verwenden (Arzneibuch der DDR, Diagnostische Laboratoriumsmethoden; Akademie-Verlag, Berlin 1985).

Guder: Ich bin Ihnen dankbar, Herr Büttner, daß Sie dieses Problem ansprechen. Wir haben bei der Auswertung unserer Harnanalyte das Problem gehabt, ob wir bei Normalbereichen eine Untergrenze berücksichtigen oder nicht. Für die meisten Proteine ist die Untergrenze von der Meßgrenze nicht unterscheidbar, und darum haben wir auf die Untergrenze verzichtet und eine 95%-Obergrenze als Referenzbereichsgrenze genommen. Wenn Herr Jung die 97,5% nimmt, dann hat er unten 2,5% abgeschnitten und oben 2,5%; das ist auch ein 95%-Bereich. Aber da wir den 95%-Bereich nach oben nehmen, differieren unsere Werte um etwa 2% – wir haben sonst die gleichen Ergebnisse.

Büttner: Ich halte es für ganz wichtig, daß bei jeder Methode die Nachweisgrenze bestimmt wird. Und wenn die Nachweisgrenze so hoch ist, daß die untere Grenze des Referenzintervalls in die Nachweisgrenze hineinfällt, dann muß das konkret angegeben werden. Dann dürfen auch keine Zahlenwerte angegeben werden, die in der Nachweisgrenze liegen. Das ist ein ganz entscheidender Punkt. Aber: insgesamt soll das "Referenzintervall" – so ist ja die offizielle Bezeichnung – 95% der normalen Werte enthalten.

Wisser: Wäre es nicht besser, anstelle der Variationskoeffizienten oder der Streuungen die diagnostische Empfindlichkeit und Spezifität anzugeben, wenn ich Verfahren miteinander vergleiche? Das ist es doch, was mich interessiert. Bei der Betrachtung Ihrer Daten, Herr Jung, ist die Streuung einmal größer und einmal geringer und die Abweichungen sind einmal statistisch signifikant gewesen und einmal nicht. Wäre es nicht vernünftiger, zu sehen, was es beim Patienten bringt? Das ist natürlich schwieriger, aber das ist das Entscheidende.

Jung: Selbstverständlich. Ich sagte ja auch, das waren erste Untersuchungen, die wir hier vorgenommen haben. Die Bewertung für die Patienten, z. B. die Berechnung der prädiktiven Werte, wird natürlich erfolgen.

Lang: Beim α_1-Mikroglobulin haben Sie einen sehr stark zu hohen Werten hinausgezogenen Referenzbereich. Könnte das vielleicht von Einflüssen auf die Biosynthese oder Verteilung bewirkt sein, die nichts mit der Nierenfunktion zu tun haben? Vielleicht spielt ein anderer physiologischer Effekt eine Rolle?

Jung: Die Untersuchungen sind an Gesunden durchgeführt worden. Für uns war es erstaunlich, daß diese hohen Werte auftauchten. Ich weiß nicht, ob das nicht zu erklären ist durch Standardisierung auf ein anderes Antigen und den Einfluß der gewählten Urinprobe. Das würde ich vielleicht noch eher sehen. Denn die Untersuchungen, die Herr Weber (Klin Wochenschr 63:711–719, 1985) gemacht hat, liegen ja ziemlich lange zurück.

M. H. Weber: Über die Physiologie des α_1-Mikroglobulins weiß man ja relativ wenig. Bekannt ist, zumindest von der chemischen Analyse, daß es wahrscheinlich die gamma-Kette des Komplementfaktors C8 ist, die eine relativ konstante Produktionsrate hat. Es ist andererseits bekannt, daß wir unterschiedliche Bindungsaffinitäten im Serum haben, an IgA, an Albumin, so daß der Anteil des frei filtrierten Proteins möglicherweise unterschiedlich sein kann, auch tageszeitlich unabhängig. Darüber gibt es allerdings noch keine so zuverlässigen Untersuchungen – ich weiß nicht, wie weit Sie mit Ihrer Differenzierung sind. Die Abweichungen, die Herr Jung zeigt, scheinen mir auch nach unseren jetzigen Erfahrungen mit dem nephelometrischen Verfahren Behring nicht ganz erklärlich. Wir haben erneut Normalwerte bestimmt. Die sind deutlich niedriger und entsprechen auch denen, die Herr Hofmann beschrieben hat.

Zur Bedeutung der Harnenzyme bei der Erkennung von Veränderungen der Tubuluszellen

U. Burchardt

Die Frage nach der Bedeutung und dem sinnvollen Einsatz von Harnenzymbestimmungen beschäftigt sowohl Kliniker, Biochemiker und auch tierexperimentell arbeitende Enzymologen. Das Problem resultiert daraus, daß eine Hyperenzymurie sowohl Ausdruck einer ausgeprägten Tubuluszellschädigung als auch eines sinnvollen kompensierenden Mechanismus sein kann. Die Interpretation harnenzymologischer Resultate erfordert deshalb die Kenntnis aller Vorgänge, die zu einer Enzymausscheidungsveränderung führen. Dabei wird durch die Harnenzyme eine qualitativ andere Aussage getroffen als durch Parameter der Exkretionsleistung der Niere wie z.B. Kreatinin im Serum, auf deren Verwendung aus diesem Grunde keinesfalls verzichtet werden kann.

Um eine Grundlage für die Einschätzung der Bedeutung der Harnenzyme zu diagnostischen Zwecken zu geben, sind im folgenden die derzeitig bekannten Vorgänge dargestellt, die einer veränderten Freisetzung von Tubulusenzymen zugrunde liegen (Abb. 1).

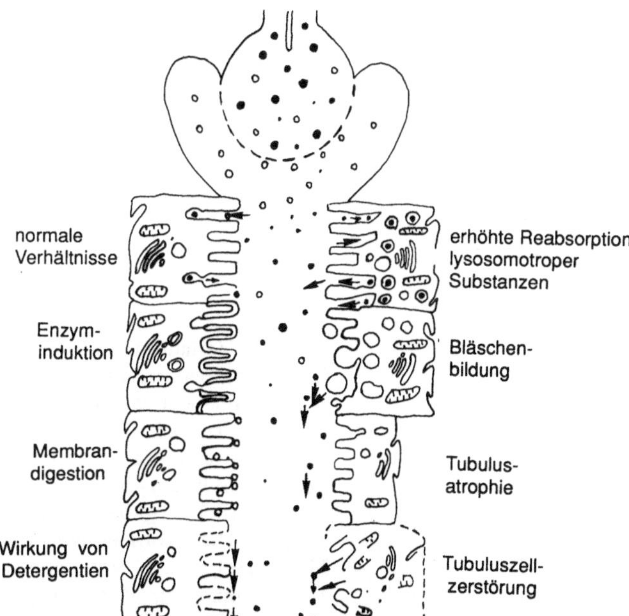

Abb. 1. Synopsis von pathobiochemischen Zuständen der Tubuluszelle, die zu einer veränderten Enzymausscheidung mit dem Harn führen

1. Wirkung lysosomotroper Substanzen

Die Applikation nierengängiger lysosomotroper Substanzen führt zu einer vermehrten
Ausscheidung von lysosomalen und Bürstensaumenzymen. Der Vorgang ist in Unter-
suchungsmodellen mit Sucrose, Dextran, nierengängigen Röntgenkontrastmitteln,
Gentamyzin und Protein belegt [4].

Die Substanzen gelangen vorwiegend durch Pinozytose in die Tubuluszelle. Die
Pinozytosevesikel verschmelzen mit primären Lysosomen. Die chemischen Eigenschaften der aufgenommenen Substanzen beeinflussen Bildung und Aktivität der lysosomalen Enzyme. Nichtverdaute Moleküle werden zusammen mit lysosomalen und
Bürstensaumenzymen im Sinne einer "Defäkation" in das Tubuluslumen abgegeben.

Insbesondere Moleküle, für deren Abbau die normale lysosomale Enzymausstat-
tung nicht vorbereitet ist bzw. für deren Degradation noch keine Adaptation des En-
zymsystems stattgefunden hat oder die die Enzyme in ihrer Wirkung hemmen, akkumulieren in den Lysosomen. Die so entstehende Lysosomenvergrößerung erhöht das
Zellvolumen. Dieser Mechanismus kann durch Zunahme des intrazellulären Druckes
die Abstoßung von Zellteilen ("Blebbing", Apoptosis, Zeiosis) einleiten.

Wie sensibel die Enzymausscheidung dabei reagiert, sei am Beispiel der Alan-
inaminopeptidase-Ausscheidung nach Infusion einer Lösung von Gelatineabbaupro-
dukten als Plasmaexpander demonstriert (Abb. 2).

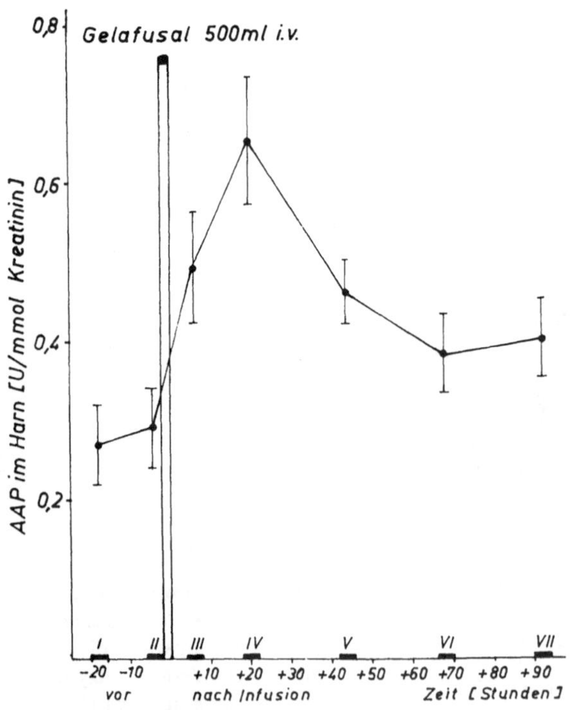

Abb. 2. Verlauf des Mittelwertes
($\bar{x} \pm$ SM) der kreatininbezogenen
Alaninaminopeptidaseausscheidung
mit dem Harn bei 10 gesunden Personen vor und nach Infusion von
500 ml des Plasmaexpanders Gela-
fusal (partiell abgebaute Gelatine,
35 g/l). Die konsekutive AAP-
Mehrausscheidung erreicht nach
18–22 Stunden ein Maximum

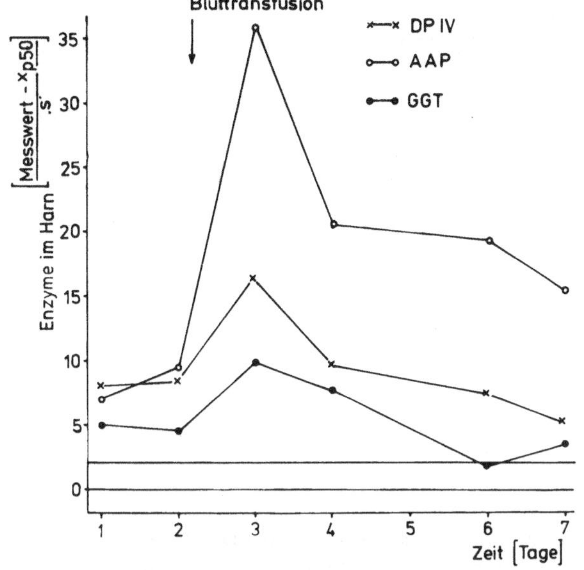

Abb. 3. Erhöhte Ausscheidung der Alaninaminopeptidase, der Dipeptidylpeptidase IV (*DP IV*) und der γ-Glutamyltransferase (*GGT*) im Harn bei einer Patientin mit aplastischem Syndrom (Angabe in Anzahl eines Streumaßes über dem Medianwert eines Referenzkollektivs Gesunder) [*4*]

Die nach Bluttransfusion zu beobachtende Hyperenzymurie ist wahrscheinlich auf die in der Stabilisierungslösung enthaltene Sucrose zurückzuführen (Abb. 3).

Bei dem Abbau körpereigenen Gewebes entstehen niedermolekulare Gewebsabbauprodukte, die nach glomerulärer Filtration an der Tubuluszelle anfluten und so zu einer Hyperenzymurie führen. So ist die verstärkte Enzymausscheidung nach großen Operationen, nach akuter Pankreatitis und nach Röntgenbestrahlung von Tumoren zu erklären [3].

Eine verstärkte Ausscheidung von Tubulusenzymen tritt aus den dargelegten Gründen auch bei allen Zuständen auf, bei denen die Glomerularfiltratmenge absolut oder relativ erhöht ist. Dies ist zum Beispiel bei arterieller Hypertonie, in frühen Stadien des Diabetes mellitus [9], bei Hyperthyreose [5] und nach einseitiger Nephrektomie der Fall. Zur Erkennung dieser Zustände ist die simultane Bestimmung der glomerulären Filtrationsrate geeignet.

2. Apoptosis

Ablösung von Zellteilen des Zytoskeletts bei Überleben der Zelle wurde erstmalig bei isolierten Hepatozyten nach Phalloidinvergiftung beschrieben. Später wurde dieses als unspezifisches Phänomen erkannt, das zur Bildung von Zellprotrusionen entsprechend des Druckgradienten mit nachfolgender Ablösung so entstehender Bläschen führt. Die so gebildeten "blebs" wurden von Scherberich und Mitarbeitern [11] im Harn nachgewiesen. Dieser Vorgang des "vesicle shedding" oder Apoptosis erklärt den relativ hohen Anteil zytosolischer und Bürstensaumenzyme und die geringe Menge mitochondrialer Enzyme im Harn bei derartigen Vorgängen [10].

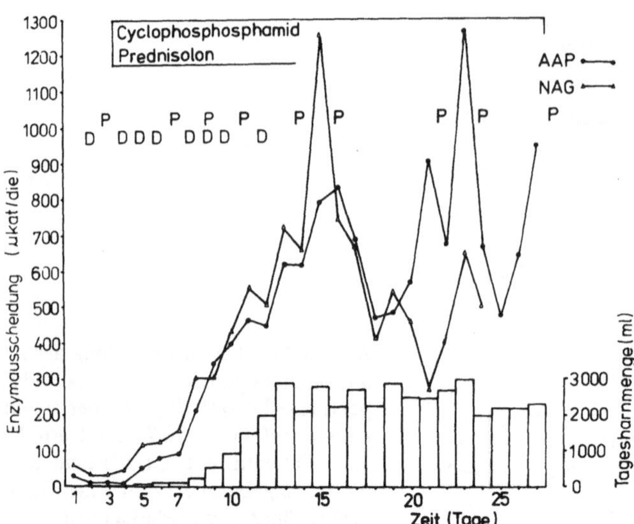

Abb. 4. Verlauf der Tagesausscheidung der N-Acetylglucosaminidase (*NAG*) und Alaninaminopeptidase (*AAP*) mit dem Harn bei einer 29jährigen Patientin mit histologisch gesicherter rapid progressiver Glomerulonephritis. Die Behandlung erfolgte mit Plasmapherese (*P*), Hämodialyse (*D*), Cyclophosphamid und Prednisolon

Die Abschnürung von Zellteilen ist wahrscheinlich energieabhängig und als regulativer Schutzmechanismus aufzufassen, der eine Minderung des intrazellulären Druckes ermöglicht und das Überleben der Zelle gestattet. Diese Vorgänge erklären die langanhaltende Hyperenzymurie nach akutem Nierenversagen (Abb. 4). Die Enzymfreisetzung resultiert nicht nur aus den abgestorbenen Zellen. Sie ist sowohl Folge der Zellschädigung als auch Zeichen der Zellregeneration mit Enzymneubildung.

Ist der beschriebene Kompensationsmechanismus überfordert und reicht die Energiezufuhr nicht aus, kommt es zu einem unkontrollierten Kalziumeinstrom in die auf diese Weise sterbende Zelle. Dabei werden kurzfristig alle Zellproteine einschließlich mitochondrialer Enzyme in das Tubuluslumen abgegeben.

3. Rolle der freien Radikale

Sowohl im Gefolge zytotoxischer Substanzen wie Zytostatika als auch nach experimenteller Nierenischämie kommt es zu einem Anstieg freier Radikale [8], die insbesondere nach Sauerstoffzufuhr die Zelle schädigen. Durch Antioxydantien läßt sich in diesen Fällen die Enzymausscheidung mit dem Harn vermindern [7].

Über die Menge freier Radikale im Blut und die möglicherweise dadurch beeinflußte Harnenzymausscheidung liegen noch keine Ergebnisse vor. Die bei Patienten mit akutem Myokardinfarkt initial erhöhte Enzymausscheidung mit dem Harn dürfte

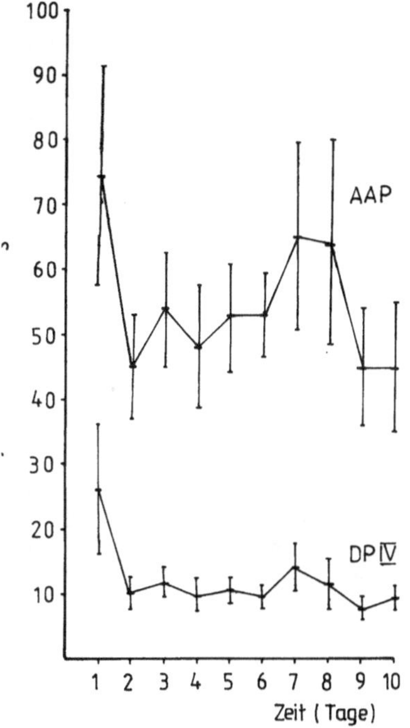

Abb. 5. Verlauf des Mittelwertes ($\bar{x} \pm$ SM) der Alaninaminopeptidase (*AAP*) – und Dipeptidylpeptidase IV (*DP IV*)-Ausscheidung mit dem Harn bei 21 Patienten mit akutem Myokardinfarkt. Die Enzymausscheidung ist am Tag des Infarkteintrittes am höchsten und steigt um den 7. Tag vorübergehend erneut an

mit dem Anstieg freier Radikale bei Infarkteintritt im Zusammenhang stehen (Abb. 5).

4. Kontaktdigestion

Einige Membranenzyme ragen im Komplex in Form von "knobs" in der Glykokalyx mit ihrem reagierenden Anteil in das Tubuluslumen. Durch diese Enzyme werden vorwiegend kleine Moleküle abgebaut, da der Abstand zwischen den Mikrovilli nur 100 bis 200 Å beträgt. Ob dabei durch "peristaltische" Bewegungen der Mikrovilli Enzyme oder Enzymteile abgeschilfert werden, ist noch unklar. Eine zusätzliche Enzymfreisetzung im Zusammenhang mit der Membran- oder Kontaktdigestion ist nach derzeitigem Kenntnisstand durch vermehrtes Substratangebot, durch Wirkung von Detergentien und durch Kathepsine, die im Gefolge der lysosomalen Digestion freigesetzt werden, möglich. Als Detergentien dürften insbesondere Gallensalze wirken, die bei Cholostase vermehrt ausgeschieden werden. Sie führen auch am isolierten Darm zu einer Externalisation von zytosolischen und von Bürstensaumenzymen [2].

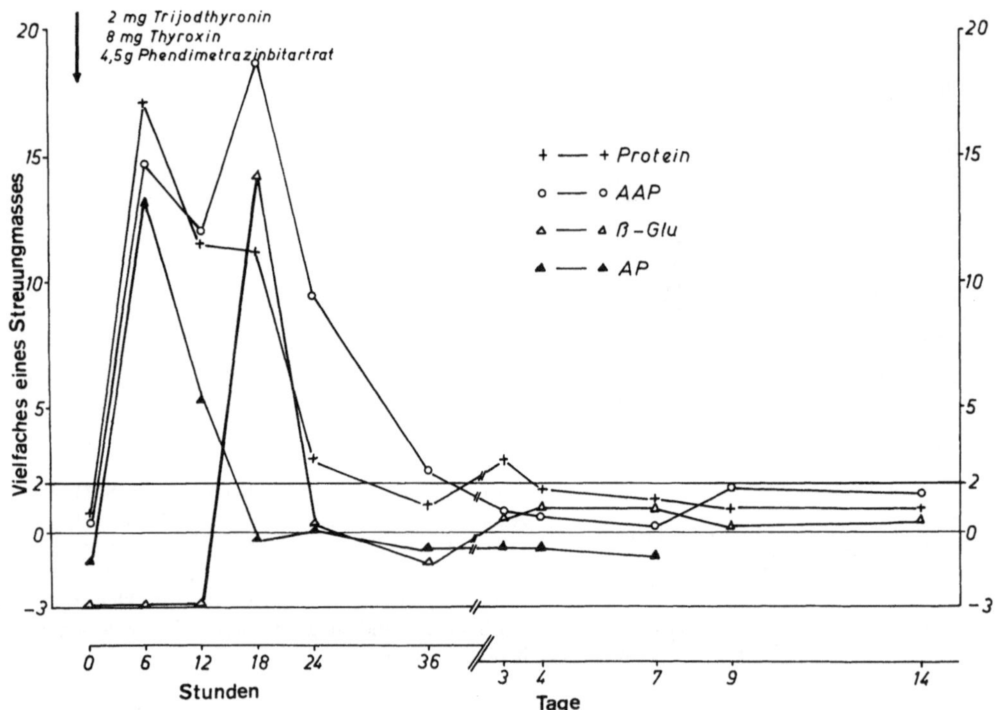

Abb. 6. Verlauf der Alaninaminopeptidase (*AAP*)-, β-Glukuronidase (*ß-Glu*)- und der alkalischen Phosphatase (*AP*)-Ausscheidung mit dem Harn bei einer Patientin, die in suizidaler Absicht Schilddrüsenhormone und Appetitzügler einnahm. Die Hyperenzymurie ist schon nach 6 Stunden ausgeprägt und nach 36 Stunden beendet (Angabe der Enzymausscheidung wie in Abb. 3)

5. Enzyminduktion

Die Enzymfreisetzungsrate der Tubuluszelle hängt auch vom Enzymbestand bzw. von der Fermentneubildungsrate ab. Die Enzymsynthese ist energieabhängig. Sowohl durch einige Medikamente wie Antipyrin und Rifampicin [13] als auch durch körpereigene Stoffe (wie z.B. Hormone) wird die Enzymbildung angeregt. Die biochemischen Wege der Enzyminduktion sind nicht einheitlich. Verschiedene Mechanismen wirken auf unterschiedliche Enzyme, so daß differente Enzymmuster zustande kommen. Die Hyperenzymurie bei Hyperthyreose [5] ist teilweise auf eine Enzyminduktion zurückzuführen (Abb. 6).

6. Tubuluszellatrophie

Atrophierte Tubuluszellen (z. B. bei Schrumpfnieren), aber auch regenerierende Zellen, haben einen reduzierten Enzymbestand und geben vermindert Enzyme ab. Sie nehmen kaum am pinozytotischen Resorptionsprozeß und an der Membrandigestion teil. Sie sind aus diesem Grunde auch weniger anfällig gegen Toxine und Energiemangel. Die auch unter physiologischen Bedingungen wegen ihres Molekulargewichtes unter 70.000 Dalton glomerulär filtrierten Serumenzyme Lysozym, Ribonuklease und Amylase werden von diesen Zellen ebenfalls nicht mehr vollständig reabsorbiert und erscheinen so vermehrt im Endharn.

Eine erhöhte Enzymausscheidung mit dem Harn kann also sowohl Ausdruck eines sinnvollen Anpassungsmechanismus als auch einer hypoxischen oder toxischen Schädigung der Niere sein. Zur Interpretation harnenzymologischer Befunde sind deshalb Kenntnisse über die einwirkende Substanz und die begleitenden pathophysiologischen Bedingungen notwendig.

Bei sinnvoller Auswahl der Enzyme (niedermolekular, Bürstensaum, lysosomal, zytosolisch, mitochondrial) ist eine Beurteilung des aktuellen Zustandes der Tubuluszellen möglich. Die Vielfalt der Mechanismen bewirkt, daß relativ viele Erkrankungen mit einer Enzymmehrausscheidung einhergehen. Auch die Tatsache, daß die Enzymausscheidung Rhythmen unterliegt [6], mindert zwangsläufig die Spezifität des Verfahrens. Aus diesem Grunde können Harnenzyme in der Klinik sinnvoll nur bei Rahmenbedingungen eingesetzt werden, bei denen möglichst viele Einflußfaktoren unverändert bleiben (Medikamente, Ernährung) oder berücksichtigt werden können.

Diese Voraussetzungen sind erfüllt

1. bei Prüfung der Wirkung von Toxinen und Arzneimitteln auf die Niere im Tierversuch und
2. bei Verlaufskontrolle nach Nierentransplantation, akutem Nierenversagen und nach anderen akuten Ereignissen.

Bei Harnenzymbestimmungen ist für viele Zwecke eine einmalige Untersuchung wertlos. Der besondere diagnostische Nutzen liegt in der risikolosen Möglichkeit des kontinuierlichen Verfolgens von Veränderungen am Tubulusepithel der Niere. Aus diesem Grunde sind Harnenzymbestimmungen insbesondere für die Forschung ein zukunftsträchtiges Verfahren.

Literatur

1. Bossmann B, Haschen RJ Release of enzymes from rat jejunal mucosa by bile salts. J Clin Chem Clin Biochem 21 (1989) 1–9
2. Burchardt U Harnenzymausscheidung bei Erkrankungen der inneren Organe. Z gesamte Inn Med 38 (1983) 565–570
3. Burchardt U, Franke M, Krauss J, Barth A Renale Dipeptidylpeptidase-IV-Ausscheidung bei medikamenteninduzierten Nierenalterationen. Z Urol Nephrol 79 (1986) 587–593

4. Burchardt U, Peters JE, Neef L, Thulin H, Gründig CA, Haschen RJ Der diagnostische Wert von Enzymbestimmungen im Harn. Z med Labor Diagn 18 (1977) 190–212
5. Burchardt U, Peters JE, Thulin H, Hempel RD, Gründig CA Enzymausscheidung im Harn bei Hyperthyreose. Zschr inn Med 29 (1974) 719–722
6. Burchardt U, Winkler K, Klagge M, Balschun D, Barth A Infradian biorhythms of enzymuria in man? J Clin Chem Clin Biochem 26 (1988) 491–496
7. Gemba M, Fukuishi N, Nakano S Effect of N'-N-diphenyl-p-phenylenediamine pretreatment on urinary enzyme excretion in cisplatin nephrotoxicity in rats. Japan J Pharmacol 46 (1988) 90–92
8. Joannides M, Bonn G, Pfaller W Lipid peroxidation – an initial event in experimental acute renal failure. Renal Physiol Biochem 12 (1989) 47–55
9. Jung K, Pergande M, Schimke E, Ratzmann KP Harnenzyme und niedermolekulare Proteine als Indikatoren der diabetischen Nephropathie. Klin Wochenschr (Suppl XVII) 67 (1989) 27–30
10. Kehrer G, Blech M, Kallerhoff M, Bretschneider HJ Urinary LDH-release for evaluation of postischemic renal function. Klin Wochenschr 67 (1989) 477–485
11. Scherberich JE, Mondorf AW, Schoeppe W Immundiagnostik tubulärer Zellschäden der Niere mit Hilfe spezifischer Antimembran-Antikörper. Immun Infekt 12 (1984) 229–237
12. Schmidt E, Schmidt FW Enzyme release. J Clin Chem Clin Biochem 25 (1987) 525–540
13. Wensing G, Maruhn D, Ohnhaus EE The effect of antipyrine and rifampicin on the excretion of renal enzymes in human urine. Clin Nephrol 29 (1988) 69–74

Diskussion

Silbernagl: Sie haben am Anfang von der Abstoßung der – sozusagen – "verbrauchten" Lysosomen gesprochen, "Defäkation" haben Sie das genannt, und haben dabei die Alaninaminopeptidase als lysosomales Enzym bezeichnet. Meine Frage – ich kenne die Nomenklatur nicht – ist das Aminopeptidase M?

Burchardt: Das kann sich nur um einen Versprecher meinerseits handeln! Es ist ganz eindeutig ein Bürstensaumenzym wie die GGT.

Silbernagl: Und Sie meinen, wenn Bürstensaumenzyme im Urin erscheinen, daß diese aus einem solchen Bleb entstanden sind?

Burchardt: Diese Schlußfolgerung, daß sie unbedingt aus solchen Blebs stammen müssen, würde ich nicht teilen.

Silbernagl: Wie sollen sie sonst dahin gekommen sein?

Burchardt: Sie haben Recht, das ist eine gute Frage. Aber auch beim Durchtritt durch das Tubulus-Lumen entsteht ja sozusagen eine Wunde, und es könnten dabei auch Bürstensaumenzyme mitgerissen werden.

Silbernagl: Wenn man einzelne Tubuli isoliert mikroperfundiert und "schaut sie ein bißchen schief an", dann schwimmt der Bürstensaum einfach weg. Und trotzdem haben Sie ein Zellpotential, wo alles noch in Ordnung ist. Sie haben gesagt: "Schutzmechanismus". Ich finde das ein gutes Konzept, denn die Zellarbeit wird dann auf ein Fünfzigstel reduziert, wenn der Bürstensaum weg ist.

Greiling: Sie haben eine interessante Hypothese mit den Hydroxylradikalen bei Myokardinfarkt gebracht. Das ist ja teilweise auch schon mit anderen Methoden experimentell gezeigt worden. Den Beweis kann man heute indirekt führen, indem man Hypoxanthin und Xanthin bestimmt. Sie wissen ja, die Xanthinoxidase ist ein Schlüsselenzym für die Bildung von Hydroxylradikalen. Und aus dem Verhältnis der Reaktionsprodukte Hypoxanthin/Xanthin kann man Hinweise auf die Bildungsrate von Hydroxylradikalen erhalten. Deshalb meine erste Frage: Kennen Sie aus der Literatur Untersuchungen, die eine Korrelation zur Harnenzym-Ausscheidung zeigen?
  Meine zweite Frage betrifft wieder die Analytik der Harnenzyme. Sie haben ja auch schon kritische Einwände betreffend die verschiedenen Einflußgrößen gebracht.

Ich würde sagen: Man sollte anstreben, daß die Enzymaktivitäts-Messungen im Harn langsam aufgegeben werden, weil es eben zu viele Spaltprodukte und eine starke Heterogenität gibt. Ich möchte nur eine Möglichkeit der Heterogenität nennen: verschiedene Glykosilierungsgrade der Glykoenzyme – die β-N-Acetylglukosaminidase ist ein Glykoenzym – und der unterschiedliche Glykosilierungsgrad beeinflußt die im Enzymtest gemessene Aktivität. Dazu kommt die verschiedene Herkunft der Enzyme, wie ich schon gestern sagte: einmal ist es eine endo-N-Acetylglukosaminidase, einmal eine exo-N-Acetylglukosaminidase. Alle diese verschiedenen Formen des Enzyms, die beim Abbau der Glukosaminoglykane beteiligt sind, messen Sie mit dem Substrat p-Nitrophenyl-N-acetylglukosaminid. In meinen Augen ist das ein unspezifischer Test. Mein Vorschlag für die Zukunft ist, daß man hier anstreben sollte, ein spezifisches Epitop der verschiedenen Formen der Enzyme zu bestimmen. Das heißt also, wie man es mit dem α_1-Mikroglobulin macht, könnte man vielleicht zu besseren, analytisch sauberen Ergebnissen kommen, wenn man hier monoklonale Antikörper verwendet. Aber das ist nur ein Teil meiner Kritik zum Thema Harnenzyme.

Burchardt: Ich möchte zunächst auf Ihre erste Frage antworten: Die erste Untersuchung über Harnenzymausscheidung bei Myokardinfarkten stammt von 1961. Wir haben das vor etwa 10 Jahren noch einmal nachvollzogen. Sehr viele Publikationen gibt es nicht, und es gibt überhaupt keine, die den Zusammenhang zwischen den freien Radikalen und der Enzymausscheidung herstellen.

Zum anderen bin ich völlig Ihrer Meinung, daß man mit einer immunologischen Bestimmung der Enzyme mit monoklonalen Antikörpern weiterkommen sollte. Vielleicht löst das auch manches Problem, das ich hier angedeutet habe.

Guder: Herrn Greiling's Kommentar ist so schön provozierend, daß es den Rest des Vormittags zur Diskussion bedürfte. Ich bin aber Herrn Burchardt sehr dankbar, daß er auch auf das Dilemma sehr deutlich hingewiesen hat, das wir bei der Interpretation unserer Befunde haben. Und ich glaube, da muß man wirklich Herrn Greiling Recht geben: solange nicht ein klarer Pathomechanismus für die Enzymfreisetzung nachgewiesen ist, können wir auch keine klinischen Schlüsse im Einzelfall ziehen.

Ich möchte ein Beispiel nennen, das Frau Schmidt in Tübingen untersucht hat: Nach der Transplantation steigt die Ausscheidung der N-Acetylglukosaminidase im Urin stark an, und Frau Schmidt hat zum ersten Male gemessen, was gleichzeitig in der Niere passiert. Wenn man die Ausgangswerte der gleichen Niere vor der Transplantation als 100% setzt, sieht man, daß es in der Pars recta unverändert ist, die Aktivität im proximalen Konvolut aber doppelt so hoch ist wie bei der Kontrolle. Das heißt, wir haben gleichzeitig einen Anstieg im Tubulus und im Urin. Wie soll man das, wenn man als Probe nur Urin hat, von einem Anstieg durch Destruktion, wie Sie es gezeigt haben, unterscheiden? Das heißt, diese Vorgänge laufen innerhalb der Niere in dem einen Tubulus so, in dem anderen so ab, und was wir im Urin messen, ist die Resultante aus einer Million Nephrone, die wir eigentlich nicht interpretieren können. Deshalb teile ich Ihre Bedenken; sage aber gleichzeitig: Wir messen die alkalische Phosphatase im Serum seit 50 Jahren, ohne daß wir ihre physiologische Funktion und die Pathomechanismen kennen. Deshalb bevorzugen wir im Moment den rein empirischen Weg: Wir messen einfach, und wenn wir sehen, es ist verwendbar, sei es zum Nachweis oder zum Ausschluß einer Nierenschädigung, nehmen wir es. Wenn es keine Rolle spielt, nehmen wir es nicht.

Burchardt: Ich habe dazu keine andere Meinung.

Kotanko: Ich wollte noch kurz das Problem der Enzymurie beim Myokardinfarkt kommentieren, inwieweit unter Umständen hämodynamische Veränderungen eine Rolle spielen können. Und daß man diese Einflüsse eher ursächlich für die Enzymurie ansehen müßte: Schock beim Myokardinfarkt und erhöhter Sympathicotonus. Der andere Kommentar ist, daß es mich sehr interessiert hat, zu hören, daß offenbar eine Rhythmik über die circadiane Rhythmik hinaus existiert. Es würde mich interessieren zu hören, mit welchen Verfahren diese Rhythmik detektiert worden ist. Wurde hier eine Fourier-Analyse gemacht, oder rein durch Inspektion der Daten?

Burchardt: Ich habe hier nicht dargestellt, daß wir gleichzeitig Patienten mituntersucht haben, die Angina pectoris hatten. Ich kenne ja diese Patienten. Bei Angina pectoris-Patienten trat das nicht auf. Es war initial keine Erhöhung der Enzymausscheidung vorhanden. Ich will das nicht einführen! Aber ich könnte retrospektiv anhand der Enzymveränderungen im Harn sagen: Der Patient hatte einen Myokardinfarkt und der hatte eine Angina pectoris. Das dürften keine derartigen Mechanismen sein, weil nicht alle Patienten, die einen Herzinfarkt erleiden, auch entsprechende Kreislaufstörungen haben, Blutdruckabfall und ähnliches. Man sieht es den Patienten ja bekanntermaßen zuerst einmal vom klinischen Verlauf her nicht an, ob es sich um einen Infarkt oder eine Angina pectoris handelt; es waren auch leichte Infarkte dabei, die durchaus mit den gleichen Enzymerscheinungen einhergehen. Es ist ja auch bekannt, daß zwischen Angina pectoris und Myokardinfarkt letzten Endes nur ein gradueller Unterschied besteht.

Dann zu der zweiten Frage: Die Sache mit den Biorhythmen haben wir publiziert im J Clin Chem Clin Biochem Vol 26 (1988) pp 491–496 mit Fourier-Analyse; ich würde bitten, die Einzelheiten dort nachzulesen.

Heidland: Vielleicht ergänzend dazu: Nach akutem Myokardinfarkt fällt die Nierendurchblutung signifikant ab, es kommt zum deutlichen Anstieg der Filtrationsfraktion mit seiner relativen Hyperfiltration im einzelnen Nephron, das eine Ursache der Enzymurie mit sein könnte – neben einem ischämischen Prozeß.

Burchardt: Ich will das nicht ausschließen; es verdeutlicht vielleicht besonders die ganze Problematik der Interpretation von Harnenzymaktivitäten!

Wisser: Von Rhythmen sollte man nur sprechen, wenn *reproduzierbare* Tageszeitabhängigkeiten der Serum-Konzentration oder Urinausscheidung einer Meßgröße, also zugleich relativ konstante Maxima oder Minima, ermittelt werden. Ansonsten ist es korrekter, von episodenhaften Änderungen zu sprechen. Wenn die Tagesrhythmik wie z.B. beim Cortisol deutlich ausgeprägt ist, braucht man zu ihrem Nachweis keine Fourier-Analyse. Bei der Anwendung und Beurteilung der Fourier-Analyse ist insofern Vorsicht geboten, als man bei unkritischer Interpretation auch Tageszeitabhängigkeiten "produzieren" kann.

Lang: Darf ich einen kleinen Mosaikstein aus unserem Arbeitsgebiet der Entzündungsmediatoren beifügen: Wir wissen heute, daß die zellulär vermittelten Entzündungsreaktionen nach einem traumatischen Prozeß in vielen Fällen um den 5. oder 6. Tag herum noch einmal "angeheizt" werden. Das könnte sich in dem von Ihnen beobachteten Peak der Enzymausscheidung am 7. Tag nach Infarkt widerspiegeln.

Kramer: Ich möchte noch einmal auf die Beobachtung zurückkommen, daß sie unter Dextran-Infusion ebenso wie unter Bluttransfusion die vermehrte Ausscheidung von Bürstensaumenzymen im Urin finden. Muß das unbedingt Ausdruck einer toxischen Schädigung des Bürstensaums sein, oder könnte das nicht unter Umständen ein Auswascheffekt sein? Das heißt, haben Sie einmal Versuche mit Kochsalz-Infusion durchgeführt? Ich frage deswegen, weil Kallikrein – das ja auch ein Enzym ist, das auf der luminalen Seite, aber im distalen Tubulus vorliegt – eindeutig mit erhöhtem Urinfluß vermehrt ausgeschieden wird. Das hat keinerlei pathologische Bedeutung.

Burchardt: Ich habe versucht, darzustellen, daß die Veränderung der Enzymausscheidung nach Bluttransfusionen oder Gaben von Plasma-Expander keine pathologische Bedeutung hat. Ich versuchte, klarzumachen, daß das nur eine verstärkte Tätigkeit der Tubuluszelle zu sein braucht, und das ist ja nichts Negatives. Zum anderen ist bekannt, daß eine erhöhte Diurese mit einer verstärkten Enzymausscheidung einhergeht. Wenn man eine Kochsalzlösung infundiert, kann man auch eine erhöhte Ausscheidung von Enzymen – allerdings nur von bestimmten Enzymen – erreichen. Dazu gehören auch Bürstensaumenzyme.

Maruhn: Nur einen kurzen Kommentar, Herr Burchardt, zu Ihrer Behauptung, daß die Diurese einen Einfluß auf die Enzymurie hat: Da muß man differenzieren. Das trifft offenbar die Bürstensaumenzyme stark und die lysosomalen – als Beispiel wieder die schon viel diskutierte NAG – praktisch überhaupt nicht.

Burchardt: Das habe ich nicht so differenziert dargestellt; das kann ich aber auch nur so bestätigen. Dazu liegen ja die Untersuchungen von Herrn Jung vor.

Kopp: Sie haben in einem Nebensatz auch den Kalziumeinstrom in die Zelle erwähnt. Meine Frage ist folgende: In dem zeitlichen Ablauf der Dinge, wie Sie es dargestellt haben, ist das ja doch ein relativ spätes Phänomen, das dann stattfindet, wenn eigentlich die Strukturvoraussetzungen, die man für einen Kalzium-antagonisierenden Effekt durch entsprechende Kalziumkanal-Blocker braucht, gar nicht mehr gegeben sind. Frage: Ist das eigentlich in Korrelation zur Enzymausscheidung schon einmal untersucht worden?

Burchardt: Nein, das ist nicht untersucht worden. Die Gabe von Kalzium-Blockern verändert die Enzymausscheidung aber nicht. Das haben wir in Einzelfällen probiert, aber nicht veröffentlicht. Aber über Schutzmechanismen bei akutem Nierenversagen und Enzymausscheidung ist noch nichts bekannt.

Maruhn: Dazu gibt es eine Publikation: Schutzmechanismus von Nitrendipin bei toxisch induziertem, akuten Nierenversagen. Man sieht es an der NAG-Ausscheidung, daß dieser Kalzium-Channel-Blocker offensichtlich auch auf die Funktion einen protektiven Einfluß hat.

Diagnostische Strategien zum Ausschluß und zur Differenzierung einer Proteinurie

W. Hofmann

Seit der Entdeckung der Proteinurie als Symptom einer Nierenerkrankung beschränkt sich die konventionelle Urinanalytik beim Ausschluß auf qualitative Nachweismethoden und bei positivem Test auf die quantitative Gesamteiweißbestimmung im 24 Std.-Urin. Als schwer standardisierbares Verfahren weist diese Methode jedoch mehrere Schwachpunkte auf [1]. Bei unterschiedlicher Spezifität werden in Abhängigkeit von der verwendeten Methode, manche Proteine wie Tamm-Horsfall-Glykoprotein und Bence-Jones-Proteine nur teilweise oder überhaupt nicht erfaßt [1]. Somit erfüllt diese Meßgröße nicht die Anforderungen an ein quantitatives Analysenverfahren.

Mit dem Vorschlag zur Einführung des sog. Teststreifensiebes durch Kutter [2] hat der relativ albuminspezifische Teststreifen ein besonderes Gewicht erhalten. In den letzten Jahren zeigte sich jedoch, daß diese Untersuchung als Screeningverfahren von der analytischen Empfindlichkeit nicht mehr den medizinischen Erfordernissen entspricht [3, 4]. Dies möchte ich an folgendem Beispiel aufzeigen: Bei 409 Patientenurinen, die uns im Rahmen der täglichen Routinediagnostik zugesandt wurden, haben wir die Ergebnisse der Teststreifenuntersuchungen denen der quantitativen Albumin- und N-acetyl-β,-D-Glukosaminidase-Aktivitäts-Bestimmung gegenübergestellt [5]. Hierbei fanden wir bei Kombination dieser beiden Kenngrößen 16% mehr positive Ergebnisse.

Welche Nierenerkrankungen erfaßt man zusätzlich durch Einbeziehung neuer Kenngrößen?

Neben sekundären Glomerulopathien bei Diabetikern, Hypertonikern und Patienten mit Lupus erythematodes fanden sich vor allem tubulo-interstitielle Nephropathien unterschiedlicher Genese.

Welche Kenngrößen erfassen eine glomeruläre und tubuläre Dysfunktion?

Basierend auf den Erfahrungen mit der qualitativen Polyacrylamid-Gradientengelelektrophorese (PAGE) ist Albumin als sensitiver Marker zur Erfassung von Änderungen der elektrostatischen Filterfunktion (selektiv glomeruläre Proteinurie) ak-

Tabelle 1. Technische und biologische Kriterien zur Charakterisierung der diagnostischen Eignung von Nierenenzymen und Antigenen

Technische	Biologische
1. Präzision	1. Ursprung im Nephron
2. Standardisierbarkeit (Richtigkeit)	2. Intrazelluläre Lokalisation
3. Störfaktoren	3. Mechanismus der Freisetzung
4. Durchführung (Automatisierung)	4. Stabilität bei 37 °C
5. Kosten	5. Biologische Variabilität

zeptiert [3, 4]. Strukturelle Veränderungen der Basalmembran können durch Nachweis höhermolekularer Proteine wie IgG erkannt werden (nicht selektiv glomeruläre Proteinurie) [7].

Bei tubulären Markern herrscht hingegen noch keine klare Übereinkunft. Neben Nierenenzymen [8, 9, 10] und -antigenen [11, 12] werden Mikroproteine [9, 13–16, siehe auch Beitrag Jung, S. 201] diskutiert. Bei der Auswahl tubulärer Marker sollten technische von biologischen Kriterien unterschieden werden (Tabelle 1).

Diese Kriterien wurden an einer Vielzahl von Meßgrößen geprüft. Bei kritischer Wertung erfüllen nur wenige Parameter diese Bedingungen. Die N-acetyl-β-,D-Glukosaminidaseaktivität scheint im Augenblick die meisten Anforderungen zu erfüllen [10, 17]. Sie ist in Lysosomen proximaler Tubuluszellen lokalisiert [18], zeigt große Stabilität und geringe biologische Variabilität im Urin [17]. Die Bestimmung ist automatisierbar und mit einem optimierten Test ohne Probenvorbereitung wie Dialyse oder Gelfiltration meßbar [17]. Bei Verwendung in einem Screeningprofil haben wir die Erfahrung gemacht, daß sie sensitiv genug ist, tubuläre Dysfunktionen sicher auszuschließen. Demgegenüber ist ihre diagnostische Potenz zur Differenzierung von Nierenerkrankungen eingeschränkt.

Tabelle 2. Charakteristika kleinmolekularer Proteine, die als Marker tubulärer Proteinurien dienen

Name	Molekulargewicht kD	Methode	Stabilität im Urin	Einflußgrößen
β_2-Mikroglobulin	11,8	RIA, EIA Nephelometrie	bei pH < 6 instabil)	+
Cystatin C	13,3	RIA, EIA RID	+	?
Retinol-bindendes Protein	21,0	RID, Nephelom. Turbidimetrie	+	++
α_1-Mikroglobulin	33,0	RID, Nephelom. Turbidimetrie	+	(+)

Welche niedermolekularen Proteine sind zur Erfassung tubulärer Rückresorptionsstörungen geeignet?

Mehrere sog. Mikroproteine werden in der Literatur als nützliche Meßgrößen zur Erfassung tubulärer Störungen beschrieben [13–16] (Tabelle 2).

Bisher war die Bestimmung von β_2-Mikroglobulin am weitesten verbreitet, obwohl dieses Protein bei physiologischen Urin-pH-Werten < 6 instabil ist [15].

Über Cystatin C im Urin, das bei eingeschränkter glomerulärer Filtrationsrate im Serum in Analogie zum β_2-Mikroglobulin ansteigt [19], gibt es bisher zu wenig Erfahrungen. Retinol-bindendes Protein zeigt in Abhängigkeit von der metabolischen Stoffwechsellage des Patienten starke Schwankungen im Serum [20]. Übliche Verfahren zur Messung dieses Mikroproteins, wie radiale Immundiffusion bzw. nephelometrische Verfahren, sind zu unempfindlich, um geringe Störungen der Tubulusfunktion zu erfassen [21]. α_1-Mikroglobulin, dessen biologische Funktion nicht ganz klar ist, wird partiell frei filtriert und zu 95% im proximalen Tubulus rückresorbiert [13, 14]. Es kommt sowohl frei als auch kovalent an IgA gebunden im Serum vor [22]. Seine Stabilität im Urin, die geringe biologische Streuung seiner Ausscheidungsrate [17] und die einfache Messung mittels automatisierter Verfahren lassen derzeit dieses Protein als Marker zur Erfassung tubulärer Rückresorptionsstörungen geeignet erscheinen [13, 14, 17].

Zusätzlich wird in unserem Labor zu diesen glomerulären und tubulären Markerproteinen eine sensitive Eiweißbestimmung [17, 23] durchgeführt, um alle Formen prärenaler Proteinurien (Bence-Jones Proteinurie, Myoglobinurie, Hämoglobinurie) zu erfassen.

Als Untersuchungsmaterial wird der zentrifugierte (10 Minuten bei 800 g) 2. Morgenurin verwendet. Alle Kenngrößen werden auf Kreatinin bezogen [17].

Dieses Untersuchungsprogramm entstand aus Diskussionen und Erfahrungen gemeinsam mit den Kollegen Scherberich (Frankfurt), Weber (Göttingen) und Peheim (Bern).

Diagnostische Strategie unter Einbeziehung der neuen Kenngrößen

Durch Messung von Gesamteiweiß, Albumin, N-acetyl-β,-D-Glukosaminidase, Leukozytenesterase und Hämoglobin werden alle klinisch relevanten Störungen der Niere und der ableitenden Harnwege sensitiv erfaßt. Bei einem negativen Testergebnis scheint eine renale Dysfunktion nach unseren bisherigen Erfahrungen mit großer Wahrscheinlichkeit ausgeschlossen. Die Gesamteiweißbestimmung dient nicht nur der Erfassung prärenaler Proteinurien, sondern sichert zusätzlich die Ergebnisse der Einzelproteinbestimmung ab (Abb. 1).

Ist eines der Ergebnisse außerhalb des Normalbereichs, so wird bei erhöhtem Gesamteiweiß und/oder Albumin, Leukozytenesterase oder Hämoglobin weiter differenziert (Abb. 2). Die isoliert erhöhte Aktivität der N-acetyl-β,-D-Glukosaminidase ist derzeit noch schwer interpretierbar. Die Entwicklung einer Strategie zu ihrer weiteren

1. Ausschluß

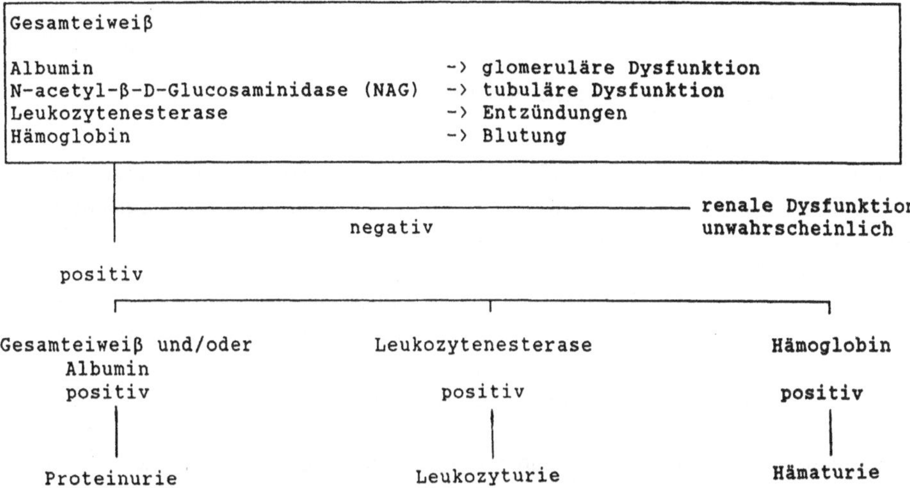

Abb. 1. Strategievorschlag zum Ausschluß einer renalen Dysfunktion. Bei negativem Testergebnis für Gesamteiweiß, Albumin, N-acetyl-β-D-Glukosaminidase, Leukozytenesterase und Hämoglobin ist eine renale Dysfunktion unwahrscheinlich. Findet man ein positives Testergebnis für Gesamteiweiß und/oder Albumin, Leukozytenesterase oder Hämoglobin, so erfolgt eine weiterführende Diagnostik

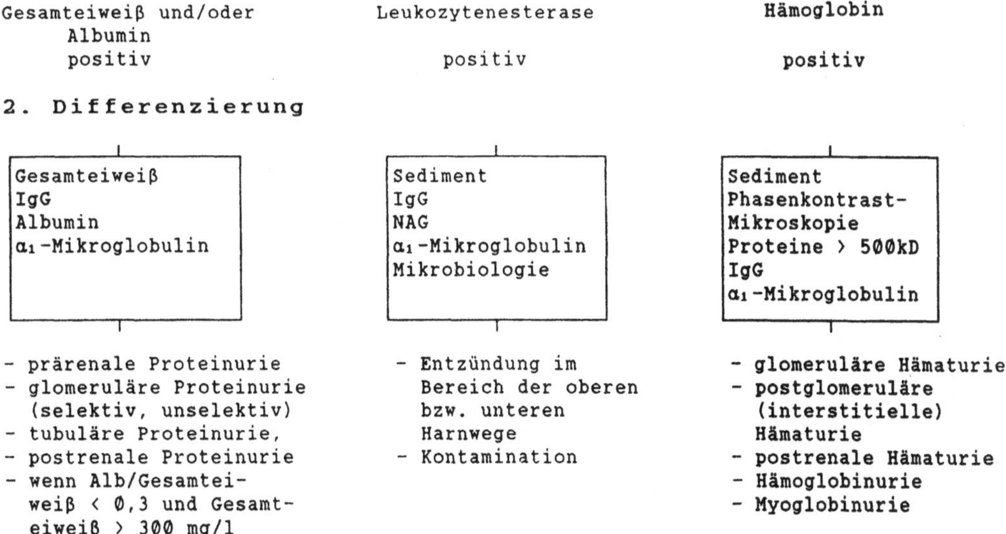

Abb. 2. Weiterführende Diagnostik zur Differenzierung einer Proteinurie, Leukozyturie und Hämaturie

Abklärung bedarf umfangreicher Untersuchungen, die durch das Fehlen sensitiver Vergleichsparameter erschwert sind.

Vorgehen bei erhöhter Ausscheidung von Eiweiß und/oder Albumin

Findet man eine Erhöhung von Eiweiß und/oder Albumin, so sollte man zwischen prärenalen, renalen und postrenalen Proteinurien unterscheiden. Bei einer Gesamteiweißausscheidung bis 100 mg/g Kreatinin, beträgt der maximale Anteil von IgG 10%, Albumin 20% und α_1-Mikroglobulin 14% (Abb. 3).

Bei einer prärenalen Proteinurie (Bence-Jones Plasmozytom, freie Leichtkette Lambda) (Abb. 3) fand sich ein Albuminanteil von nur 1% bei einer Gesamteiweißausscheidung von 784 mg/g Kreatinin. Gleichzeitig wies die erhöhte α_1-Mikroglobulin-Exkretion (5,2% = 41 mg/g Kreatinin) auf eine tubuläre Rückresorptionsstörung hin.

Bei glomerulären Proteinurien kann man zwischen selektiven und nicht selektiven Formen unterscheiden: Bei einem Albuminanteil von 84% und einem IgG/Albumin-Quotienten von 0,03 liegt eine hohe Selektivität vor. Histologisch konnte bei diesem Patienten eine minimal-proliferierende Glomerulonephritis nachgewiesen werden.

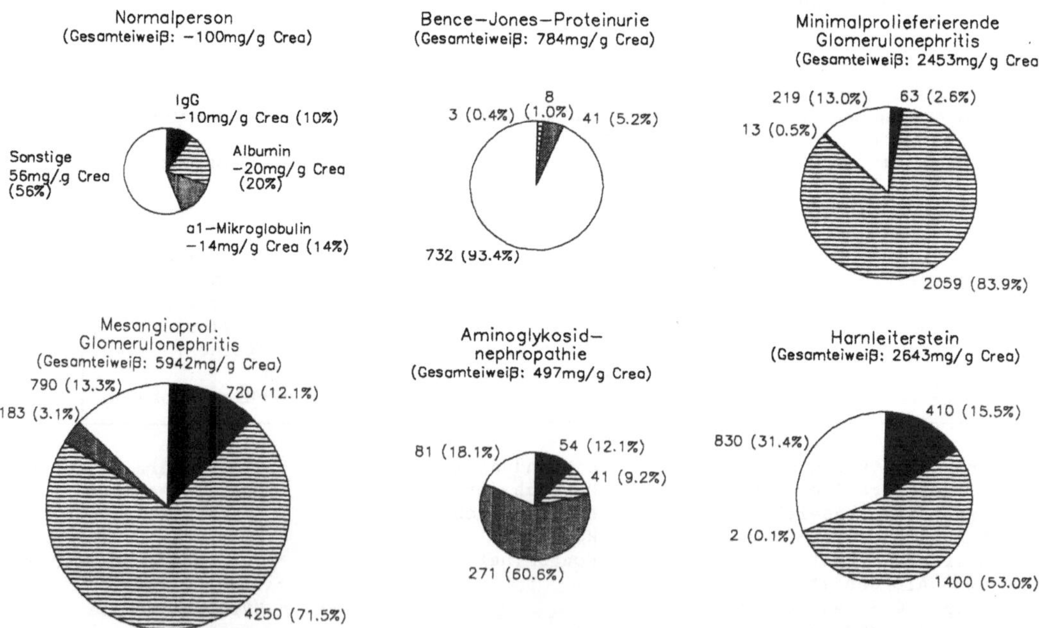

Abb. 3. Charakteristische Beispiele bei Gesamteiweiß und/oder Albumin positiv: 1. prärenale Proteinurie (Bence-Jones-Proteinurie) 2. glomeruläre Proteinurie (Minimalprolieferierende Glomerulonephritis, Mesangioprolieferierende Glomerulonephritis) 3. tubuläre Proteinurie (Aminoglykosidnephropathie) 4. postrenale Proteinurie (postrenale Hämaturie bei Harnleiterstein)

Demgegenüber zeigte ein Patient mit einer histologisch gesicherten mesangioproliferativen Glomerulonephritis bei einem Albuminanteil von 71,5% einen IgG/Albumin-Quotienten von 0,17. Gleichzeitig wies die erhöhte α_1-Mikroglobulin-Konzentration (183 mg/g Kreatinin) bei einer Gesamteiweißausscheidung von 5942 mg/g Kreatinin auf eine interstitielle Beteiligung oder sekundär tubuläre Störung hin.

Im Unterschied zu den Fällen mit glomerulärer Proteinurie wies ein Patient, der im Rahmen einer Aminoglykosid-Therapie eine interstitielle Nephropathie entwickelte, eine α_1-Mikroglobulin-Ausscheidung von 271 mg/g Kreatinin (61% der Gesamteiweißausscheidung) auf. Die Albumin- und IgG-Exkretion war bei diesem Fall ebenfalls erhöht. Der IgG/Albumin-Quotient lag mit 1,3 höher, als es den Serumverhältnissen für Normalpersonen entspricht (ca. 0,2–0,5).

Als Beispiel für eine postrenale Proteinurie soll eine Mikrohämaturie bei einem Harnleiterstein dienen. Der IgG/Albumin-Quotient von 0,3 entspricht den Serumverhältnissen und weist in Verbindung mit einem positiven Teststreifenergebnis auf Hämoglobin auf eine Blutung als Ursache der Proteinurie hin. Dieser Befund deutet auf die mögliche Bedeutung der Einzelproteinbestimmungen zur Differenzierung der Hämaturie hin (siehe unten).

Differenzierung der Leukozyturie

Das Ziel einer Differenzierung bei positivem Leukozytentestfeld umfaßt die Unterscheidung zwischen Entzündungen im oberen und unteren Bereich der Harnwege und eine Kontamination. Auch dabei kann die Bestimmung der Einzelproteine hilfreich sein. Bei einem Patienten mit einer hämorrhagischen Zystitis fanden wir eine unauffällige α_1-Mikroglobulinausscheidung und ein dem Serum entsprechendes Verhältnis für IgG zu Albumin (0,38). Im Gegensatz dazu hatte ein Patient mit einer Pyelonephritis neben einem hohen Anteil an α_1-Mikroglobulin (46% der Eiweißausscheidung, 173 mg/g Kreatinin) einen IgG/Albumin-Quotienten von 1,3. Dies kann als zusätzliche IgG-Beimengung im Rahmen des interstitiellen Entzündungsprozesses gewertet werden (Abb. 4). Bei Leukozytenkontamination aus dem äußeren Genitalbereich zeigten sich unauffällige Urineiweißbefunde.

Differenzierung der Hämoglobin-/Hämaturie

Ist der Hämoglobinnachweis positiv, so ist bei Vorhandensein von Erythrozyten zwischen glomerulärer, postglomerulärer und postrenaler Hämaturie zu unterscheiden. Für diese Unterscheidung wird die Phasenkontrastmikroskopie empfohlen (siehe Beitrag Köhler, S. 187). In neuerer Zeit versucht man durch spezifischen Nachweis von großmolekularen Proteinen (z.B. Apo-Lipoprotein AI (24) oder α_2-Makroglobulin (25)) eine Differenzierung durchzuführen. Das Verhältnis von α_2-Makroglobulin zu Albumin war bei einem Patienten mit extrakapillärer Glomerulonephritis unter 0,01.

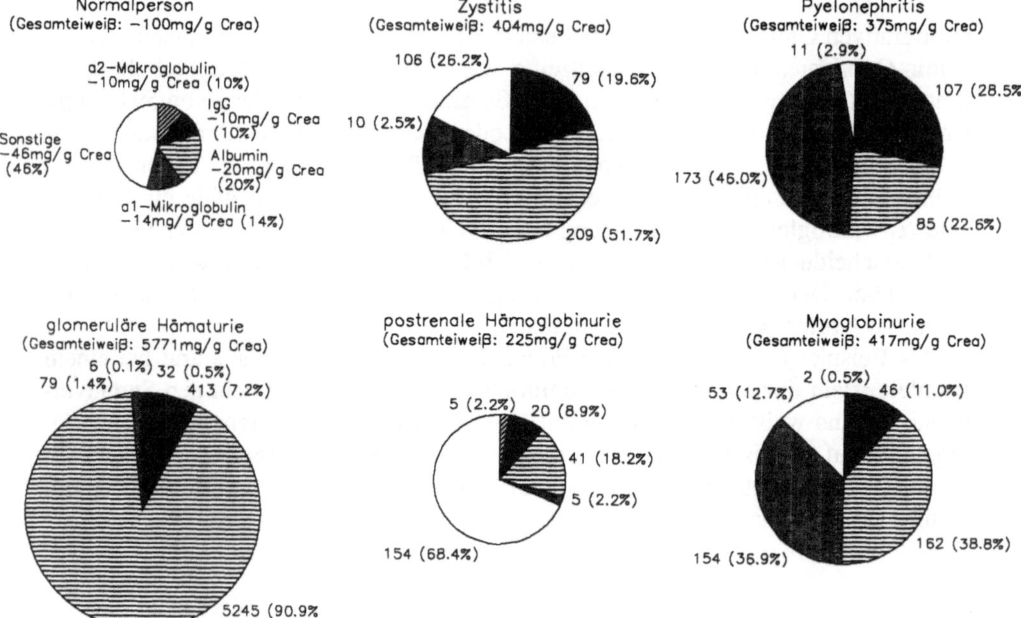

Abb. 4. Charakteristische Beispiele bei positivem Leukozytenesteraseteststreifen (Zystitis <−>
Pyelonephritis) bzw. bei positivem Hämoglobintestfeld (glomeruläre Hämaturie <−> postrenale
Hämoglobinurie, Myoglobinurie)

Bei Kontamination durch Menstruationsblut war dieser Quotient 0,12 und bei interstitielle Nephritis durch Phenacetinabusus 0,20 (Abb. 4).

Unsere bisherigen Ergebnisse zeigen, daß bei positivem Hämoglobinstreifentest
eine Differenzierung durch Bestimmung des α_2-Makroglobulin/Albumin-Quotienten
in Verbindung mit dem IgG/Albumin-Quotienten möglich ist. [25].

Bei einer Myoglobinurie, die nach Rhabdomyolyse auftrat, waren neben dem negativen Sedimentbefund der niedrige Anteil der gemessenen Einzelproteine hinweis-
gebend für eine Myoglobinurie. Gleichzeitig fanden wir bei diesem Patienten eine
vermehrte Ausscheidung von α_1-Mikroglobulin.

Abschließend erfolgt in der diagnostischen Strategie (Abb. 4) mit dem jeweiligen
spezifischen Verfahren die Bestätigung [6].

Ausblick

Mit dem hier vorgestellten Strategiekonzept glauben wir, Nierenerkrankungen besser
als bisher ausschließen und differenzieren zu können. Durch Automatisierung der
vorgestellten Verfahren ist eine breite Anwendung im Routinebetrieb möglich. Es
bleibt zu klären, in wievielen Fällen eine Nierenbiopsie oder aufwendige Folgeverfah-
ren eingespart werden können.

Danksagung. Die hier vorgestellten klinischen Fälle verdanken wir der Zusammenarbeit mit Prof. Dr. Edel (Städt. KH München-Harlaching).

Literatur

1. Lorentz K, Weiss T (1986) Proteinbestimmung im Urin – Eine kritische Übersicht. J Clin Biochem 24:309–323
2. Kutter D (1983) Schnelltests in der klinischen Diagnostik. 2. Aufl. Urban u. Schwarzenberg, München-Wien-Baltimore
3. Boesken WH (1977) Die SDS-PAA-Elektrophorese der Urinproteine: Eine Methode zur Differentialdiagnose der Nephropathien und zur Analyse extrarenaler Proteinurien. Urologe 17:140–144
4. Mogensen CE, Chachati A, Christensen CK, Close DF, Deckert T, Hommel E, Kastrup J, Lefebvre P, Mathiesen Er, Feldt-Rasmussen B, Schnetz A, Viberti GC (1985–86) Microalbuminuria: An early marker of renal involvement in diabetes. Uremia Invest 9:85–95
5. Hallbach J, Hofmann W, Guder WG (1986) Urine screening by combined test strip and N-acetyl-β-D-Glucosaminidase. J Clin Chem Clin Biochem 24:769 (abstract)
6. Hofmann W, Guder WG (1989) Moderne Methoden zur Proteindifferenzierung im Urin. Lab med 13:336–344
7. Deckert B, Feldt-Rasmussen R, Deckert M (1988) Glomerular size and charge selectivity in insulin-dependent diabetes mellitus. Kidney Int 33:100–106
8. Price RG (1982) Urinary enzymes, nephrotoxicity and renal disease. Toxicology 23:99–134
9. Jung K, Pergande P, Schimke E, Ratzmann KP (1989) Harnenzyme und niedermolekulare Proteine als Indikatoren der diabetischen Nephropathie. Klin Wochenschr 67:27–30
10. Maruhn D (1983) Methodische Aspekte der Harnenzymologie. Z Ges Inn Med 38:557–564
11. Falkenberg FW, Mai U, Puppe CH, Risse D, Herrmann G, Heching E, Bremer K, Mondorf AW, Saphira Z (1986) Kidney-derived urinary antigens assayed with monoclonal antibodies for the detection of renal damage. Clin Chim Acta 160:369–374
12. Scherberich JE (1987) Bedeutung renaler Enzyme und anderer Antigene im Harn für die Nierendiagnostik. Lab med 11:86 (abstract)
13. Weber MH, Scholz P, Stippe W, Scheler F (1985) α_1-Mikroglobulin in Urin und Serum bei Proteinurie und Niereninsuffizienz. Klin Wochenschr 63:711–717
14. Yu H, Yanagisawa Y, Forbes MA, Cooper EH, Crockson RA and MacLennan JCM (1983) Alpha-1-microglobulin: an indicator protein for renal tubular function. J Clin Pathol 36:253–259
15. Uthmann U, Geisen HP (1981) Beta-2-Mikroglobulin. DMW 106:782–786
16. Rowe DFJ, Szydlo R, Wright J, Ayatse J (1988) Correlation between the excretion of albumin, retinol-binding-protein, N-acetyl-β-D-glucosaminidase and "urine protein 1" in insulin-requiring diabetes mellitus. Ann Clin Biochem 25:63–67
17. Hofmann W, Guder WG (1989) A diagnostic programme for quantitative analysis of proteinuria. J Clin Chem Clin Biochem 27:589–600
18. LeHir M, Dubach UC, Guder WG (1980) Distribution of acid hydrolases in the nephron of normal and diabetic rats. Int J Biochem 12:41–46
19. Simonsen O, Grubb A, Thysell H (1985) The blood serum concentration of cystatin C (gamma-trace) as a measure of glomerular filtration rate. Scand J Clin Lab Invest 45:97–101
20. Schwandt P, Fateh-Moghadam A, Richter W, Sandel P (1984) Retinol-binding protein in malnutrition. Lancet II:794
21. Hofmann W, Guder WG (1989) Präanalytische und analytische Faktoren bei der Bestimmung von IgG, Albumin, α_1-Mikroglobulin und Retinol-bindendem Protein im Urin mit dem Behring Nephelometer (BNS). Lab med 13:470–478

22. Vincent C, Bouic P, Revillartd JP, Bataile R (1985) Complexes of α_1-microglobulin and monomeric IgA in multiple myeloma and normal human sera. Mol Immunol 22:663–673
23. Cheung CK, Mak YT, Swaminathan R (1987) Automated trichloracetic acid precipation method for urine total protein. Ann Clin Biochem 24:140–144
24. Schiwara HW, Spiller A (1989) Differenzierung renaler und postrenaler Hämaturien und Proteinurien mit SDS-Polyacrylamidgel-Elektrophorese und Immunoblotting. Klin Wochenschr 67:14–18
25. Hofmann W, Schmidt D, Guder WG, Edel HH (1991) Differentiation of hematuria by quantitative determination of urinary marker proteins. Klin Wochenschr 69:68–75

Diskussion

Bösken: Ich halte das natürlich für ein "ganz tolles Konzept"; insbesondere deswegen, weil wir ja bisher andere Strategien hatten, um an den ähnlichen oder gleichen Punkt zu kommen. Ich habe mich auch sehr bemüht, irgendwo Löcher zu finden; das ist mir wirklich schwer gefallen: es gibt offenbar sehr wenige Löcher. Man muß das Konzept wahrscheinlich erst für längere Dauer in der täglichen Praxis anwenden, um die Löcher zu finden. Zwei Punkte: Sie hatten auf die Schwierigkeiten der Differenzierung von Serum-Beimengungen im Urin versus Proteinurie hingewiesen. Dabei haben Sie die Makroproteine aufgeführt und als Beispiel Apolipoprotein genannt. Es gibt noch einen weiteren Diskriminator, nämlich die partielle mikromolekulare Proteinurie. Diese kann nicht durch Serumbeimengung bedingt sein, kommt aber bei glomerulären Proteinurien vor – dieses nur als Hinweis. Dann hatten Sie ein Beispiel von überproportional hohem Immunglobulin dargestellt. Da gibt es durchaus Befunde, die bezeugen, daß es eine lokale, also postglomeruläre Immunglobulin-Sekretion bei Infekten gibt. Das ist ja durchaus die Regel bei Harnwegsinfekten der Analgetica-Niere. Sie hatten gesagt, womit ich nicht ganz einverstanden bin, daß das Albumin *der* Parameter der glomerulären Permeabilität ist. Das ist natürlich nur ein Drittel der möglichen Ursachen einer Albuminurie. Sie wissen, daß jede tubuläre Proteinurie und auch jede gesteigerte physiologische Proteinurie natürlich mit einer Albuminurie einhergeht. Eine präzise Frage: Wie können Sie – und das ist das einzige Loch, das ich bisher sehe – die gesteigerte physiologische Proteinurie von einer anderen Proteinurie differenzieren? Es gibt ja 0,3–0,5 g durchaus bei physiologischer Zusammensetzung der Harnproteine.

Hofmann: Können Sie das nicht mit der SDS-Elektrophorese differenzieren?

Edel: Darf ich schnell zwischendurch Herrn Bösken fragen: was nennen Sie "physiologische Proteinurie"?

Bösken: Das ist eine gute Frage. Nach der Elektrophorese können Sie eindeutig definieren: wenn Albumin vorhanden ist, aber kein Transferrin, dafür aber Tamm-Horsfall-Protein. Immunglobuline in geringen Mengen sind die Regel, und einige kleinere Proteine, die sich aber nicht in typischer Weise konformieren, wie das bei tubulären Proteinurien der Fall ist. Ich würde auf das Transferrin, wenn man schon so ein Konzept macht, sehr viel Wert legen.

Edel: Ich zweifle daran, daß das noch physiologisch ist. Aber, Herr Hofmann, ich glaube, Sie dürfen nicht sagen, daß Sie bei einer physiologischen Proteinurie eine Nierenerkrankung ausschließen. Sie können allenfalls mit großer Wahrscheinlichkeit eine aktive Nierenerkrankung ausschließen. In Ihrem eigenen Material haben Sie viele Beispiele dafür. Zum Beispiel: Transplantatnieren, die ja am Anfang einiges durchmachen, von der Ischämie bis sonstwas, Fibrosen bekommen, und dann über viele Jahre stabil sind bei eingeschränkter Nierenfunktion. Da finden Sie eine physiologische Proteinurie. Überhaupt nichts Pathologisches. Beim Serum-Kreatinin von 2 und einer Transplantat-Glomerulumfiltration von 40 oder 50 ml/min.

Hofmann: Das sind natürlich sehr ausgewählte Patienten, die Sie eben ansprechen, die kaum eines Screening-Verfahrens bedürfen. Bei den Nieren-transplantierten Patienten war doch – soweit ich mich entsinne – bei 40% der Patienten eine tubuläre Proteinurie zu beobachten.

Edel: Ich meine, daß das ganz besonders interessant ist. Denn wir haben bei den einwandfrei funktionierenden Transplantaten eine physiologische Proteinurie in etwa 10 von 24 Fällen. Und nun ist interessant, daß die Patienten, die über Jahre eine gleichbleibende Funktion haben, weder im Sediment noch im Proteinmuster auffällig sind. Die meisten anderen Patienten, die eine leichte, chronisch progrediente Abstoßung haben, haben meist eine tubuläre Proteinurie. Eine zweite Frage: Glauben Sie nicht, daß das Stadium der Nierenerkrankung, das heißt das Stadium der Niereninsuffizienz, irgendwo Ihre Methode in der Aussage begrenzt? Das heißt, Sie finden bei jeder chronisch interstitiellen Nephropathie, wenn sie weit fortgeschritten ist, eine unselektiv-glomeruläre und tubuläre, die Sie nicht mehr zuordnen können. Also könnte man wahrscheinlich irgendwo einen Cut-Off machen, so jenseits von einem Serum-Kreatinin von 3 mg/dl oder so. Dann können Sie nicht mehr differenzieren. Das ist auch sinnlos. Würden Sie dem zustimmen?

Hofmann: Nein! Man findet bei einer fortgeschrittenen interstitiellen Nephropathie eine glomeruläre/tubuläre Proteinurie, aber die Konzentrationen und Verhältnisse der Kenngrößen zueinander unterscheiden sich charakteristisch von Glomerulopathien.

Edel: Gut, Sie haben die Quantität.

Hofmann: Eine Frage sollte aber in diesem Zusammenhang näher diskutiert werden: Im Augenblick ist die Herkunft der erhöhten Albuminkonzentrationen bei interstitiellen Nephropathien noch nicht eindeutig geklärt. Neben einer tubulären Rückresorptionsstörung für Albumin könnte man auch diskutieren, daß Albumin über das peritubuläre Gefäßsystem in den Tubulus gelangt.

Guder: Ich möchte Herrn Edel vollkommen recht geben. Wir sind im Moment in dem Stadium, daß die technischen Voraussetzungen geschaffen sind, um solch ein Konzept anzuwenden. Was uns völlig fehlt, sind die ärztlichen Entscheidungsgrenzen bei dieser Strategie. Wir sind für Ihre Hilfe bei diesem schwierigen Prozeß natürlich besonders dankbar, die Sie durch ein so großes Krankengut mit gut definierten Patienten beisteuern. Wir wissen noch nicht, ob wir mit dieser gesteigerten analytischen Sensitivität etwas Gutes für den Patienten tun. Für viele Parameter müssen ja erst neue Kriterien geschaffen werden; dazu sollte unter anderem auch dieses Treffen dienen! Wir möchten lernen, was die Bedürfnisse aus nephrologischer Sicht sind.

Stolte: Ich möchte ganz kurz auf 3 Punkte eingehen. Das erste: ich bin ein bißchen nervös, wenn wir erhöhte Albumin-Ausscheidung gleichsetzen mit einem glomerulären Defekt. Man kann – glaube ich – nicht von der physiologischen Proteinurie sprechen. Sie meinen wahrscheinlich eine normale Filtration für Albumin bei einer reduzierten tubulären Resorption. Sie können eben eine Albuminurie von vielleicht bis fast 1g finden, wenn Sie eine tubuläre Störung haben. Ich glaube, da sollten wir genau definieren, was wir wirklich meinen. Es gibt genug Untersuchungen, die z.B. mit elektrophoretischen Methoden belegen, daß die Albuminurie nicht nur ein Maß der glomerulären Funktionsstörung ist.

Der zweite Punkt: Wir selbst sind im Grund auf die Nase gefallen mit der sezernierten Komponente IgG, weil in der Tat hier nicht nur die Frage der Sekretion in der Niere eine Rolle spielt, sondern eben auch im Urogenitaltrakt. Das mag in Einzelfällen eine große Rolle spielen.

Der dritte Punkt: Bei aller Kritik am β_2-Mikroglobulin, es ist ein Molekül, das sich sehr schön als Parameter für die tubuläre Resorption eignet. Sie können die fraktionelle Resorption berechnen, das führt ein bißchen weiter. Das ist beim α_1-Mikroglobulin nicht so einfach, weil wir den Siebungskoeffizienten erst wissen müßten. Den könnte man natürlich bestimmen, aber er ist meines Wissens nicht bekannt.

Hofmann: Ein Kommentar zur letzten Frage: Das Problem beim α_1-Mikroglobulin ist Folgendes – was Herr Weber schon angesprochen hat: Im Serum liegt α_1-Mikroglobulin nicht nur in freier Form, sondern auch an IgA gebunden vor. Nur der freie Anteil kann glomerulär filtriert werden. Der Anteil des frei filtrierbaren α_1-Mikroglobulin liegt größenordnungsmäßig bei einer Normalperson zwischen 40 und 50%.

Heidland: Verliert das Eiweiß α_1-Mikroglobulin nicht seine Rolle als Indikator bei Glomerulonephritiden, wenn eine erhöhte Filtration von α_1-Mikroglobulin erfolgt, einfach durch die veränderten Filtrationseigenschaften der Glomeruli? β_2-Mikroglobulin wird ja behandelt wie Inulin, aber bei einem Molekulargewicht von 33.000 müssen wir doch beim α_1-Mikroglobulin davon ausgehen, daß die Fraktion, die filtriert wird, ungleich geringer ist und bei Glomerulonephritis wahrscheinlich zunimmt.

Hofmann: Bei einer Glomerulopathie mit nicht selektiver Proteinurie sollte man erwarten, daß freies α_1-Mikroglobulin unverändert filtriert wird, daß aber auch an IgA gebundenes α_1-Mikroglobulin glomerulär filtriert werden kann. Soweit meine Informationen gehen, wurde dies aber noch nicht experimentell bewiesen. Unser Antiserum gegen α_1-Mikroglobulin erkennt beide Fraktionen. Darf ich Herrn Weber noch fragen: wo legen sie in Bezug auf das Serum-Kreatinin die Trenngrenze an, ab der eine "Überlaufproteinurie" zu erwarten ist?

Weber: Wir haben die Überlauf-Trenngrenze so bei einer Clearance-Reduktion von 8 ml/min gehabt. Dann haben wir immer α_1-Mikroglobulin im Urin gefunden. Aber Herr Heidland meint ein anderes Problem: Ob es bei Hyperfiltration, z.B. bei Hochdruck oder bei diabetischer Nephropathie in der Frühphase, aufgrund ausschließlich glomerulärer Schäden zu einer Vermehrung von α_1-Mikroglobulin im Urin kommt. Wir finden es nicht. Möglicherweise ist die tubuläre Kapazität noch so hoch, daß diese vermehrt filtrierten Mengen des kleinmolekularen Proteins noch reabsorbiert werden. Das ist jedenfalls bisher unsere Erfahrung. Das mag durchaus sich ändern, wenn wir größere Patientenzahlen überblicken und gezielter auf Hyperfiltrationszustände achten. Das ist in dieser Weise wohl bisher noch nicht untersucht.

Knedel: Ich finde es ausgezeichnet, daß Sie in mühevoller Arbeit ein derartiges Arbeitsschema aufgestellt haben, das nun auf seine Validität und Dignität durchgeprüft werden muß. Aber wenn man betrachtet, in welcher Situation wir eigentlich sind, dann gibt es doch Fragen der Klinischen Chemiker an den Kliniker, welches klinische Substrat für die Analysemethoden, die wir heute bieten können, vorhanden ist. Bei der Tumordiagnostik ist das für uns ziemlich einfach gewesen. Die Tumormarker, die wir untersuchten, wurden an einem histologischen Befund geprüft, da konnten wir genau verifizieren, wie hoch die Sensitivität und die Spezifität und wo der Cut-Off ist. Bei diesen Methoden, glaube ich, sind wir noch nicht so weit, daß wir die sehr guten Möglichkeiten, die Sie haben, anwenden können.

Jetzt ergibt sich die erste Frage: Was Sie hier aufbauen, und was sehr verdienstvoll ist, ist doch zuerst einmal etwas, das auf eine klinisch-chemisch perfektionierte Diagnostik zielt. Sie haben selbst gesagt, die Teststreifen bieten noch große Lücken. Frage für die Anwendbarkeit: ist es möglich, diese mangelnde Aussagefähigkeit der Teststreifen noch etwas zu erhöhen, um diese valider zu machen? Auch eventuell die Teststreifen verändern: statt des Proteins eine Albumin-Methode, d.h. Teststreifen so tauglich zu machen, daß sie mit immunchemischen Methoden analysieren können. Zum Beispiel, daß wir längerdauernde Reaktionen, kombinatorische Reaktionen, Nachtitrierungen, immunchemische Abläufe mit 2 Antikörpern, auf dem Teststreifen machen können. Ich glaube, es ist nötig, die Teststreifen in dieser Form völlig neu zu überdenken.

Das zweite, was ich dazu sagen möchte, ist folgendes: Es ist ein iterativer, strategischer Weg, den Sie gehen. Bei allen iterativen Prozessen ist die Frage des Entscheidungspunktes, um den nächsten Schritt zu tun, besonders schwierig. Und in der Klinischen Chemie haben wir es nie mit ja/nein-Entscheidungen wie beim Computer zu tun, sondern wir haben eine Grauzone. Und Sie haben kombinatorische Grauzonen: mehrere Verfahren, die Grauzonen beinhalten, und da bedarf es noch einer zusätzlichen Lösung in der Verarbeitung, z.B. die Einführung einer Logik an den Entscheidungspunkten, die die Grauschärfen-Behandlung ermöglicht. Wir werden uns sicher schwertun, zunächst aus den Ergebnissen die Schritte gezielt bis zu einem endgültigen Entscheidungsprozeß durchzuarbeiten, weil das Material sehr heterogen sein wird, weil die Ausprägung der einzelnen Daten-Komponenten die hier entstehen, in gegenseitiger Abhängigkeit nicht uniform ist. Das bedeutet, daß vor der Auswertung der klinischen Aussage dieses Verfahrens sicher noch eine Menge Arbeit bevorsteht.

Guder: Ich glaube, die Rolle von Herrn Knedel als Vordenker ist uns allen bekannt: Ihre Gedanken – das wissen Sie sicher selbst – sind in der Industrie bereits auf fruchtbaren Boden gefallen. Es wird meines Wissens schon zur MEDICA ein Albumin-Teststreifen auf immunologischer Basis angeboten. Wir selber sehen aus ökonomischen und aus grundsätzlichen Erwägungen die Rolle des Teststreifens in einem ganz anderen Bereich, nämlich in der Praxis zum Ausschluß einer Albuminurie. Das Verfahren, das wir hier vorstellen, hat den Vorteil, daß es mit überall erhältlichen Reagenzien an beliebigen Automaten adaptiert werden kann. Damit ist der Laborleiter sehr flexibel und unabhängig von einer bestimmten Firma. Vielleicht ist dies Verfahren beim Preisvergleich günstiger als der immunologische Teststreifen.

Lang: Herr Hofmann, Sie sollten bitte noch zu den Bemerkungen von Herrn Knedel betreffend den iterativen Prozeß, einen Kommentar abgeben.

Hofmann: Um die Entscheidungsgrenzen festzulegen, möchten wir folgenden Weg gehen: Zunächst sollen definierte Krankheitsgruppen mit diesem Verfahren untersucht werden. Hier sind wir in Zusammenarbeit mit Diabetologen und Nephrologen nach meiner Meinung auf dem besten Weg, Kriterien für die einzelnen Gruppen zu erarbeiten. Erst dann kann die Anwendung in der ganzen Breite unseres Krankenguts erfolgen.

Schlußworte

Lang: Meine Damen und Herren, es ist ja immer der spezielle Zweck dieses Symposiums gewesen – wie in der Begrüßung von Herrn Wisser schon gesagt wurde – aus unserer Arbeit in der Klinischen Chemie heraus den Dialog mit den Klinikern zu suchen. Das war eine Lebensnotwendigkeit im Jahre 1970, als das erste Symposium stattfand und unsere junge Gesellschaft in der Gefahr war, als Folge der Auseinandersetzungen um den Schritt zur Selbständigkeit in der Medizin, in die Isolierung zu geraten. Unser Generaltitel "Zusammenarbeit von Klinik und Klinischer Chemie" ist damals vielerorts auf Ablehnung gestoßen! Heute, so glaube ich, ist der Dialog auf vielen Fachgebieten der Medizin etabliert; ich darf es zum Beispiel als Beweis ansehen, daß wir hier in Würzburg eine besonders große Zahl klinischer Kollegen begrüßen durften. Daher würde ich es auch für besonders angemessen halten, wenn ein kurzes Wort eines Klinikers unsere Tagung abschließen würde. Darf ich daher Herrn Edel fragen, ob Sie ad hoc einige Bemerkungen zu den Diskussionen der letzten anderthalb Tage machen würden?

Edel: Das ist ein Wunsch, dem ich gerne in aller Kürze entspreche. Was ich zu den Vorträgen dieses Symposiums sagen möchte, darf ich aus Hans Sachs zitieren (Meistersinger, 2. Akt): "Dem Vogel, der heut' sang, dem war der Schnabel hold gewachsen". Es waren viele Vögel mit holdem Schnabel. Bei Ihnen, besonders den Klinischen Chemikern, möchte ich mich bedanken für die unverdrossene Ausdauer und die hohe Frustrationstoleranz, mit der sie dieses heterogene Untersuchungsmaterial, das wir Ihnen liefern, dazu noch aus sehr unübersichtlichen Situationen, weiter beforschen. Ich bin der Hoffnung, daß wir ausgehend von diesen Ansätzen, die wir hier gehört haben – wenn wir jetzt gezielt und retrospektiv einzelne Krankengruppen untersuchen – das finden werden, was Sie uns anbieten wollen: nämlich diagnostische Hilfe auf nicht-invasivem Wege. Ich danke Ihnen.

Guder: Die wissenschaftlichen Kommentare wurden schon von verschiedener Seite – und kompetent – gegeben. Ich möchte mich bei allen Teilnehmern noch einmal recht herzlich bedanken für die wirklich konstruktiven Beiträge und möchte wünschen, daß sich – wie schon in der Vergangenheit – aus diesem Treffen eine weitere, intensive Zusammenarbeit zwischen Nephrologie und Klinischer Chemie ergibt. Wir haben soviel Arbeit vor uns, um eine fast 100 Jahre alte Tradition der Harnuntersuchung zu verbessern im Sinne einer nicht-invasiven Früherkennung, daß wir diese Aufgabe an keinem unserer Zentren allein bewältigen können. Wir müssen die Arbeit aufteilen. Dafür gibt es sehr positive Ansätze, so wie ich sie mir wünsche, damit wir in kleinen

Arbeitsgruppen weitermachen können, um ein diagnostisches Konzept mit Entscheidungsgrenzen herausbringen können. Das sollte möglichst von der Nephrologischen Gesellschaft als Ganzes getragen werden. Dies darf ich Ihnen als meinen persönlichen Wunsch mit auf die Heimreise geben. Herzlichen Dank für Ihr Kommen!

Wisser: Zunächst bedanke ich mich bei den Würzburger Kollegen, daß wir hier sein konnten und daß Sie sich so aktiv an unserem Symposium beteiligt haben. Ich bedanke mich bei Herrn Guder für seine Organisation, seinen Assistenten für den reibungslosen technischen Ablauf, ganz besonders auch bei Frau Vollrath. Ich bedanke mich bei den Referenten und Diskutanten für den munteren wissenschaftlichen Dialog. Ich bedanke mich bei der Firma Merck als dem Sponsor der Veranstaltung. Zum Schluß bedanke ich mich bei Herrn Lang, es ist seine 10., also eine Jubiläums-Veranstaltung – und weil Sie gar keine Zeit hatten, sich hier in Würzburg umzusehen, dürfen wir Ihnen vom Vorstand der Gesellschaft zwei Bildbände über Würzburg übergeben, damit Sie sich wenigstens a posteriori informieren können. Ihnen allen herzlichen Dank und gute Heimreise.